Pearson

[美]

埃琳娜·波卓娃
Elena Bodrova

德博拉·梁
Deborah Leong

著

董琼

译

心智工具：维果茨基学派幼儿教学法

Tools of the Mind: The Vygotskian Approach to Early Childhood Education

(Second Edition)

华东师范大学出版社

全国百佳图书出版单位

上海

第2版

图书在版编目（CIP）数据

心智工具：维果茨基学派幼儿教学法：第2版 /
（美）埃琳娜·波卓娃，（美）德博拉·梁著；董琼译
. — 上海：华东师范大学出版社，2021
（心理学经典译丛）
ISBN 978-7-5760-1876-9

Ⅰ.①心… Ⅱ.①埃… ②德… ③董… Ⅲ.①维果茨
基 (Vygotski, L. S. 1896-1934) —心理学学派—学前
教育—教学法—研究 Ⅳ.① B84-069 ② G612

中国版本图书馆 CIP 数据核字（2021）第 112179 号

心理学经典译丛
心智工具：维果茨基学派幼儿教学法（第2版）

著　　　者　[美]埃琳娜·波卓娃　[美]德博拉·梁
译　　　者　董　琼
策 划 编 辑　王　焰
责 任 编 辑　曾　睿
特 约 审 读　王叶梅
责 任 校 对　时东明
装 帧 设 计　膏泽文化

出 版 发 行　华东师范大学出版社
社　　　址　上海市中山北路 3663 号　邮编　200062
网　　　址　www.ecnupress.com.cn
电　　　话　021-60821666　行政传真　021-62572105
客 服 电 话　021-62865537
门市(邮购)电话　021-62869887
网　　　店　http://hdsdcbs.tmall.com

印　刷　者　青岛双星华信印刷有限公司
开　　　本　16 开
印　　　张　17
字　　　数　308 千字
版　　　次　2021 年 9 月第 1 版
印　　　次　2021 年 9 月第 1 次
书　　　号　ISBN 978-7-5760-1876-9
定　　　价　68.00 元

出 版 人　王　焰

（如发现本版图书有印订质量问题，请寄回本社客服中心调换或电话 021-62865537 联系）

序

威廉·詹姆斯和库尔特·勒温，曾说过一句著名的箴言：没有什么东西会比好的理论更具有实践价值（There is nothing as practical as good theory）。相信很少有人会反对这句话。但与此同时，一线教师却鲜少能从发展心理学家和教育心理学家的理论中发现对自己的日常工作有用的部分。在这种令人沮丧的情形下，却有一个重要的例外，那就是埃琳娜·波卓娃（Elena Bodrova）和德博拉·梁（Deborah Leong）合著的《心智工具：维果茨基学派幼儿教学法》。这是一本优秀的列夫·维果茨基理论的入门读物。在这本优秀著作的第 1 章，波卓娃和梁通过四个关键的原则，为幼儿教育的实践者们清晰地介绍了维果茨基的观念，这四个原则如下：

（1）儿童使用文化工具来建构知识，而这些文化工具将成为"心智工具"。
（2）必须始终将发展放在它所处的社会文化情境中进行研究。
（3）要以特定的方式来组织学习，从而通过学习来促进发展。
（4）语言的发展是儿童智力发展的核心。

本书以一种清晰明了的方式阐释了上述观念，并将它们与诸多重要的发展心理学家的观念进行了中肯的比较，其中包括蒙特梭利（Montessori）、皮亚杰（Piaget）以及那些支持在课堂上使用行为矫正技术的发展心理学家。为使基本概念更为清晰，作者提供了众多实例，并对这些实例进行了拓展，将它们与诸多教师能独立实施的课堂实践联系起来。

在此次《心智工具：维果茨基学派幼儿教学法》精心修订的版本中，波卓娃和梁不仅保留了第 1 版中所有优秀的特征，而且还增添了一些新的内容，使得本书能更好地帮助一线教师和正在接受培训的教师。除了以可读性强、易于理解的

1

方式阐述维果茨基的理论外，第2版还充实了各种实例，这些例子都是将理论观念应用到实际生活中，并且是以一种教师能立即实施的方式呈现。此外，本书对有特殊需要的儿童也进行了特别的讨论。这些讨论不仅对教师具有实用价值，而且也使维果茨基的观点更加清晰。维果茨基认为，通过特定的方式来应用维果茨基的观念有可能为这些有特殊需要的儿童创造最近发展区，而课堂中儿童所处的社会情境的结构与这些方式之间却有着深层的联系。

《心智工具：维果茨基学派幼儿教学法》第1版是一个重要的里程碑，它为教师的教学实践提供了一系列切实有用的工具，而第2版必将显现出更大的实用价值。

迈克尔·科尔（Michael Cole）

前　言

　　在本书的第 2 版中，我们在不改初衷的同时，也增添了一些新的内容。这些内容源自俄国后维果茨基学派的研究工作。他们将理论应用到课堂中，并在这一方面取得了巨大的成功。自本书第 1 版开始，人们就对维果茨基以及维果茨基去世后他的同事和学生所从事的工作产生了浓厚的兴趣。维果茨基去世后，他的同事和学生开始将其观点应用于课堂、发展课堂干预，并在开展上述工作的同时检验和扩展维果茨基的理论。这些导致了本书在关于发展的一些章节里增添了部分内容，并新增了一个关于特殊教育的章节。

　　本书的书名《心智工具：维果茨基学派幼儿教学法》反映了这本书的目的，即让教师帮助儿童学会学习所必需的心理工具，同时这也是作为教师教学的工具。心理工具是我们从他人处学会的，进行改造后再传递下去的观念。维果茨基及其学生、同事为我们提供了极好的心理工具，我们希望能将这些工具传递给读者。本书以及四个相关的视频：《维果茨基发展理论导论》（Vygotsky's Developmental Theory: An Introduction）、《游戏：一种维果茨基学派教学法》（Play: A Vygotskian Approach）、《为小学低年级儿童的自我调节学习提供支架》（Scaffolding Self-Regulated Learning in the Primary Grades）、《培养幼儿的读写能力》（Building Literacy Competencies in Early Childhood），将会为教师学习维果茨基的理论奠定坚实的基础。

　　本书仍是以一系列的同心圆，也可以说是螺旋状的方式来组织内容，即随着书的行进，内容变得越来越聚焦。第一编（第 1—3 章）介绍了维果茨基学派教学法的主要观点，并将它们与幼儿教师和心理学专业学生所熟知的其他观点进行比较和对比。第 2 章包含了一个新的章节，用来阐述维果茨基学派教学法在特殊教育中的应用。本书的第二编（第 4—7 章）回顾了第一编中的要点，并将它们应用到学习与教学的过程中。与第1版相比，此次我们对第二编进行了大幅度的改编。目前，这一编主要描述了开展学习与教学过程的一般策略以及为这一过程提供支架的特殊策略。第三编（第8—14章）则更加详细地说明了一些特定的应用。第2版扩展了原先第1版所涵盖的关于不同年龄阶段儿童特定发展特征的内容，并添加了不同的章节来分别详述何种性质的学习与教学才能促进特定年龄阶段儿童的发展。这几个年龄阶段分别为婴儿与学步儿、幼儿园和学前班儿童、小学低年级儿童。原先第1版时，我们用了单独的一章探讨以维果茨基理论为基础的课堂实践的范例。在此次新版本中，我们扩展了原先的这些范例，并根据儿童所处的年龄阶段将它们放置到三个不同的章节中。另外，新版本是以专门介绍动态评估的一章作为结尾。

本书中的范例和活动是15年来与全美幼儿园、学前班、小学一年级和二年级教师合作而产生的结晶。我们合作的课程范围非常广泛，从开端计划（Head Start）到公立学校的幼儿园、州政府支持的通用幼儿园—学前班课程（state-supported universal pre-K programs）、私立学校、托儿所、联邦早期阅读优先和阅读优先课程（federal Early Reading First and Reading First programs）。这些课程绝大多数针对的是处于危险中的儿童。这些课堂也非常多元，从传统课堂到混龄群体（混合了三四岁的儿童以及学前班、小学一年级、小学二年级的儿童），不同课堂所秉持的哲学理念也有所不同。例如，一些课堂用传统的方式来进行阅读教学，一些使用全语言教学法（the whole language approach），还有一些课堂会提供双语教学。

最令人兴奋的是，在与教师合作的过程中，我们发现维果茨基教学法在上面提及的所有课堂中都是有效的。本书所探讨的许多重要的议题，超越了社会经济阶层或课堂所秉持的哲学理念。维果茨基帮助我们以不同的角度审视了我们作为成年人在课堂中所扮演的角色，从而为我们的教学活动提供了更多的选择。他还让我们将自己视为儿童漫长学习旅程中的伙伴，而非监工或跟随者。正如前面所说，我们所合作的教师和儿童来自各种各样的课堂。而与他们的合作是如此自在的、令人振奋的以及激动人心的尝试，让我们回想起自己成为教师的初衷。

在整本书中，我们选取了不同年龄的儿童以均衡范例。因此，在书中可以看到儿童早期的所有阶段的范例。由于英语缺乏性别中立的名词来指代儿童和教师，因此我们会交替使用"他"和"她"。

致　谢

我们要感谢很多人对这本书所做的贡献。除了感谢对本书第1版做出贡献的人们，我们还要感谢在新泽西州、科罗拉多州、俄勒冈州、怀俄明州、威斯康星州、艾奥瓦州、伊利诺伊州、密苏里州、加利福尼亚州以及亚利桑那州，帮助我们完成以维果茨基学派理论为基础的课程的教师、教练和行政人员。我们要特别感谢：沙伦·桑德斯、洛雷塔·梅里特、劳拉·莫拉纳、丽塔·门德斯、吉塞拉·费勒·布拉德、萨莉·马勒维、斯蒂芬·赛菲尔、莉娜·高、桑迪·马丁、丽贝卡·费厄斯坦、肖娜·菲格勒特、安·伦迪特、林恩·苏特、乔安·克里斯托弗森、劳拉·阿布鲁泽泽、帕特·张伯伦、佩吉·翁德拉、路易斯·纳尔逊、塔米·厄普顿、罗宾·巴特德。

我们要感谢鲁思·亨森、埃米·霍恩贝克、丹妮尔·埃里克森、朱迪·爱德华、格温·科这群伙伴，帮助我们一起完成维果茨基学派教学法的培训。

感谢以下人士帮助我们完成了第2版中新的章节和观点：弗兰·戴维森、凯瑟琳·罗斯克、埃伦·弗雷德、佩格·格里芬、加里·普赖斯、阿伦·徕兹和玛丽安娜（米尼）·布洛克。

我们也要感谢我们在丹佛市大都市州立学院心理学系的同事，尤其是斯蒂芬·乔丹校长、林恩·威克尔格伦、埃伦·萨斯曼、卡罗尔·斯万德森、苏珊·考尔、贝齐·泽勒。我们也非常感谢蒂姆·沃特斯、戴维·弗罗斯特、黛安娜·佩因特、珍妮弗·诺福德和萨尔·夸肯博斯这些现在或过去在中州教育和学习研究机构工作的员工。正是有他们的支持，我们才能将维果茨基的观点扩展到美国的很多学校和学习中心。

我们也要感谢几位审稿人，他们是塔尔顿州立大学的霍利·拉姆、格林斯伯勒的北卡罗莱纳州大学的朱迪思·尼迈耶和俄亥俄大学奇利科西的德博拉·祖莫里。

非常感谢我们的俄国同事埃琳娜·尤金娜、卢博夫·卡里瑞拉、鲍里斯·根迪斯、加林娜·朱克曼和维塔尔·罗伯特索夫。第1版时他们提供了很多宝贵的反馈，第2版中又帮助我们完成了后维果茨基学派的章节。

最后，我们要感谢以下人士对我们工作的支持：阿黛尔·戴蒙德、巴巴拉·古德森、史蒂夫·巴尼特、苏珊·伯恩斯、戴维·迪金森、弗雷德·莫里森、琼·雷泽尔、卡罗琳·雷泽尔、玛丽露·希森、杰奎琳·琼斯、艾德·格林、卡罗尔·科普尔、道格拉斯·克莱门特、朱莉·萨拉马、劳拉·伯克、迈克尔·科尔、厄夫·西格尔、考特尼·卡兹登和克里斯·朗尼根。

目　　录

第一编　维果茨基学派理论体系：发展的文化—历史理论

第1章　维果茨基学派教学法概述 ┈┈┈┈┈┈┈┈┈┈┈┈┈┈┈ 3

第2章　心理工具和高级心理功能的获得 ┈┈┈┈┈┈┈┈┈ 17

第二编　发展与学习的策略

第一编　维果茨基学派理论体系：
发展的文化—历史理论

本编将介绍文化—历史理论的主要原则，这一发展理论由维果茨基提出，后经俄国与美国的学者完善。此外，我们还会比较维果茨基的观点和其他儿童发展理论。这一编共有三章内容：

第1章 维果茨基学派教学法概述

第2章 心理工具和高级心理功能的获得

第3章 维果茨基学派理论体系和其他发展与学习理论

第1章 维果茨基学派教学法概述

4 岁的孙梅，正在纸上画着什么。原来，她正在做计划——当她和约翰去角色扮演游戏区域玩宇宙飞船的时候，他们打算做些什么。她画了一幅她和约翰的画像，画中他们戴着头盔。在他们的身旁，孙梅还画了一些岩石。当老师询问孙梅画中的她正在做什么时，孙梅回答说："我们正打算来个空中漫步，并检查下月亮岩石。我们是宇宙飞船上的科学家。"到了游戏中心，孙梅和约翰一起玩着宇宙飞船。他们先从检查月亮岩石开始，接着他们对飞船进行了维修。他们在游戏中心待了 1 个多小时，一直专注在游戏上。即便后来他们离开了游戏中心，孙梅和约翰仍然在玩这个角色扮演游戏。

7 岁的胡安正在写一个故事。虽然这个故事之前他已经读过了，不过他现在写的可是自己的版本。写完后，老师要求他"编辑"自己的作品，找出作品中出现的所有拼写错误和大小写错误。于是，他戴上了"编辑的眼镜"。这副特殊的眼镜能帮他跳出作者的身份，进入"编辑"的角色。有了这副"眼镜"，胡安发现了自己作品中很多的错误。

莫拉，今年六年级了。在解决问题时，她总是会深入思考，仔细推敲。当被提问时，莫拉的回答总让人觉得她早已胸有成竹。在回答前，她会先思考。面对复杂问题时，莫拉会在开始行动前先计划自己的方法，并且还会检查自己的工作。

上面这三个孩子有什么共通点呢？她们都在使用"心智工具"，来帮助自己解决问题和保持记忆。心智工具这一概念是由俄国心理学家列夫·维果茨基（1896—1934）提出的，用以阐述儿童是如何获得高级心理机能的。

心智工具

工具是什么？它是帮助我们解决问题的东西，一种促进动作执行的器械。一块

3

很重的岩石，仅靠我们的手臂是很难将它提起来的，但杠杆能帮我们完成这个动作。仅靠双手，我们是很难将木头折断的，但有了锯子，我们就能将它砍断。这些物质工具扩展了我们的能力，使我们做事时不再局限于自己的生理能力。

正如我们人类发明了铁锤和叉车等物质工具来增强自己的生理能力一样，我们同样也创造了心理工具或心智工具（tools of mind）来扩展我们的心理能力。这些心理工具使我们能更好地注意、记忆和思维。例如，记忆策略这样的心理工具能让我们回忆起比原本的数量多出一到两倍的信息，但心理工具不只是扩展我们的本能。维果茨基认为，心理工具实际上改变了我们特有的注意、记忆和思维的方式。

维果茨基的追随者认为，心理工具在个体心智发展中有着关键性的作用。因此，他们对儿童如何习得这些工具进行了探讨。他们认为，儿童是从成人身上习得这些工具的。因此，教师的作用是用这些工具将儿童"武装起来"。听起来很简单，但这一过程绝不仅仅是停留在对事实或技能的直接教学上，儿童要学会独立地、创造性地使用这些工具。随着儿童的成长和发展，他们成了积极主动的工具使用者和工具制造者；他们变成了工匠。最终，他们能恰当地使用心理工具，并在需要时创造出新的工具（Paris & Winograd, 1990）。教师的作用就是为儿童提供通向独立自主的道路，这也是所有教育工作者的目标。

心理工具的重要性

如果儿童缺乏心理工具，他们将无法知道如何以深入思考的方式进行学习。他们无法有意识地集中自己的思维，而这会导致他们的学习是缺乏效果和效率的。正如我们即将看到的，儿童将会在不同的年龄发展出使用不同心理工具的能力。他们的"工具箱"不是一下子就被填满了，这个过程是渐进式的。下面我们来看一些例子，这些例子中的儿童还尚未习得心理工具。

4岁的阿曼达正和其他小朋友围坐在一起。当老师要求穿黄色衣服的学生举手时，阿曼达低头看了看自己的连衣裙，发现上面有个很大的棕色猫咪。她立刻将所有跟"黄色"有关的事情忘得一干二净，但她仍然举起了手。

简，今年5岁了。她知道当别的小朋友发言时，她应该一直举着手，直到老师叫她的名字她才可以说话。但是，她似乎很难控制自己按顺序发言。如果你问她，她能告诉你这个规则。事实上，她经常提醒其他儿童这个规则，即便她会脱口说出自己的答案。

二年级的本正在小组中完成他的日志。他站了起来，打算去削铅笔。但当他经过图书角时，他停下来，拿起一本书读了起来。没多久，另一本书吸引了他的注意。当老师要求进行下一项活动时，本才发现自己手上仍握着那支笔头很粗的铅笔，而他也没时间去完成自己的日志了。

8 岁的汤尼正在解决一道应用题，"树上有一些小鸟。3 只小鸟飞走了，还剩下 7 只小鸟在树上。那么刚开始的时候，树上有几只小鸟？"汤尼总是用 7 减去 3，而不是 7 加 3，因为他觉得"飞走了"应该是用减法。他不会自我调节，不会检查自己的思维过程。即使老师刚刚向他解释了对结果进行估算会有帮助，但本并没有将这种策略应用到自己面对的问题上。

年幼儿童能思维、注意和记忆。但问题是，他们的思维、注意和记忆都是极其反应性的；最终吸引他们注意力的东西可能与别人期望他们完成的任务没有任何关系。想想，看电视能让儿童学到多少东西，尤其是那些商业广告？很简单，电视利用了儿童这种反应性的思维、记忆和注意。电视很喧闹，有大量的动作，每隔几秒就会变化场景，而且色彩很丰富。很多教育性电视节目和电脑"教学游戏"都是借助这种形式来教授儿童基本的技能。但有很多教师抱怨，这种快节奏的感觉轰炸使得他们很难用其他形式对某些儿童进行教学。事实上，很多幼儿教师会抱怨，为了教学，他们不得不"唱歌、跳舞，或是表现得像芝麻街中的大鸟布偶那样"。如果没有习得心理工具，那么这种吸引注意力的方法可能是儿童获取信息的唯一途径，因为他们不能自主地控制和集中自己的注意、记忆和解决问题技能。即便是学习非常简单的信息，儿童也需要更多地接触这些信息。

一旦儿童拥有了心理工具，他们就不再是反应性学习者。他们自己能更多地承担学习的责任，因为学习已经变成了一种自主行为。教师不再承担学习过程中每个方面的所有责任。心理工具将教师从这种不必要的负担中解放出来，更为重要的是，它们能应用到各门课程中，无论是阅读、数学，还是角色扮演游戏的控制。

维果茨基教学法最大的一个优势是，研究者已经尝试并检验了心理工具的教学机制。我们不能只是期望儿童能学会这些心理工具，放任他们独自奋斗。维果茨基为我们指明了促进心理工具习得的方法。在美国和俄国，使用这些技术的教师均报告，他们看到了儿童思维和学习方式的改变（Cole, 1989; Davydov, 1991; Palincsar, Brown, & Campione, 1993）。

心理工具的缺乏会给学习带来长期的后果，原因在于心理工具会影响儿童抽象思维所能达到的水平。儿童必须拥有心理工具来理解科学和数学中的抽象概念。缺乏这些工具，儿童能背诵很多科学事实，但他们无法将这些事实性知识应用到抽象问题上，或是那些与最初学习情境中的问题有细微差异的问题。维果茨基将这种从一种情境迁移到另一种情境的能力匮乏归结为心理工具的缺失。到了小学高年级，教师关注的是抽象问题，因此个体在儿童早期习得的心理工具对其后续能力的发展有直接影响。

逻辑、抽象的思维不仅是学校生活所必需的，而且也是在成年生活的诸多领域中做出明智决定所必需的。例如，如何买一辆车，如何管理自己的财务，决定如何投票、参加一个陪审团、抚养子女等，这些都需要成熟的思维技能。

维果茨基学派教学法的历史

维果茨基的生平

俄国心理学家列夫·维果茨基生于 1896 年，卒于 1934 年（如图 1.1 所示）。一生中他所撰写的文章、著作以及完成的学术研究，总量超过了 180 种。年少时，维果茨基染上了肺结核，38 岁时终因这种疾病去世。维果茨基一生命运多舛，他的求学经历也十分坎坷。维果茨基出生于戈梅利（现为白俄罗斯共和国境内）附近的奥沙镇上。他是一名犹太人。而在"十月革命"前的俄国，犹太人接受大学教育有严格的名额限制。但维果茨基不仅赢得了一个名额，并且成绩优异。作为一名心理学家，维果茨基面临着巨大的压力——为符合当时主要的政治宗旨来调整自己的理论。但他并没有屈服于这种压力。他去世多年后，他的观点仍然在被批判和清除。政治正确性同样影响到了维果茨基学生的著作。这些学生冒着各种危险，英勇地、坚持不懈地丰富和发展他的理论。正是由于这些学者，维果茨基的观点才得以留存下来。随着 20 世纪 50 年代末、60 年代初俄国社会思想的变化，这些学者将维果茨基的理论应用到教育的众多方面，这一理论得以复兴。

维果茨基的兴趣非常广泛，从认知与语言发展到文学分析、特殊教育。他曾在中学教过文学，随后继续在一所教师培训学校授课。此后，维果茨基对心理学产生了浓厚的兴趣。在圣彼得堡会议上，一场关于意识的报告使他名声大噪。前往莫斯科后，维果茨基开始与亚历山大·鲁利亚（Alexander Luria, 1902—1977）、阿列克谢·列昂节夫（Alexei Leont'ev, 1903—1979）共事。这一时期，三人丰富了已有的理论，并进行了大量的研究，最终发展出众所周知的维果茨基学派教学法。

如果你想更多地了解维果茨基、他的同事和学生，范德维尔（Van der Veer）、瓦西纳（Valsiner）和柯祖林（Kozulin）对维果茨基的生平及其思想在俄国内外的发展进行了详细的描述（Kozulin, 1990; Van der Veer & Valsiner, 1991）。此外，鲁利亚写的自传（1979）也十分引人入胜。最后，维果茨基女儿吉塔·维哥德斯卡亚（Gita Vygodskaya）所撰写的回忆录为"维果茨基的肖像画"提供了独特的"笔触效果"（Vygodskaya, 1995, 1999）。

维果茨基的发展理论非常独特，与同时代的其他发展理论截然不同，通常被称为文化—历史理论（Cultural-Historical Theory）。维果茨基的人生如此短暂，以至于他的理论留下了很多尚未解答的问题，也很难完全得到实证数据的有力支持。

图 1.1 列夫·维果茨基

但是，很多年过去了，他的很多概念得到了俄国和西方学者的详细阐述和研究。如今，维果茨基的理论正改变着心理学家思考发展的方式以及教育工作者对待幼儿的方式。

从严格意义上来说，维果茨基的理论只是为我们提供了一个理解学习与教学的框架。它为幼儿教育工作者提供了一个新的视角，有助于我们洞察儿童的发育与发展。尽管它并不能限定一系列的前提假设，或是呈现大量的实证研究，从而为每种课程情境提供处方。但维果茨基的观点能启发教师以一种新的方式看待儿童，从而调整他们与儿童互动以及对儿童进行教学的方式。

与维果茨基同时代的人

西方理论家中，维果茨基主要研究并做出回应的是皮亚杰（建构主义）、华生（行为主义）、弗洛伊德（精神分析）、苛勒和考夫卡（格式塔心理学）以及其他教育工作者、人类学家和语言学家。在其理论性文章和实证研究中，维果茨基针对皮亚杰早期关于幼儿语言发展的观点提出了不同的见解。维果茨基经常引用苛勒关于猿猴使用工具的成果，用以探讨动物与人类行为的众多相似之处和不同之处。维果茨基同样评述了蒙特梭利的研究成果。维果茨基的理论框架与其他发展心理学家观点的相似和差异之处，详见第 3 章。

后维果茨基学派：俄国同事和学生

维果茨基与鲁利亚、列昂节夫合作完成了他早期的很多实验，他们共同促进了理论体系的发展。维果茨基去世后，鲁利亚、列昂节夫以及其他维果茨基学派的研究者面对着更为巨大的压力，政府要求他们终止相关研究。他们当中很多人仍继续进行研究，但在政治风向变化前他们都没有公开承认自己与维果茨基的联系。这些维果茨基学派的研究者详细阐述了维果茨基理论的主要原则，并将它们应用到心理学的诸多领域。

鲁利亚，维果茨基最多产的一名同事，在跨文化心理学、神经心理学、心理语言学等领域进行了先驱性的研究。他通过观察大脑损伤以及可能的补偿方式，将维果茨基学派原理应用到神经心理学（Luria, 1973）。在跨文化心理学领域，鲁利亚（1976）同样对文化如何塑造认知进行了研究。鲁利亚在心理语言学方面的研究表明了自我言语在调节动作中的作用，并从发展和临床的角度检验了语言和认知之间的联系。沃凯特（Vocate, 1987）对鲁利亚的工作进行了精彩的总结。

列昂节夫对有意记忆和有意注意进行了详细的研究，并提出了他自己的"活动理论"——社会情境或环境通过儿童自身的动作与其发展成就建立了联系（Leont'ev, 1978）。列昂节夫的理论是俄国现代众多研究的基础，尤其在游戏和学习领域。部分研究及其在幼儿发展中的应用将在第10章和第12章中详细介绍。

彼得·加里培林（Piotr Gal'perin, 1902—1988）、丹尼尔·厄尔克尼（Daniel Elkonin, 1904—1985）、亚历山大·扎波罗热茨（Alexander Zaporozhets, 1905—1981），这三名维果茨基的学生，他们关注的是学习与教学过程的结构和发展。扎波罗热茨创立了学前教育研究院，在那里他和他的学生将维果茨基的理论应用到幼儿教育中。

如今，教育心理学和发展心理学中的维果茨基取向正由俄国第三代和第四代维果茨基学派学者承担（Karpov, 2005）。这些新维果茨基学派的队伍包括瓦西里·达维多夫（Vasili Davydov）、玛雅·利斯娜（Maya Lisina）、列昂尼德·文格尔（Lenoid Venger）、维塔利·罗伯特索夫（Vitali Rubtsov）、加林娜·朱克曼（Galina Zuckerman）、埃琳娜·克拉维索瓦（Elena Kravtsova）等众多学者。他们对维果茨基原有观点的细化引发了教学实践中的众多革新，本书将会详细介绍这些革新。

维果茨基理论在西方的研究与应用

20 世纪 60 年代末期，随着《思维与语言》（Thought and Language）（Vygotsky, 1962）这本著作被翻译为英文，西方心理学家开始对维果茨基产生了浓厚的兴趣。斯堪的纳维亚（包括北欧的挪威、瑞典、丹麦，有时还包括芬兰、冰岛、法罗群岛）、德国以及荷兰的心理学家利用维果茨基这一理论体系来解决广泛的哲学问题。美国心理学家迈克尔·科尔（Michael Cole）和西尔维亚·斯克里布纳（Sylvia Scribner, 1973），杰罗姆·布鲁纳（Jerome Bruner, 1985），尤里·布朗芬布伦纳（Uri Bronfenbrenner, 1977）首次将维果茨基带入美国心理学家和教育学家的视野中。 20 世纪 70 年代至 90 年代期间，维果茨基理论体系中社会—认知方面的观点日益受到研究者的关注，沃茨奇（Wertsch, 1991）、罗格夫（Rogoff, 1991）、撒普（Tharp）和加里摩尔（Gallimore, 1988）、卡兹登（Cazden, 1993）、坎皮奥内（Campione）和布朗（Brown, 1990）、约翰—斯坦纳（John-Steiner）、帕诺夫斯基（Panofsky）和布莱克威尔（Blackwell, 1990）等人在其中起到了积极的推动作用。

最初，美国的研究者是对维果茨基理论的整体感兴趣，但近期的研究则更加精细化，探讨这一理论如何应用到心理学和教育的不同领域中。例如，一些研究者关注的是比较维果茨基学派教学法和非维果茨基学派教学法在游戏（Berk, 1994; Berk & Winster, 1995）或共同问题解决（Newman, Griffin, & Cole, 1989）领域中的差异。目前，维果茨基学派理论已应用于美国和其他俄国以外国家的众多课程中。这些课程绝大多数面向的是小学生、初中生和高中生（Campione & Brown, 1990; Cole, 1989; Feuerstein & Feuerstein, 1991; Moll, 2001; Newman, Griffin, & Cole, 1989）。但只有少数课程是在使用维果茨基学派教学法来对幼儿园和学前班儿童进行教学的，例如，瑞吉欧—艾米里亚课程（Reggio Emilia programs）和我们在心智工具（Tools of the Mind）课堂（Bodrova & Leong, 2001）和早期读写能力支架课程（Scaffolding Early Literacy Programs, Bodrova, Leong, Paynter, & Hensen, 2001）中所做的工作。近年来，已有大量关于应用维果茨基观点的文章发表，而这种教学方法在过去 15 年里变得日趋流行。

本书将系统介绍维果茨基学派的研究成果、维果茨基同事的研究成果以及同时期俄国、美国和欧洲的相关研究，用以阐述维果茨基学派理论是如何应用到早期儿童课堂的。维果茨基的观点形成了一种一般性的教学方法，它能帮助我们审视发展过程以及发现创造性的教学方式来提高和促进儿童的发展。

维果茨基学派的理论体系：心理学和教育的一般原则

维果茨基学派的理论体系所蕴含的基本原则可以概括为以下几点：

（1）儿童建构知识。

（2）发展不可能脱离它所处的社会情境。

（3）学习可以引导发展。

（4）语言在心理发展中起到了核心作用。

知识的建构

与皮亚杰相同，维果茨基认为儿童会建构自己独有的理解，而不是消极地再现自己所接收到的信息。然而，对皮亚杰来说，个体的认知建构主要发生在与物质客体的互动中（Ginsberg & Opper, 1998）。个体以外的其他人所起的作用则是间接的，如规划环境或者创造认知冲突等。维果茨基则认为，认知建构通常是社会中介的（socially mediated），它会受到当前和过去社会互动的影响（Karpov, 2005）。教师向学生指出的事情将会影响学生所"建构"的知识。如果一位教师向学生指出积木的大小不同，另一位教师则向学生指出积木有着不同的颜色，那么两组学生将会建构出不同的概念。教师的观念影响着学生学什么以及如何学；某种意义上讲，它们就像是一个过滤器，决定了学生将会学习哪些观念。

维果茨基认为，对物质客体的操作和社会互动都是个体发展所必需的。要习得"大与小"的概念并将这一概念整合到自己的认知库中，特鲁迪必须先去实际接触、比较、排列和重新排列积木。缺乏实际操作和亲自动手的经验，特鲁迪不可能建构出自己的理解。如果只是从教师那里获得了概念或词汇，特鲁迪很可能无法将这个概念应用到稍有不同的材料上，又或是当教师不在场时她就不会应用这个概念了。另一方面，没有教师，特鲁迪的学习也会不同。通过社会互动，特鲁迪能学习到哪些特征是最为重要的、需要注意什么以及按照什么规则来行动。通过共享活动，教师能直接影响特鲁迪的学习。

由于对知识建构的重视，维果茨基学派教学法强调确认儿童实际理解情况的重要性。通过体贴、细心地与儿童互动，教师能准确地发现儿童的概念是什么。维果茨基学派理论通常认为，学习是知识的内化（appropriation），这强调了学习者在这一过程中的主动性。

社会情境的重要性

维果茨基认为，社会情境（social context）不仅会影响个体的态度和观念，它对我们思考的方式和内容也有着极为深远的影响。社会情境塑造着我们的认知过程，并且是发展过程的一部分。社会情境是指整个的社会环境，即儿童环境中的每一样直接或间接受到文化影响的事物（Bronfenbrenner, 1977）。社会情境可以分为以下几个水平：

（1）直接互动水平，即当下与儿童互动的个体；

（2）结构水平，包括影响儿童的社会结构，如家庭和学校；

（3）一般文化或社会水平，包括社会整体的特征，如语言、数字以及技术的使用等。

这些情境都会影响个体的思维方式。例如，母亲是重视物体名称的学习，还是只会发出简单的指令并且不跟孩子交谈？这两类母亲所培养出的儿童，他们的思维方式是不同的。前者不仅有更多的词汇量，并且能根据不同的类别来思考，以及以不同的方式来运用语言（Luria, 1979; Rogoff, Malkin, & Gilbride, 1984）。

社会结构也会影响儿童的认知过程。俄国研究者发现，与在家庭中成长的儿童相比，在孤儿院长大的儿童，他们的计划和自我调节能力相对较弱（Sloutsky, 1991）。美国研究者发现，学校作为家庭之外主要的社会结构之一，会直接影响学生一些认知能力的发展，而这些认知能力被认为是智力的基础（Ceci, 1991）。

社会的一般特征也会影响我们的思维方式。与不使用算盘的儿童相比，会使用算盘的亚洲儿童有着截然不同的数字概念（D'Ailly, Hsiao, 1992）。这些例子告诉我们，社会情境对认知有着广泛的影响。

认知的特征：内容和过程

一些理论家认为，发展需要习得文化生成的知识。维果茨基将这一观念扩展到知识的内容和形式，这些都是心理过程的本质。例如，生活在新几内亚巴布亚岛的儿童和生活在美国的儿童，他们所认识的动物在种类上有差异，而他们记住这些动物的策略也会不同。上学的儿童由于学习了如何科学地将动物分类，因此他们将动物分组的方式与那些从未上过学的儿童不同。鲁利亚发现，中亚游牧民族中不识字的成年人会根据情境来进行分类，他们会将榔头、锯子、木材、斧头归为一类，因为它们都是工作所需的用具（Luria, 1976, 1979）。上过学的成年人则会将这些用具分为两类，工具（榔头、锯子、斧头）和被加工的材料（木材）。

"文化影响认知"这一观念是极为重要的，因为儿童所处的社会世界不仅塑造了他知道什么，而且也塑造了他如何思考。我们使用的逻辑和解决问题的方法都会受到自身文化经验的影响。与很多西方理论学家不同，维果茨基并不认为有很多逻辑过程是普遍的或不受文化的影响。儿童不只会成为思考者和问题解决者，也会成为某种特定类型的思考者、记忆者、聆听者和交流者，而这些都反映了他所处的社会情境。

社会情境是一种历史性的概念。维果茨基认为，人类的心智是人类历史（或称为种系发生 phylogeny）和个体历史（或称为个体发生 ontogeny）的共同产物。现代人类的心智是随着人类物种的历史进化而来的。每个个体的心理也是独特个人经验的产物。因此，维果茨基的发展观通常被称为文化—历史理论。

在开始制造工具和为合作而发展出社会系统之前，人类是以类似于其他动物的方式进化。当人类开始使用语言和开发工具，文化进化（cultural evolution）就成为塑造进一步发展的机制。通过文化，上一代将知识和技能传递给下一代，而每一代都会增添新的东西，因此累积下来的经验和文化信息得以传递给后代。维果茨基认为，儿童所有的知识和理解并不都是由他们自身创造的，他们会将文化中累积下来的丰富知识内化。儿童在发展中习得了这种信息并将其用以思考。因此，我们祖先的文化历史不仅会影响我们的知识，而且也会影响到我们的思维过程。

维果茨基认为，个体的心智也会受到个体历史的影响。尽管心智过程有很多共性，然而每个儿童的心智都是他在特定社会情境中与他人互动的结果。儿童自身为学习付出的努力，以及社会通过父母、教师和同伴而为教育儿童所做的努力，最终会导致儿童的心智以一种特殊的方式运行。

心理过程的发展

社会情境对个体的发展有着重要作用，原因在于它决定了心理过程的获得。维果茨基独特的贡献在于他看到了共享高级心理过程的可能性。心理过程不只是存在于个体内部，还会发生在多个个体的互动过程中。通过共享（sharing）或在他人互动的过程中使用某一心理过程，儿童得以学习或获得该心理过程。只有经历了这段共享经验时期，儿童才有可能内化和独立使用心理过程。

社会共享认知的观念与西方心理学界普遍接纳的认知观念截然不同。西方传统观念是将认知看作一系列内在心理过程，为个体所独有。但当研究者学习维果茨基的理论时，越来越多的人开始检验"认知是共享过程"这一观念，并且认识到社会情境对于获得这些心理过程的重要性（Karasavvidis, 2002; Rogoff, Topping, Baker-Sennett, & Lacasa, 2002; Salomon, 1993）。

为理解共享心理过程这一观念，让我们来看看西方心理学理论和维果茨基学派是如何描述记忆的发展过程。西方传统心理学认为，阿里尔能记住一些东西是因为她拥有一组记忆策略，并将信息编码到记忆中。记忆是内在的。四岁的阿里尔可能无法记住一些事情，这是由于她的记忆策略还尚未发展成熟。那她如何才能获得成熟的策略呢？随着年龄的增长，她的心智会变得成熟，她就会自然而然地拥有这些成熟的策略。

与视记忆为内在过程的观点相反，维果茨基认为记忆可以由两个人共享。例如，阿里尔和她的老师共享记忆，他们的互动包含了记忆的心理过程。阿里尔忘记该怎么玩游戏了。这个信息存储在她的记忆中，但她无法独立将这一信息提取出来。而阿里尔的老师知道一些回忆信息的策略，但他不知道阿里尔想玩哪个游戏。因此要想起怎么玩这个游戏的规则，需要两个人的共同参与。阿里尔无法单独完成，老师也不可以。通过彼此间的社会交流、对话或互动，他们得以回想起来。老师会问"骰子是用来做什么的？"阿里尔回答说"丢骰子，然后你就知道要走几步"。此刻，记忆存在于这种互动中。当阿里尔渐渐长大，她会将这种共享的策略内化。很快，她就能自己提出那些关于游戏规则的问题。然而，现阶段她还无法独立提出这些问题。

一年级的安德烈正在努力阅读书中一段特别难的文字。他读到了一个他会读的词，但他不知道这个词的意思是什么。妈妈告诉他，有两种阅读策略可以帮助他理解这个词的意思。一种是根据整句的意思来猜测这个词的语义，另一种则是查词典。安德烈选择了其中一种，并跟妈妈确认了自己对句子的理解是否正确。几天后，当安德烈遇到类似的状况时，他会想起妈妈告诉他的阅读策略，并能独立使用这些策略来解决问题。

二年级的斯蒂芬正在下国际象棋，他试图解决一个问题。父亲发现了问题所在，给他一些下不同棋步的建议。斯蒂芬选择了其中一种，结果成功吃到了卒。通过父子的共同参与，这个问题得以解决。几天后再下棋时，斯蒂芬已经能独立使用父亲教给他的办法了。

娜塔莎和约瑟夫正在一起做作业，但两个人都不记得老师究竟要他们做什么了。娜塔莎说："我记得老师让我们先去图书馆找资料。"接着约瑟夫说："是，不过我们是不是应该先选个主题？"于是，他们一起重新建构出完成作业的步骤。

因此，在维果茨基看来，所有的心理过程是先存在于一个共享的空间，然后转移到个体层面。社会情境实际上是发展和学习过程的一部分。共享活动是促进儿童心理过程内化的途径。维果茨基并不否认成熟的作用，但他强调共享经验对认知发展的重要作用。

学习与发展的关系

学习与发展是两个不同的过程，但两者有着复杂的联系。行为主义学家认为，学习和发展是同一个过程 [详见 Horowitz（1994）等]。维果茨基的看法不同，他认为我们思维的质变不只是源自事实或技能的累积，儿童的思维是逐渐变得更具结构性和随意性的。

尽管维果茨基认为，某些特定的认知成就需要以成熟为先决条件，但他并不认为成熟完全决定了发展。成熟会影响儿童能否做特定的事情。例如，在未掌握语言之前，儿童是无法学习逻辑思维的。但强调成熟是主要发展过程的理论学家，他们认为要想学习新信息，儿童必须先（before）要达成一定的发展水平（Thomas，2000）。例如，皮亚杰（1977）认为儿童必须经历了具体运算阶段才能进行逻辑思维。这种观点认为，内在的思维重组能力是先于学习新事物的能力。因此，当信息是以更高水平的形式呈现时，在发展到该水平之前，儿童是无法学习的。

维果茨基学派理论则认为，不仅发展会影响学习，而且学习同样也会影响发展（learing can impact development）。学习与发展之间是一种复杂的、非线性的关系。尽管维果茨基并未质疑儿童学习新信息的能力会受到发展先决条件的限制，但他同样相信学习能加速发展，甚至导致发展。例如，3 岁的塞西莉正在将物品分类，但她有时会忘记自己的分类标准。她的老师给她两个箱子，每个箱子上都贴有一个词语和一张图片。一个箱子上贴着较大字体的"大"一词，并配有一张大的泰迪熊的图片。另一个箱子上则贴着较小字体的"小"一词，配有一张小的泰迪熊的图片。老师通过给予箱子来帮助塞西莉学习如何正确地分类。很快，即便没有箱子，塞西莉也能分类其他物品。学习词语"大"、"小"与图片之间的联结，能加速儿童分类思维能力的发展。

维果茨基主张我们必须考虑儿童的发展水平，并且以一种可以引导儿童发展的方式来呈现信息。在一些领域，发展或质变未发生之前，儿童需要累积大量的知识。而在另一些领域，学习上的一步都会引发儿童发展进程上的两步。如果我们坚持发展必须先于学习，那么我们会将教学简化为只呈现那些儿童已经知道的材料。如同教学经验丰富的教师所了解的，当教师巩固一项儿童已经掌握的技能时，这些孩子很快就会觉得枯燥无聊。但如果我们完全忽略儿童的发展水平，我们将会错失儿童学习的良机，而只是一再呈现那些使学生无比沮丧的材料。例如，在儿童还不会正确数数的时候，老师就教他们学习加法。

维果茨基关于学习与发展关系的观点，也有助于解释为何教学如此之难。我们无法为每个儿童提供精确的教学来促进他们的发展，因为个体间存在差异。我们也无法告诉老师，"如果你重复这件事情6次，每个孩子都会发展出这种特定的技能。"学习与发展之间确切的关系因人而异，也因不同发展领域而有所不同。教师必须不断地调整自己的教学方法，使得学习和教学过程适应于每一个儿童。这对所有教育工作者来说，都是一个巨大的挑战。

语言在发展中的作用

我们通常会认为，语言主要影响个体知识的内容。我们思考什么、我们知道什么，这些都会受到我们所认识的符号和概念的影响。维果茨基认为，语言对认知有着更为重要的作用，因为语言是一种思维机制、一种心理工具。语言是一种过程，通过这一过程，外在经验将会转化为个体内在的理解。语言使思维变得更为抽象、灵活，也更不受当前刺激的影响。借助语言，记忆和对未来的期望都会对新的情境产生影响，从而影响最终的结果。当儿童使用符号和概念进行思维时，他们不再需要有具体的物品呈现在面前才能思考。语言使儿童可以想象、操作、创造新的想法，并与他人分享这些想法。它是我们相互交流社会信息的一种方式。因此，语言有两个功能：它有助于认知的发展，同时也是认知过程的一部分。

由于学习发生在共享情境中，因此语言是内化其他心理工具的重要工具。为共享一个活动，我们必须谈论这个活动。没有这种交谈，我们根本无法明白对方的意思。例如，约书亚和老师一起在玩古式积木（Cuisenaire rods）。如果他们不谈论积木之间的关系，教师就无法明白约书亚为什么能搭出代表5个单位的积木。究竟是约书亚理解了小积木和大积木之间的关系，还是他只是注意到了这些小积木的颜色，根本没有意识到五块一单位的小积木和一个五单位的大积木是一样大的。只有通过交谈，老师才能分辨约书亚是否真正理解了；只有通过交谈，约书亚才能明白自己是否真的理解这项活动了；只有通过交谈，约书亚和老师才能共享这项活动。

语言有助于经验的共享，而共享经验是建立认知过程所必需的。6岁的露西和老师正在观察，蝴蝶是如何破茧而出并弄干它们的翅膀。露西说："你看，一开始它们的颜色并不鲜艳。"老师说："蝴蝶什么时候颜色会变鲜艳？看看那只刚破茧而出的蝴蝶，为什么它翅膀的颜色与那只飞了一段时间的蝴蝶不同？"露西和老师谈论着她们看到的蝴蝶。通过很多类似的交谈，露西不仅认识了蝴蝶和毛毛虫，而且还学会了与科学发现有关的认知过程。

进一步阅读材料

Karpov, Y. V. (2005). *The neo-Vygotskian approach to child development*. New York: Cambridge University Press.

Kozulin, A. (1990). *Vygotsky's psychology: A biography of ideas*. Cambridge: Cambridge University Press.

Luria, A. R. (1979). *The making of mind: A personal account of Soviet psychology*. Cambridge, MA: Harvard University Press.

Van der Veer, R., & Valsiner, J. (1991). *Understanding Vygotsky: A quest for synthesis*. Cambridge: Blackwell.

第2章　心理工具和高级心理功能的获得

对维果茨基而言，学习、发展以及教学的目的，不只是大量知识的获得与传递，它同时包含了工具的获得。我们通过教学让儿童获得工具，儿童内化这些工具以控制自己的行为、获得独立，并且达到一个更高的发展水平。维果茨基认为，高级发展水平与心理工具的使用以及高级心理功能的形成有关。

工具的目的

维果茨基认为，人类与低等动物的区别在于人类拥有工具。人类使用工具，制造新的工具，并且教导他人学会如何使用这些工具。这些工具使人类可以去完成原本没有工具无法完成的任务，因而扩展了人类的能力。例如，尽管某种程度上你可以用牙齿或手去撕开一块布，但用剪刀或刀子可以让你更轻松、精确地完成这项工作。物质工具让人类得以在不断变化的环境中生存下来，并能够控制这种不断变化的环境。

与猿猴等其他所有动物不同，人类发明了物质工具和心理工具。人类文化的整个历史可以看作日渐复杂的心理工具的发展过程。

> 棍棒刻痕与结绳的运用，书写与简单记忆辅助工具的开始，都表明即使在历史发展的早期，人类已经超越了自然所赋予的心理功能的限制，发展出一个崭新的、文化高度发展的行为组织（Vygotsky, 1978）。

心理工具从最早的洞穴墙壁上的涂写，进化成为现代科学和数学中使用的复杂类别与概念。它们被用于记忆和问题解决等过程，这种方式已经被一代一代地传承下来。

扩展心智能力

维果茨基将工具的观念延伸到人类的心智，这是一种新颖的、独特的看待心智发展的方式。维果茨基认为，正如物质工具针对的是我们的身体，心理工具则针对的是我们的心智。心理工具扩展了心智能力，使得人类得以适应环境，因此它有着与物质工具相似的功能。

> 即使是通过系一个绳结或是在一根棍子上做记号来作为提醒，这种简单的操作都会改变记忆过程的心理结构。这些工具扩展了记忆的操作，使它超越人类神经系统的生理容量，并允许它能够包含人造的或自己创造的刺激（Vygotsky, 1978）。

与物质工具相同，心理工具可以为他人使用、创造和教导。但与物质工具不同的是，心理工具有两种形式。在发展早期（种系发生和个体发生），心理工具有一种外在的、具体的、物质的表现形式。在更高的发展阶段，这些心理工具被内化了，也就是说，心理工具存在于思维中，无需外在的支持。把一根绳子绑在手指上用来提醒自己记得要去超市买苹果，这是心理工具的外在表现形式。而如果将要买的杂物按照食物的品种或者三餐中要煮的哪一餐进行分类，那你就是在使用内化的心理工具。

控制行为

心理工具与物质工具的另一区别在于它们的目的不同。心理工具不仅能帮助人类掌握环境，而且还能帮助人类控制自己的行为。维果茨基认为，"借由心理工具，人类得以从外部控制自己"（Vygotsky, 1981）。没有心理工具，人类只能像动物一样对环境做出反应。心理工具使人类能够提前制订计划，想出复杂的问题解决方法，并且与他人合作以达成一个共同的目标。

例如，鸟类或其他动物会利用自身生理结构对光带等外在刺激所做出的反应进行导航。相比之下，人类远距离导航的能力是非常有限的。心理工具的运用，使得人类得以弥补这种先天导航能力的不足。他们可能会留下一堆石头来标记路线，在树上留下刮痕，或是创作一首歌曲来描述沿路的地标。地图和指南针则是一些物质工具，它们反映了人类为解决远距离导航问题而进行的高级心理加工。

心理工具帮助儿童控制自己的生理、认知和情绪性行为。有了心理工具，儿童能对音乐或口头指令等做出特定模式的反应。没有这些工具，计划、问题解决和记忆就不可能会发生。工具还能帮助儿童控制自己的情绪。愤怒时不会去攻击他人，而是通过学习思维方式或策略来控制自己的情绪。通过数数（从 1 数到 10）或者想其他的事情都可以用来克制愤怒。

语言等心理工具是如何帮助儿童控制行为的呢？学步儿童会忍不住触摸有转盘和旋转按钮的东西，他们还没有办法控制自己的冲动。在维果茨基看来，缺乏这种自我控制的儿童还没有"控制自己的行为"。当儿童开始获得这种控制力，他们会给自己下指令，让自己停止做某些事情。2 岁半的托马斯，当他靠近音响时，他会对自己说"不行，不行"，因为他知道他不可以触摸音响。而在六个月前，他还没有拥有这种心理工具，因此他会跑去摸那个音响。只有他妈妈开口并站在音响前，才能阻止他去摸音响。他的行为是对机器的按钮和控制杆的反应。当托马斯可以对自己说"不行，不行"来阻止自己的行动时，维果茨基认为他已经学会了一种心理工具，变成了自己行为的主人。托马斯的言语是一种心理工具，使他能够自我调节自己的行为。

获得独立

维果茨基认为，一旦儿童获得了心理工具，他们将会以一种独立的方式使用这些工具。刚开始时，儿童与他人共享使用工具的过程。这一阶段，使用工具的过程是人际的（interpersonal）。在维果茨基学派理论中，"共享的"（shared）、"分布式的"（distributed）和"人际的"（interpersonal）等词汇都是代表"心理工具存在于两个或多个个体之间"这一观念。一旦儿童将工具整合到自己的思维过程中，转变就发生了，心理工具变成了内在的（intrapersonal）或个体的（individual）。儿童不再需要共享这个工具，因为他们已经能够独立使用它了。因此，获得独立与工具从儿童与他人的共同财产变成儿童的私有财产有关，在某种意义上，工具存在于儿童的内部。

早上开小组会议时，娜迪亚很难集中注意力。她靠在其他儿童身上，用手戳他们，还不停地说话打断老师的发言。老师已经说了几百遍"我喜欢明迪注意力很集中"或"集中注意力"，但对娜迪亚的作用微乎其微。老师意识到娜迪亚缺乏帮助她有意识集中注意力的工具，因此她让娜迪亚坐在前排，这样她可以把手放在娜迪亚的肩上，然后指着书本说"娜迪亚，听好"。并且让她拿着一张耳朵的图片，提醒她记住"要认真听"。此刻，注意仍处于一种共享的状态，在娜迪亚和老师之间。经过多次小组会议后，娜迪亚开始集中注意力。此时注意是个体的，娜迪亚能够独立完成。

达到发展的最高水平

发展的最高水平与执行以及自我调节复杂的认知操作的能力有关。只依靠成熟或累积独立操作物体的经验，儿童是无法达到这一阶段的。这种更高水平的认知发展能否出现，取决于儿童通过正式和非正式教学对工具的内化。

语言：通用的工具

语言是一种通用的工具，在所有人类文化中都会被发展出来。它是一种文化工具，因为它是被特定文化中所有成员共同创造出来并共同分享的。它也是一种心理工具，因为特定文化中每个成员都会使用语言进行思维。

语言是一种主要的心理工具，因为它促进了其他心理工具的获得，并被用于许多心理功能。工具存在于共享经验中。通过共享经验，工具得以内化或学习，这在一定程度上是因为我们彼此交谈。2 岁的弗兰克和老师正在一起玩拼图。他们通过实际拼图的互动来共享经验。但弗兰克从经验中能学会什么，这取决于他和老师共享的语言。老师说："找一块蓝色的，因为这一块的旁边是蓝色。"弗兰克说："这个吗？"老师说："是的，它是蓝色的，应该放在这。你试着转动它，让它刚好能拼进去。"这一对话将弗兰克的学习提升到了一个更高的水平，让他学会了如何拼图的策略。没有语言，弗兰克甚至连拼图策略的存在都不知道。

语言可以用来创造策略，用以控制注意、记忆、感觉以及问题解决等心理功能。对自己说"只有颜色是重要的"，会让你的注意力集中在物体的颜色上，帮助你忽略其他特性。语言在很大程度上决定了我们记住什么以及我们如何记住。由于它可以应用到许多心理功能，我们将在第 6 章中详细介绍维果茨基学派对语言多个方面的探讨。

高级心理功能的概念

与许多同时期的学者相同，维果茨基将心理过程划分为低级心理功能和高级心理功能。但与同时期的学者不同，维果茨基并不认为低级心理功能和高级心理功能是两个彼此完全独立的过程。相反，他提出了一个理论，用以说明这两组心理功能是如何相互作用的。

低级心理功能的特征

低级心理功能（lower mental functions）是所有高等动物和人类共有的。低级心理功能是先天的，发展主要取决于成熟。感觉、反应性注意、自发记忆和感觉运动智力，这些都是低级心理功能的范例。感觉是指在心理过程中使用任何一种五官感觉，并且是由特定感觉系统的解剖结构和生理功能所决定的。例如，不同动物可以区分不同数目的颜色，从近乎色盲的海洋哺乳动物到比人类能分辨更多颜色色泽的鸟类和鱼类。反应性注意是指由强烈的环境刺激所支配的注意，就如同一听到汽车驶上车道所发出的声音，狗会立即做出反应。它的注意被噪声所吸引。自发记忆或联想记忆，是两个刺激同时呈现多次后，能够记住这种联结的能力。例如，我们会将广告中的歌曲与某个公司的商标联系在一起，或者在喂食狗时同时呈现铃声，狗会因为听到铃声而流口水。维果茨基学派认为，感觉运动智力是指在涉及身体或运动操作、尝试—错误的情境中的问题解决能力。表2.1列举了一些低级心理功能和高级心理功能。

表 2.1　低级心理功能与高级心理功能

低级心理功能	高级心理功能
人类和高等动物共有的	人类独有的
感觉	间接知觉
反应性注意	集中注意
自发记忆或联想记忆	有意记忆
感觉运动智力	逻辑思维

高级心理功能的特征

高级心理功能（higher mental functions）是指人类所独有的、通过学习和教学获得的认知过程。高级心理功能与低级心理功能的主要区别在于前者涉及心理工具的使用。

低级心理功能的核心特征是它们完全由环境中的刺激直接决定。高级

功能的核心特征是它能自己创造刺激，也就是说，人造刺激的创造与使用是导致行为发生的直接原因（Vygotsky, 1978）。

高级心理功能是随意的（deliberate）、间接的（mediated）和内化的（internalized）行为。当人类获得了高级心理功能，思维就会发生质变，与高等动物不再相同，并随着文明的发展不断进化。高级心理功能包括间接知觉、集中注意、有意记忆和逻辑思维。区别颜色时，我们会将天蓝色与蓝绿色归入不同的范畴，此时我们就是在使用间接知觉。集中注意是指可以将注意力集中在任何刺激上的能力，无论该刺激是否异常突出或引人注目。有意记忆是指使用记忆策略来记住某种事物。逻辑思维涉及使用逻辑或其他策略在心理上解决问题的能力。所有这些高级心理功能都是以一种特定的文化方式，建立在低级心理功能的基础上。在现代认知理论中，维果茨基描述为高级心理功能的很多心理过程通常被称为元认知（metacognitive）。

高级心理功能是随意的（deliberate），为个体所控制，它们的运用是经过思考和选择的，并且是有意的。行为可以被指向或集中在环境的特定方面，如观念、知觉和图像，同时忽略其他输入。幼儿无法对最喧闹的噪声或色彩极为丰富的图片做出随意反应。一旦儿童获得了高级心理功能，他们会将自己的行为指向环境中最具相关的部分以解决问题。这些方面未必最容易被注意到（如表 2.2 所示）。

表 2.2　不随意心理行为和随意心理行为范例

不随意行为	随意行为
无法找到隐藏在图片中的一个图形，因为整个搜寻过程杂乱无章，或是他容易因其他图形的干扰而分心	以系统的、随意的方式来寻找隐藏在图片中的图形，忽略任何可能分散注意力的图形
当其他儿童讲话时，就无法专心听老师说话	专注于老师所讲的话，无视其他令人分心的噪声
从离手边最近的积木开始搭起，一个个往上叠高，但没想过要搭出什么造型	开始搭积木时心里有个蓝图，所以会选择最合适的积木来搭出想要的造型

中介（mediation）是指使用特定的符号或标志来代表环境中的行为或物体。这些符号和标志可以是外在的或内在的（如表 2.3 所示）。维果茨基认为，中介是高级心理功能的一个本质特征。所有高级心理功能都是间接的过程。这些结构一个重要的、基本的方面就是以符号的使用作为指导和控制心理过程的手段（Vygotsky, 1987）。这些符号或标记可以是通用的，或家庭、班级等小群体所特有的，或某个特定个体

所独有的。例如，"停"标志或红灯是停止前行的通用符号，全世界都明白这个符号的含义。另一方面，教师将一个红点放在学生名字的旁边，视课堂的不同，这个红点可能代表不同的含义。可能在这个课堂上，名字旁标有红点的学生会到积木区，而名字旁标有绿点的学生则去完成艺术作品。而在另一个课堂上，学生名字旁标有红点可能代表他刚刚被记了最后一次警告，再表现不好的话，他可能就会面临隔离处分。有时，一个符号只对使用它的个体有意义，而对其他人毫无意义。例如，日历上某个日期上的圆圈可能对画圈的人来说，这是一个重要日子的提醒。但对一个陌生人而言，它可能代表任何事情，从纪念日到看牙齿的日子都有可能。

表 2.3　非间接行为与间接行为范例

非间接行为	间接行为
尝试记住刚看过的一个复杂的舞步	对自己说出舞步的名称，如右二、左三、踢、踢
试图目测估计物品的数量	清点物品
老师提问后，立刻不假思索地说出自己的看法	用举手来表明自己已经准备好回答问题

内化的（internalized）行为存在于个体的思维中，可能难以观测到。当外在的行为"发展为心智"，内化便发生了，并保有原先外在表现形式的结构、焦点和功能（Vygotsky & Luria, 1993）。用手指来计算一组数字的总和，这是一种外在的行为；而在头脑中计算这些数字的总和，则是内在的。

对幼儿而言，绝大多数行为是外在的、可见的。当幼儿开始内化过程时，我们能从他们可见的行为中看到高级心理功能的根源。例如，通过重复地对自己说话或唱歌来试图控制记忆。年纪较大的儿童则已经有了有意记忆，可能不会表现出任何外在的策略。

高级心理功能的发展

维果茨基认为，高级心理功能是以特定的方式发展的：

（1）它们是以低级心理功能为基础的。

（2）它们是由文化情境所决定的。

（3）它们是从一个共享的功能发展为一个个体的功能。

（4）它们涉及工具的内化。

以低级心理功能为基础

高级心理功能是以发展到特定水平的低级心理功能为基础的。2岁的埃琳娜没办法记住《可爱的小蜘蛛》这首歌的所有歌词，因为她的自发记忆还没有发展完善。此时，埃琳娜有意记忆能力的受限主要是由于基础的低级心理功能尚未发展成熟，而非特定策略的缺乏。

高级心理功能发展时，低级心理功能会发生一个根本性的重组（Vygotsky，1994）。这意味着儿童开始更频繁地使用高级心理功能，他们的低级心理功能虽然并不消失，但使用的频率却越来越低。例如，即使当儿童掌握了语言，他们仍然会使用联想记忆。但此时，他们越来越少依赖他们自发性回忆事情的能力，而愈加频繁地使用各种记忆策略。

文化情境的影响

文化不仅影响高级心理功能的本质，而且也会影响心理功能的获得方式。一个经典的例子来自鲁利亚在19世纪30年代所做的分类研究。鲁利亚发现，有无接受正式教育会极大地影响个体所使用的分类系统。没有接受过正式教育的成人会使用一种以经验为基础的分类系统，而这种系统依赖于他在什么地方接触过这些物品。当被问到"苹果、西瓜、梨子和盘子，哪个物品与其他三个不同"时，他们很可能会说上述物品属于同一类。而接受过正式教育的成人则发展出了更为抽象的分类方式，例如，水果与非水果，因此他们会将盘子剔除出去。鲁利亚的这些发现已被多个跨文化研究所证实（Ceci, 1991）。

高级心理功能的获得也是由文化情境所决定的。运用数字等抽象思维的学习会因文化背景的差异而不同。在一些非洲文化中，儿童会以一种特定的韵律使用手，以帮助自己进行加法运算；在亚洲部分地区，他们会使用算盘；而在北美的一些课堂上，儿童数数时则会使用古氏积木（Cuisinaire rods）。上述三种文化中儿童学习的是同一种心智技能，但他们的方式不同。不同个体可能会拥有相同的高级心理功能，但他们的发展过程可能不同。

从共享功能转向个体功能

高级心理功能首先出现在两个或多个个体之间的共享活动中，到后来才会被个体内化（internalized）。维果茨基将这种从共享状态到个体的转变称为文化发展的基本法则（the general law of cultural development），强调在高级心理功能的发展过程中，"所有高级心理功能以及它们之间的关系，背后反映的是社会关系、真正的人的关系"（Vygotsky, 1997）。

　　理解复杂文章是一种需要运用高级心理功能的过程。当小学生学习提问或预测等策略时，会有一段时间是整个过程分布在教师和整组学生之间的。在这个阶段，主要是教师来示范如何应用某个特定的策略，或是如何了解哪些策略适用于哪种类型的文章。接下来，学生将负责部分过程，一个学生会提出文章相关的问题，第二个学生回答这一问题，第三个学生则来确认答案是否正确。最后，每个学生都能独立完成上述所有过程，所有学生都掌握了如何使用理解策略。此时，原先共享的功能变成个体的。套用先前维果茨基的说法，在文章理解的情境中，教师和学生之间的关系被转变成特定理解策略之间的关系，而这些策略现在每个学生都能独立运用。我们将在第 7 章中详细讨论这一过程。

　　为获得高级心理功能，儿童必须首先掌握他所处文化的基本心理工具。儿童使用心理工具将低级心理功能改造和重构成高级心理功能。语言等心理工具会将儿童的低级心理功能进行重组。在随后的章节中，我们将介绍一些工具以及它们与高级心理功能的关系。

心理功能发展中的个体差异

低级心理功能

维果茨基认为低级心理功能不受文化或文化情境的影响。它们似乎是我们生物遗传的一部分。所有个体都能解决感知运动问题，无论他是生活在新几内亚的巴布亚岛，还是美国。低级心理功能主要取决于成熟和成长，而不是任何特定类型的教学。然而，并不是所有个体都能发展出相同水平的低级心理功能，问题可能源于器官的发育不良或特定脑区的受损。

　　特定学习困难的儿童缺乏某些低级心理功能，例如，分辨一些视觉或听觉刺激，或在记忆中保持特定数量的信息等能力。感觉运动刺激、操作物品以及探索环境的机会，也会影响低级心理功能。极度剥夺会导致个体差异，尤其是在生命的头一年里，即低级心理功能正在发展的时期。

高级心理功能

高级心理功能的个体差异可能会受到前面提及的因素的影响，但还有其他一些影响因素。其中一个因素是语言环境的质量，聆听与练习语言的机会将直接影响高级心理功能的后续发展。

另一个因素是社会情境。一些社会情境更有益于高级心理功能的发展。维果茨基认为，正式学校教育是最有利的社会情境之一。高级心理功能的某些方面只能通过上学才能习得。分类范畴（哺乳动物、食肉动物）的发展就是一种"被教育的"行为。然而，儿童的日常经验可能会与学校所教授的内容大相径庭，尤其是当儿童的文化不同于主流文化时。可能，白人中产阶级家庭中的儿童，他们所处的日常情境与美国大多数学校是非常相似的。对他们来说，高级心理功能的发展过程是建立在他们先前成就的基础上。而来自其他文化背景的儿童，学校与他们其他社会情境有着不同程度的差异。这种差异程度会影响儿童在获得出现在学校情境中的高级心理功能之前，必须做出的心理重构的数量。理解这一点，对父母和家长来说很重要，因为这种心理重构需要特殊的支持。若只是将儿童丢到一个环境中，这种重构不可能发生。

对高级心理功能和低级心理功能发展中的缺陷的补偿：维果茨基学派教学法之特殊教育

在维果茨基看来，变态心理学和特殊教育绝不只是他关于学习与发展的一般观念在相应领域的应用。事实上，在研究有障碍的儿童和成人时，维果茨基得以详细阐述或完善他的主要理论原则。维果茨基对障碍的看法与他主要的原则"社会决定人类心智"一致：对他来说，障碍是一种社会文化的、发展的现象，而非生物现象。

障碍的社会与文化本质

维果茨基强烈反对当时特殊教育领域的主流观念，即诊断和矫治的焦点在于障碍本身。他认为这些观点反映了一种过度简化的观点——他称之为算术观念，即将人类看作"各个组成部分的总和"。根据这个观点，有听觉或视觉损伤的儿童"减去障碍"后与正常发展的儿童没有差别。维果茨基则持相反的观点，他认为，与健康的同龄人相比，感觉、认知或言语受损的儿童有着截然不同的发展历程。为突出这种发展过程复杂的、系统的本质，维果茨基使用了"非个体发生"或"畸变的发展"等术语。

决定这种发展路径的主要成分包括第一性障碍（The primary disability）（如视觉损伤或行动受限）和儿童发展的社会情境。这种社会情境将会决定儿童被认为患有何种程度的"障碍"，也会决定儿童认为自己患有何种程度的"障碍"。维果茨基认为，对美国农民的女儿、乌克兰地主的儿子、德国公爵夫人、俄国农民或瑞典工人来说，失明代表了完全不同的心理因素（Vygotsky, 1993）。另一个例子也能阐明这一原则。同样是无法协调自身眼睛的运动来注视近处的物品，但社会情境不同，对儿童所造成的影响可能也会有差异。对生活在西方工业化国家的儿童来说，这种问题可能会影响到他阅读书面文字的能力。另一方面，生活在游牧民族的儿童甚至可能不需要看较小的事物，因为日常生活中大多数时间他都是盯着一定距离外较大的物体。显然，相同的视觉"缺陷"，在不依赖书面文字完成主要任务的社会中，可能完全不会被注意到。但这种缺陷可能会导致另一名儿童面临发展成为阅读障碍患者的危险，甚至会遭遇学业失败以及后续可能的社会性和情绪性问题。

第一性障碍和社会情境的相互作用会导致第二性障碍（a secondary disability）的发生。第一性障碍主要影响低级心理功能，第二性障碍则是高级心理功能的畸变。第二性障碍之所以发生，是因为第一性障碍通常会阻碍儿童掌握文化工具，而文化工具是参与社会互动的关键。反过来，受限的社会互动会阻碍儿童掌握更多的文化工具，最终导致儿童心理功能的系统性畸变。另一方面，如果社会情境为这个儿童提供机会去学习另一组替代性的文化工具，他可能得以参与更为广泛的社会互动，进而发展高级心理功能。

在其著作中，维果茨基经常列举一些例子。在这些例子中，失聪或失明的儿童（第一性障碍）是否会发展出第二性障碍取决于他们是否掌握了其他替代性的工具，如替代口语的手语和替代书面语言的盲文。如今，随着辅助性设施的不断增多，患有不同第一性障碍的儿童掌握文化工具正逐渐变成可能。

辅导作为补救的一种方式

与同时期其他学者以及现今很多教育工作者相比，维果茨基有着完全不同的补救方法。障碍"算术"理论的支持者认为，补救可以发生在一个孤立的功能的水平上，即第一性障碍影响的方面。"修理"这种孤立的功能的方法是提供训练去克服这种缺陷（例如，为弥补听觉加工缺陷，会进行大量的练习——将单独的字母合成音节，然后合成单词），或是训练一种新的功能来替代原先无法运行的功能（例如，训练盲人发展出更敏锐的听觉或更分化的触觉）。

然而，对维果茨基来说，第一性障碍不应该是补救的主要焦点。与通常的观念不同，他认为第一性障碍是最难以补救的，因为它影响的是低级心理功能。正如我们在本章前面介绍的，低级心理功能是由生物因素决定的（通俗地讲，可以称之为"硬件"）。正是由于低级心理功能的生物本质，所以通过任何方式都难以改变它们，除非是根治性的医疗介入，例如，植入助听器以改善听力。另一方面，高级心理功能是由文化和社会因素决定的，而这些可以通过特别设计的教育干预过程得以成功补救。维果茨基提倡，补救的焦点并非低级心理功能，而是高级心理功能。"感知运动训练可能对初级过程有效，但不足以弥补高级知识的发展缺陷。思维是对视觉能力不足最高形式的弥补"（Vygotsky，1993）。

对维果茨基及其学生而言，利用高级心理功能来补偿低级心理功能的缺陷，诀窍在于使用语言等心理工具。在一系列关注言语在运动行为中的自我调节作用的研究中，维果茨基的同事亚历山大·鲁利亚发现，当儿童学会执行动作时用言语表达这些动作，他们的极度冲动性行为会发生改变（Luria，1979）。在研究刚开始时，这些儿童很难跟随实验者的指导，绿灯亮时按橡胶球，红灯亮时则不按。相反，他们只要看到灯亮就会按橡胶球或者一直都不按。当实验者教会这些儿童看到绿灯亮时说出"按"，看到红灯亮时说出"不"或"不要按"，他们开始能控制自己的反应，进而按照实验者的指导做出反应。实际上，鲁利亚将行为的内在调节机制替代为自主言语，从而重新建构起这些缺乏内在调节机制的行为。这种言语中介了儿童对外在刺激的反应，因此，他们新的、更加自我调节的行为不仅是辅导的结果，而且也是重新中介（re-mediation）的结果（Cole，1989）。

维果茨基理论在特殊教育中的应用

维果茨基的观点对俄国特殊教育领域有着极为深远的影响，在西方也日趋流行（Gindis，2003）。我们未能阐述特定的干预策略或发展出来的特定课程，但我们会概括出维果茨基教学法应用到现今特殊教育的两种主要方式。

高级心理功能缺陷与低级心理功能缺陷的鉴别诊断

在严重视觉或听觉受损的极端个案中，我们能很清楚地看到哪些低级心理功能受到了影响。然而，在大多数幼儿教育课堂上，我们面对的是第一性障碍与随后在社会互动和心理工具的获得上的缺陷，这两者之间系统性的相互影响。神经或感觉受损的儿童，会与没有这些损伤但经历了文化剥夺或在教育上被忽略的儿童表现出相似的症状。对这些个案的鉴别诊断是有效教学干预的关键。维果茨基在其有特殊需要的儿童的研究中开创了一种新型的评估，能够进行这样的鉴别诊断。根据最近发展区（Zone of Proximal Development）（详见第 4 章）的观念，这种评估不仅能提供儿童目前对特定内容和技能的掌握情况等信息，而且还能从总体上提供儿童对成人协助的敏感度和对教学的接受度等信息（Gindis, 2003）。在现代文献中，这种评估被称为动态评估（详见第 14 章）。其中一种特定类型的动态评估，主要是用来判断儿童的低成就是否全部或部分源于他无法获得特定的心理工具。这种个案的例子包括在贫穷中长大的儿童或因战争无家可归的儿童。维果茨基曾做过相关的研究，现在这种个案的研究主要是由福伊尔施泰因（R. Feuerstein）及其同事进行（Feuerstein, Rand, & Hoffman, 1979; Kozulin, 1999）。其他个案则包括在收养机构的儿童或被跨国收养的儿童（Gindis, 2005）。

促进高级心理功能的发展以预防"第二性障碍"

维果茨基认为，特殊教育的主要努力应该聚焦在为有特殊需要的儿童创造替代性的发展途径。这些途径包括针对不同类型的障碍儿童的独特需要制定特殊的心理工具，并设计策略来促进这些心理工具的获得。俄国矫正教育研究所（Russian Institute of Corrective Pedagogy）的研究中有相关的案例。俄国矫正教育研究所是从维果茨基创立的变态发展心理学实验室发展而来。在这个研究所中研究者发展出了一些矫正教育的方法，其中包括一种创新的方式——教两三岁的失聪儿童学会阅读，使他们尽早地拥有一种替代口头语言的工具，以便更广泛地参与到各种社会互动中（Kukushkina, 2002）。

维果茨基观点在特殊教育中的应用，最为瞩目的例子可能是针对天生失明和失聪儿童的独特教育系统。这种方法的设计者是鲁利亚的学生亚历山大·梅谢里亚科夫（Alexander Mescheryakov），它是以这些儿童未受损伤的低级心理功能为基础来发展复杂的高级心理功能，例如，他们的触觉或肌肉记忆（Meshcheryakov, 1979）。梅谢里亚科夫创立了一所针对失明和失聪儿童的学校，这所学校里的教师会帮助学生参与一系列主要针对他们生活自理的共同活动。逐渐地，儿童在执行这些日常工作时所使用的动作（例如，穿裤子或拿盘子）会发展为符号性的手势，这个可用来与成人和其他儿童进行沟通。例如，拿盘子代表吃饭，而模仿穿裤子的动作可能意味着"外出"。在儿童发展出简单的手势来代表某些词汇后，他们就可以根据手与手指动作的不同组合，来学习特殊的语言（手指语言）。这使得儿童能逐渐发展出更为抽象的概念。一位梅谢里亚科夫课程的毕业生，后来成为一名心理学家，也研究失明和失聪儿童。他说道："用手势代表词汇，这些手势就成了一种棱镜，儿童通过它看到了真实世界。"（Sirotkin, 1979, p. 58）此时，儿童通过使用替代的但本质上等同的文化发展途径已经发展出高级心理功能，维果茨基认为这是补救努力的核心。

进一步阅读材料

Gindis, B. (2003). Remediation through education: Socio/cultural theory and children with special needs. In A. Kozulin, B. Gindis, V. S. Ageyev, & S. M. Miller (Eds.), *Vygotsky's educational theory in cultural context* (pp. 200–222). New York: Cambridge University Press.

Luria, A. R. (1979). *The making of mind: A personal account of Soviet psychology.* Cambridge, MA: Harvard University Press.

Vygotsky, L. S. (1981). The instrumental method in psychology. In J. V. Wertsch (Ed.), *The concept of activity in Soviet psychology* (pp. 134–143). Armonk, NY: M. E. Sharpe.

第 3 章　维果茨基学派理论体系和
其他发展与学习理论

本章我们将首先比较维果茨基理论与其他儿童发展理论，再从整体上评论维果茨基学派理论。这些比较将着重于维果茨基的文化历史理论的主要原则（第 1 章中介绍过）。更为详细的具体概念的比较则将在后续章节中展开，同时我们也会对维果茨基学派理论的每一个概念进行介绍。

维果茨基研究并评论了建构主义学家（皮亚杰，Piaget）、行为主义学家（华生，Watson）、格式塔心理学家（考夫卡，Koffka）、心理分析学家（弗洛伊德，Frued）以及教育家（蒙特梭利，Montessori）等人的工作。维果茨基去世后，维果茨基学派吸纳了很多信息加工理论的观点。

皮亚杰的建构主义教学法

维果茨基很熟悉让·皮亚杰（Jean Piaget）的早期著作，如《儿童语言与思维》（The Language and Thought of the Child）（Piaget, 1962）。在其著作《思维与语言》（Thought and Language）中，维果茨基批评了皮亚杰关于思维与语言关系的观点，并提出了自己的看法。皮亚杰接受了部分维果茨基的批评，并修正了他后期的部分观点。但这一切都发生在维果茨基去世后（Tryphon & Vonèche, 1996）。相比于维果茨基，他一些学生（如列昂节夫（Leont'ev））的论述与皮亚杰的观点更为相近。这些相似之处导致很多心理学家错误地将维果茨基学派看作皮亚杰建构主义传统的一部分。

相似之处

皮亚杰和维果茨基的理论都是以他们对思维过程发展的精辟见解所著称。皮亚杰将思维视为儿童发展的中心（Beilin, 1994; DeVries, 1997）。尽管维果茨基的大部分研究都集中在思维的发展，但维果茨基也打算研究一些他认为与思维同等重要的发展领域（如情绪），但他的英年早逝使得他无法完成这项工作。

皮亚杰和维果茨基都赞同，儿童的发展是一系列的质变，这些变化不能仅仅看作技能和观念的扩展。皮亚杰认为，这些变化发生在不同的阶段（Ginsberg & Opper, 1988）。但维果茨基认为，这些变化则发生在一系列界限不明确的时期。在其著作中，维果茨基主要论述了儿童思维的重构，它发生在从一个阶段转入下一个阶段的时期，但他较少强调每个阶段的特点（Karpov, 2005）。

皮亚杰和维果茨基都认为，儿童是主动获取知识的。这种观点使得他们不同于行为主义的倡导者，后者认为学习主要是由外在（环境）变量决定的。与将儿童看作被动的参与者、一个有待被知识填满的容器的观点不同，维果茨基和皮亚杰都强调儿童主动为学习所做的智力努力（Cole & Wertsch, 2002）。

两种理论都描述了思维中的知识建构。皮亚杰认为，幼儿的思维与成人不同，儿童所加工的知识绝不仅仅只是成人所拥有的知识的不完整副本。维果茨基和皮亚杰都赞同，儿童建构了自己的理解，并且随着年龄和经验，这些理解将会被重构。

皮亚杰在其后期的著作中承认了社会传递（social transmission）在发展中的作用（Beilin, 1994）。社会传递是将文化累积的智慧从上一代传递给下一代。维果茨基也认为，文化在知识传递中有重要作用。但皮亚杰认为，社会传递主要影响知识的内容。维果茨基则认为，社会传递有着更为重要的作用，它不仅影响知识的内容，而且更会影响思维过程的本质和要素。

最后，两位理论家对成熟思维的要素的看法也是极为相似的。皮亚杰将形式运算思维描述为抽象的、逻辑的、反省的和假设—推理的。维果茨基的高级心理功能则包括逻辑、抽象思维和反省。

这种对抽象、逻辑思维的强调招致一些心理学家的批评，他们认为皮亚杰和维果茨基有欧洲中心的倾向。在他们看来，皮亚杰和维果茨基更看重心智过程，而这种能力在西方技术发达社会是更为普遍的（Ginsberg & Opper, 1988; Matusov & Hayes, 2000; Wertsch & Tulviste, 1994）。尽管维果茨基非常强调逻辑思维，但他认为，只要暴露在相应的环境中，每个个体都能发展出这种思维，而在特定文化中缺乏逻辑思维的发展，是因为在该文化中逻辑思维并无太大用处。

差异之处

起初，皮亚杰认为智力发展具有普适性，不受文化环境的影响。因此，所有儿童都会在 14 岁左右发展到形式运算阶段。维果茨基则认为，文化环境决定了特定认知过程的形成。很少使用形式推理的文化将无法促进年轻人形式运算的发展。维果茨基的这种观点已得到了一些跨文化研究数据的支持，这些研究以特定社会为对象，儿童身在其中无法发展出形式运算（Bruner, 1973; Jahoda, 1980; Laboratory of Comparative Human Cognition, 1983; Scribner, 1977）。皮亚杰学生所做的一些研究（Perret-Clermont, Perret, & Bell, 1991）也使研究者越来越重视文化情境的作用。

皮亚杰强调儿童与物质客体的互动在思维发展成熟中的作用（Beilin, 1994），维果茨基则关注儿童与他人的互动。皮亚杰认为，他人是次要的，客体以及儿童对客体所做的动作才是最重要的。同伴可能会引起认知冲突，但他们不是学习过程的必要环节。维果茨基则认为，儿童对客体所做的动作会促进发展，但前提条件是这个动作发生在某一社会情境中，并被与他人的互动所调节。

在皮亚杰看来，语言只是智力发展的副产品，而非智力发展的根源（Beilin, 1994）。通过表征动作，让思维摆脱空间和时间的束缚或组织动作，语言能提升"思维的广度和速度"（Piaget & Inhelder, 1969）。但是，儿童说话的方式只是反映了他们现在的认知阶段，并不会影响认知阶段的发展。维果茨基认为，语言在认知发展中有着重要的作用，它构成了儿童心理功能的核心。

皮亚杰将儿童看作一个"独立的发现者"，通过独立地建构自己的理解来认识世界（DeVries, 2000; Wadsworth, 2004）。维果茨基质疑这种观点，他认为在人类社会中长大的儿童，不可能完全独立地发现某种事物。反之，儿童的学习发生在特定的文化情境中，无论是被发现的事物还是发现的方法都是人类历史和文化的产物。

皮亚杰认为，只有儿童独立完成的发现才能反映儿童现有的智力水平。有关儿童如何获得或应用成人所传递的知识的信息，与判定儿童的发展水平无关。维果茨基则持相反的观点。他认为，文化知识的内化是儿童认知发展的关键。因此，在判定儿童的智力水平时，儿童与他人共享时的表现与其独立时的表现同样重要（Obukhova, 1996）。

关于学习对发展的影响，皮亚杰和维果茨基有着不同的观点。在皮亚杰看来，儿童现有的发展水平决定了他的学习能力。相应地，所有的教学都应当符合儿童现有的认知能力。维果茨基则认为，学习与发展的关系更为复杂。对于特定的知识或内容以及对于特定的年龄来说，学习上的一步可能意味着发展上的两步。其他的时候，学习和发展的前进速度则更为同步。但是，教学应当以儿童正在发展的技能为目标，而非只着眼于儿童目前已有的技能。

行为主义理论

20世纪20年代至30年代，维果茨基在俄国完成了他的绝大多数著作，而当时行为主义是最有影响力的心理学理论之一。维果茨基身处行为主义发展的早期，当时的代表人物是约翰·B.华生（Watson, 1970），因此他对于行为主义后期的发展并不熟悉。尽管维果茨基强烈反对行为主义学家，但通过他的文字，我们不难发现行为主义对维果茨基的影响。

相似之处

与行为主义学家相同，维果茨基赞成在心理学中使用客观的方法。他的教学法不是纯思辨的，而是以观察、测量和实验为依据。与行为主义学家相同，维果茨基反对将内省法看成实验法的一种。

尽管维果茨基强调人类思维的独特特质，但他也意识到人类和动物有某些共同的行为。与行为主义学家相同，维果茨基认为，动物和人类是同一个进化体系中的一部分，而不是完全不同的两种形式。

行为主义学家与维果茨基的另一个相似之处在于他们都对学习感兴趣。尽管是从不同的方向入手，但行为主义和维果茨基学派都关注学习过程。

差异之处

与早期行为主义学家不同，维果茨基并不满足于只测量外显行为。维果茨基并不认为只研究那些可被他人测量和观察的行为，我们就能理解个体思维。他总是试图依据更为宽阔的理论范畴所得出的推论来解释内隐行为。后期行为主义理论也使用了这些概念，它们是由外显行为推导而来的，但却不能直接观察到（Horowitz, 1994）。

维果茨基与行为主义学家最主要的分歧在于，引发动物和人类特定行为的"刺激"的本质。行为主义学家坚称，刺激与行为之间的关系对所有有机体来说，都是相同的。维果茨基则认为，人类与动物有着本质区别，原因在于人类能对自身创造的刺激做出反应。通过对这些特别创造的刺激或"工具"做出反应，人类得以控制自己的行为（如图 3.1 所示）。

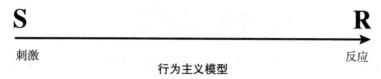

行为主义模型

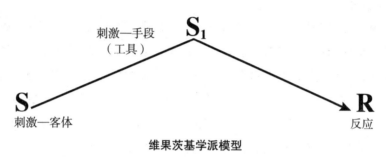

维果茨基学派模型

图 3.1 行为主义学家和维果茨基学派对行为的不同看法

此外，维果茨基也反对华生"语言与外显行为并无不同"的观点。华生认为，思维只是"无声的语言"。维果茨基则认为，语言在心理发展中有着独特的作用，思维与语言在形式和功能上都有本质区别（详见第 6 章）。

关于学习与发展的关系，维果茨基和行为主义学家也有着不同的观点。行为主义学家并不区分这两个过程，也没有将发展看作是另一个不同的概念。由此，维果茨基推断，行为主义学家认为学习就是发展。实际上，行为主义学家认为，一个发展中的儿童还是原先那个儿童，只是因为学习而拥有更多的知识和技能。在行为主义学家看来，这些儿童在心理结构上并没有质的改变，学习只是单纯的累积（Thomas, 2000）。维果茨基认为，知识的增长，无法解释儿童发展中的质变。他表示，特定的学习能重构思维，并引发思维结构的质变。例如，一旦儿童习得了语言，他们开始用词汇思考，由此改变了他们的感觉运动思维和问题解决能力。

最后，关于知识的建构，维果茨基和行为主义学家的看法也不同。行为主义学家将儿童看作是相对被动的，知识是通过强化得以增强的联结的产物（Thomas, 2002）。维果茨基认为，儿童建构知识，并且是主动地获取知识。儿童根据这些心理结构和理解来行动。行为主义学家认为，环境（包括物质客体和他人）控制着儿童的思维和动作——选择恰当的思维和行为，并通过强化增强其发生的频率。相反，维果茨基认为，知识和工具的获得为儿童提供了控制自己思维和动作的手段。

信息加工理论

维果茨基去世多年后，信息加工理论（Atkinson & Shiffrin, 1968）才逐渐发展起来。即便如此，维果茨基发展和预言的很多概念，都与信息加工理论的研究发现相吻合。

相似之处

维果茨基学派和信息加工理论都强调元认知在成熟思维和问题解决中的重要作用。在这两个理论中，元认知都涵盖了自我调节、反省、评价和监控等概念。两个理论都认为，心理过程的自我调节是问题有效解决的关键。信息加工理论学家使用执行功能（executive function）和抑制控制（inhibitory control）等术语来描述个体阻止自身对事物的第一反应以及制定不同策略的能力。两个理论都认为，这些能力是有效问题解决的基础。近期有关大脑的研究（Blair, 2002）证实了自我调节作为核心加工过程的重要性。

此外，信息加工理论学家和维果茨基都认同，儿童必须做出认知努力才能学习。这个过程没有任何被动的成分。另外，新的学习并不只是被简单添加到现有的结构中，而是改变现有的知识。维果茨基曾说过，理解是儿童与教师或文章作者的一次对话，以便建立新的理解，而非简单复制已有的内容。

最后，信息加工理论学家和维果茨基都强调认知过程和语义，或者说词汇的意义。两种理论都认为注意、记忆和元认知是学习过程的核心（Cole & Wertsch, 2002; Frawley, 1997）。

差异之处

信息加工理论并不是一个真正的发展理论。它描述了不同年龄阶段个体的加工过程，但并没有解释为何随着年龄的增长，儿童的加工技能也日趋成熟。另一方面，维果茨基主要关注的是这些加工过程如何发展，以及如何将它们教授给儿童。

信息加工理论将人类思维类比为计算机，因此它不会考虑社会情境及其塑造思维过程的方式。文化影响输入——知识和事实，但不会影响信息加工的方式。维果茨基认为，文化不仅会影响思维的内容，而且也会影响人类加工信息的方式。它影响着注意、记忆和元认知的本质。例如，维果茨基学派的研究者发现，首因效应和近因效应——这些在信息加工理论学家看来是记忆的普遍现象，会受到儿童所受教育的影响。儿童是否只能记住最后听到的事物（近因效应），还是能记住最先听到和最后听到的事物（首因效应和近因效应），取决于他们所属的文化（Valsiner，1988）。近期信息加工理论取向的研究证实，正式教育会影响视觉—知觉加工、注意、视觉记忆和言语记忆等认知过程（Ostrosky-Solos, Ramirez, & Ardila, 2004）。

最后，信息加工理论学家忽视了学习的情绪和动机方面。维果茨基认为，情绪和动机对学习过程有重要作用。当儿童感觉情绪上参与到学习活动中时，他们的学习效果最好。列昂节夫（1978）进行了大量的研究，以确认哪些因素能激发幼儿对活动的兴趣，并使活动有利于幼儿的发展（第 5 章将会系统介绍）。此外，维果茨基认为，认知和社会—情绪的自我调节是相互联系的，其中任一项的发展将会影响另一项的发展。

蒙特梭利教学法

玛丽亚·蒙特梭利和列夫·维果茨基身处同一个时代，尽管蒙特梭利从未写过有关维果茨基的内容，但维果茨基注意到了她的研究方法（Bodrova, 2003）。蒙特梭利的研究范式与维果茨基不同，她主要是通过观察法和借用人类学和医学等学科知识来发展自己的理论（Montessori, 1912, 1962）。维果茨基则从心理学传统出发，采用测试和实验等方法。

相似之处

蒙特梭利和维果茨基都强调教学和学习在发展中的重要作用，但他们对发展的定义却并不相同。蒙特梭利认为，发展是与生俱来的能力的自然展现，但维果茨基认为发展的本质是由儿童在教学过程中所习得的文化工具来决定的。蒙特梭利和维果茨基都是建构主义学家，认为儿童的学习是发展自身对现象的理解的过程。蒙特梭利将这一过程称为自动教育（自我教育），教师在其中支持着儿童对发现和学习的探索。维果茨基认为，学习是借由共同建构发生的，儿童需要他人的思维来进行学习。

差异之处

蒙特梭利和维果茨基主要有两点分歧。首先是语言在发展中的作用，其次是游戏的作用。与皮亚杰相似，蒙特梭利认为语言是知识的副产品，它表达的是儿童已经知觉到的或自身总结的内容（Montessori, 1912）。例如，学习描述不同颜色的词汇，是儿童的眼睛已经被训练出能够分辨这些颜色的结果。维果茨基认为语言是发展的引擎，即它能帮助儿童获得概念。认识橘色和红色所对应的词汇能帮助儿童发现这两种颜色的差别。关于书面语言的作用和重要性，蒙特梭利和维果茨基也存在分歧。蒙特梭利认为，儿童学习书写能帮助他们应对小学阶段的学业要求，并练习动作控制。维果茨基则认为，书写是一种文化工具，它的习得会影响儿童的心理过程。相比之下，维果茨基认为书写在发展中有着更为重要的作用。

关于游戏在发展中的作用，蒙特梭利和维果茨基也有不同的看法。蒙特梭利认为，游戏并不是必需的，儿童应当放弃游戏，而去从事更具生产性的活动。维果茨基认为，游戏是学龄前儿童的核心活动，没有游戏儿童无法发展出创造性、自我调节和其他后期发展所需的基础技能。

对维果茨基学派教学法的批评

在很多观点被研究之前，维果茨基就去世了，留下了很多尚未解答的问题，其著作也未能形成一个连贯的、结构清晰的理论。因此，他对某些发展领域的观点，如情绪与学习的关系等，都没有完整的解释、阐述，或得到实证的支持。

一个常见的批评是，维果茨基过于强调言语在认知发展中的作用，并未充分探讨其他类型的符号表征对高级心理功能的作用。后来，扎波罗热茨（Zaporozhets）和文格尔（Venger）完成的研究揭示了非言语的文化工具是如何促进幼儿知觉和思维发展的（Venger, 1977; Zaporozhets, 1977）。

另一个批评在于，维果茨基及其追随者关注儿童发展中社会因素的作用，但却忽视了遗传或成熟等生理因素的作用。总结近期行为遗传学家和其他发展科学学家的发现，卡尔波夫（Karpov）认为，从文化—历史的角度阐释已有研究结果并加以整合，将会丰富维果茨基学派关于儿童发展的理论，同时也"不失它对中介在儿童与成人以及同伴的共同活动情境中所起作用的注重，维果茨基学派认为中介是决定发展的主要因素（Karpov, 2005, p.239）"。

维果茨基饱受批评的另一个方面是过于强调他人在共享活动中的作用，较少重视探讨"要成为一个主动的参与者，儿童必须做些什么"。维果茨基的同事列昂节夫所发展的"活动理论"能部分回应这个批评，该理论强调儿童在共享活动中的主动参与（Leont'ev, 1978）。

正如我们将在后续章节中所见到的，维果茨基学派体系提供了一种与西方心理学迥然不同的观点来看待发展中的儿童。这种理论体系可能会帮助我们以更加精确的方式来理解学习和教学过程。

进一步阅读材料

Bodrova, E. (2003). Vygotsky and Montessori: One dream, two visions. *Montessori Life*, 15(1), 30–33.

Tryphon, A., & Von è che, J. J. (Eds.). (1996). *Piaget-Vygotsky: The social genesis of thought.*Hove, UK: Psychology Press.

第二编　发展与学习的策略

上一编我们对维果茨基学派理论的一些概念进行了介绍，本编将论述这些概念是如何应用到学习与教学过程中的。我们将探讨维果茨基学派理论中最近发展区的概念以及根据这一概念有哪些促进发展与学习的一般性策略。目前，俄国很多课堂都已采用了这些策略，美国部分课堂也进行了初步的尝试。教师可运用这些策略，来提高儿童学习的情境支持。但想要恰当地运用这些策略，教师必须牢记儿童的最近发展区以及该年龄阶段的主导活动和发展成就。此外，这些策略为教师提供了一种新的视角来审视学习与教学过程。在实践中，我们会综合运用多种策略。但为了更全面地理解每种策略，这里我们将分别进行介绍。这些策略可分为三大类：中介物、语言和共享活动。这一编共有四章内容：

第 4 章 最近发展区

第 5 章 策略：中介物的运用

第 6 章 策略：语言的运用

第 7 章 策略：共享活动的运用

第 4 章　最近发展区

特定文化工具的获得以及后续的心理发展，都取决于该文化工具是否处于儿童的最近发展区内。维果茨基认为，最近发展区是发展与学习的一种策略。

最近发展区的定义

最近发展区（Zone of Proximal Development, 缩写为 ZPD），维果茨基最广为人知的概念之一，是一种将学习与发展之间关系概念化的方式。维果茨基选择了"区"一词，原因在于他认为发展并不是标尺上的某一点，而是一个行为的连续体或成熟的不同程度。维果茨基将这个"区"描述为"儿童独立解决问题时所表现出的实际发展水平与在成人的指导下或与更有能力的同伴合作解决问题时所表现出的潜在发展水平之间的差距"（Vygotsky, 1978）。

维果茨基将这一区称为"最近"（靠近、接近），用以表明它只局限于那些会在不久的（near）将来发展出的行为。"最近"（proximal）指的并不是所有最终都会出现的潜在的行为，而是在某个特定的时间即将要出现的行为。"今天儿童需要与他人合作才能完成的事情，明天他就能独立完成"（Vygotsky, 1987）。

独立表现和受协助的表现

维果茨基认为，一个行为的发展会发生在两个水平，这两者构成了最近发展区的边界。低水平指的是儿童的独立表现（independent performance）——他所知道的和能独立完成的事情。高水平指的是儿童在有帮助的情况下能达到的最高水平，因此被称为受协助的表现（assisted performance）。这两种水平之间，有着不同程度的受部分协助的表现（如图 4.1 所示）。

图 4.1　最近发展区

最近发展区所代表的技能和行为是动态的、持续变化的。今天儿童需要一些协助才能完成的事情，明天他就能独立完成。今天儿童需要最大程度的支持和协助才能完成的事情，明天他只需要最低程度的帮助就能完成。因此，受协助的表现是随儿童的发展而不断变化的。

在教育和心理学领域，我们通常只关注儿童已经发展的或者独立表现所达到的水平。例如，如果 5 岁的苏珊能独立地正确计算出 2 加 2 的结果，我们就会说她会加法。类似地，只有当弗兰克自己能写出字母"n"时，我们才会说他能写字母"n"了。但如果有成人的提示，例如，教师提醒弗兰克"n 有个隆起"，那么我们会认为这个儿童还未发展出这个特定的技能，或是还不了解这一信息。维果茨基认为，独立表现水平是发展的重要指标，但他强调这一指标不足以全面地描述发展。

受协助的表现水平包括他人提供帮助或与他人互动时所表现出的行为，这个他人可以是成人，也可以是同伴。这种互动可能是给予暗示和线索，重新表述问题，要求儿童重新表述他所听到的内容，询问儿童他所理解的内容，示范任务或部分任务，等等。这种互动也可以是间接帮助的形式，如创设环境以促进某些特定技能的练习。例如，教师给分类托盘贴上标签，以鼓励儿童分类。受协助的表现也包括与他人的互动和交谈，例如，向同伴解释某种事物。这里的他人可以是现实的，也可以是想象的。因此，儿童受协助的表现水平包含了各种情形，在这些情形中，社会互动导致其心智活动得以改善。我们将在第5章、第6章和第7章中介绍特定类型的社会互动，这些社会互动推动了心智发展。

最近发展区的动态性

最近发展区不是静态的，一旦儿童获得了更高水平的思维和知识，它就会发生变化（如图4.2所示）。因此，发展包含一系列持续变化的最近发展区。每变化一次，儿童就变得更有能力学习日益复杂的概念和技能。昨天儿童只能在受协助的情况下才能完成的事情，今天已经变成了儿童独立表现的水平。之后，儿童处理更加困难的任务，一个新水平的受协助的表现也随之出现了。随着儿童不断地获得大量的知识、技能、策略、行为准则或行为，这个循环周而复始地重复着。

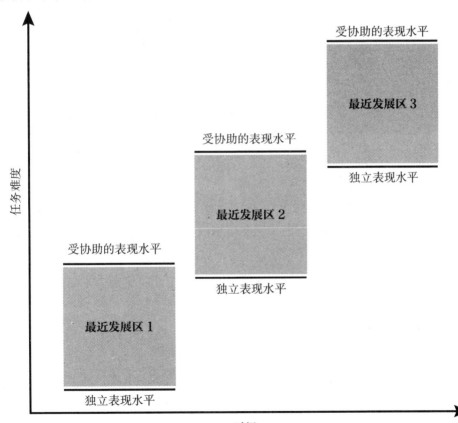

图 4.2　最近发展区的动态性

每个儿童的最近发展区不尽相同。一些儿童即使是获得学习上的一小步，也需要所有可能的协助；另一些儿童只需极少的协助就能有极大的飞跃。

即使是同一时间，同一个儿童的最近发展区也会因领域或学习阶段的不同而存在差异。例如，口语能力极佳的儿童可能在习得阅读理解中的概念上不会有困难，但却很难完成长除法。维果茨基学派学者会说，这名儿童在一个领域上会比另一个领域需要更多的协助。此外，在学习的不同阶段，儿童会对不同类型的协助做出反应。玛丽学习数数才几周，与三个月后已经学习数数几个月的自己相比，此时的她需要更多接近自身独立表现的协助。而三个月后，玛丽的最近发展区会变大，在受协助的情况下她能完成的活动也更多。

使用最近发展区来研究发展

维果茨基教学法关注的是儿童的"未来"或"未来的儿童"，而非"现在的儿童"或此刻她的状态。列昂节夫指出，维果茨基去世后，美国研究者不断试图去发现儿童是如何变成现在的状态，我们在当时的苏联则努力去发现儿童如何变成此刻他还没有达到的状态，而非他是如何变成现在的状态（Bronfenbrenner, 1977）。正是由于这种关注，维果茨基学派强调的是最近发展区的高水平，或儿童过段时间所达到的状态。但我们如何研究还不存在的事物呢？如果我们等到某个特定的概念或技能出现，那我们就是在研究今天的儿童，而非明天的儿童。我们需要的是一种研究方法，它能揭示从现在状态到未来状态的发展过程。

维果茨基学派教学法的创新之一在于双刺激研究方法（double stimulation）或微观发生法（microgenetic method），后者是美国心理学界更为熟知的术语（Valsiner, 1989）。借助这种方法，当儿童新的概念或技能出现时，研究者就能对其进行研究（Vygotsky, 1999）。通过对暗示、线索和其他协助的设计，研究者不仅能揭示儿童学习了什么，而且能揭示儿童是如何（how）学习的。向儿童呈现一个新异的学习任务，研究者监测儿童使用了情境中的哪些要素（暗示、提示、材料、线索和互动等）。因此，研究者在儿童最近发展区的高水平提供了协助，并监测儿童在这一最近发展区中的进步（Gal'perin, 1969）。这些微观发生法研究得出的结果后来都被标准的传统研究方法所证实。微观发生法的改进导致了动态评估这一概念（详见第14章）的诞生。目前，动态评估在心理学实验室和实际课堂中正日渐流行。

维果茨基认为，最近发展区这一整体决定了儿童的发展水平，原因在于它揭示了（a）即将出现的技能以及（b）在这个特定的时间儿童发展所受的限制。

儿童在受协助的表现中的行为揭示了哪些是即将出现的行为。但如果我们只利用独立表现来判断儿童所处的水平——她知道什么以及她能做什么，那么这些即将出现的行为就不会显现出来。独立表现处于相同水平的儿童，可能会有不同的发展特性，原因在于他们的最近发展区不同。例如，特里萨和琳达都无法走过平衡木，她们两个站在平衡木的一端，紧紧盯着平衡木。老师伸出自己的手来协助这两个女孩。尽管受到了相同的老师协助，但特里萨只能站在平衡木上，紧紧抓着老师的手。琳达则轻松地走过了平衡木。在这个案例中，如果只考虑儿童的独立表现，上面的结果会很令人费解。而当我们看到两个女孩是如何对协助做出反应时，我们就能分辨出她们处于不同的水平。

最近发展区并不是没有边界的；我们不可能在任意时间对儿童进行任意方面的教学。受协助的表现是儿童今天能表现出的最高（maximum）水平。儿童无法学会那些超出他们最近发展区的技能或行为。在前面的例子中，无论那天老师提供什么样的支持，特里萨和琳达都不可能学会在平衡木上倒立。

如果一项技能超出了最近发展区，儿童通常会忽视、不会使用或错误使用这项技能。通过观察儿童的反应，教师将会了解所提供的协助是否在其最近发展区内。教师必须仔细记录下，哪些提示、线索、暗示、书籍、活动或同伴共同活动对儿童的学习起到了预期的效果。教师应当勇于尝试更高的水平，但他们需要注意儿童对这些在最近发展区高水平的尝试有什么样的反应。了解哪些提示和暗示不起作用，与了解哪些提示和暗示起作用一样，能为教师提供同样多的信息。

对学习与教学的意义

学习与教学（learning/teaching）这一术语现在被用来诠释俄语中"obuchniye"一词。"Obuchniye"是用来形容儿童学习知识和技能以及教师教授知识和技能的过程。它包含了学习者和教师的贡献，并表明两者在这一过程中的主动性。相反，在西方教育观念中，"学习"一词通常只描述学生所做的贡献，"教学"（teaching）、"培训"（training）和"教育"（educating）等词汇则主要描述教师的作用。因此，与单独的"学习"（learning）或"教学"（teaching）等词汇相比，"学习与教学"（learning/teaching）这一术语能更准确地代表维果茨基的观念。

最近发展区对学习与教学有三方面的意义：

（1）如何协助儿童完成任务。

（2）如何评估儿童。

（3）如何决定什么是发展适宜的。

协助儿童的表现

人们通常会以专家—新手互动来思考最近发展区的受协助的表现水平，即其中一个人比另一个人拥有更多的知识。在这种专家—新手互动中，专家将负责提供支持和控制互动，以确保新手获得必要的行为。这种互动，最经常发生在直接教学中，但也可以是非正式的，如儿童与父母或兄弟姐妹的互动（Rogoff, 1990）。

然而，维果茨基的"最近发展区"概念比专家—新手互动的范围更为广泛，延伸至所有的社会共享活动。此外，儿童所受到的协助并不全是成人有意提供的。维果茨基认为，儿童借助各种类型的社会互动，如与水平相当的同伴之间的互动、与想象的伙伴的互动、或与处于其他发展水平的儿童的互动等，都能开始表现出最近发展区的高水平（Newman & Holzman, 1993）。例如，3 岁的本尼没办法安静地听老师讲完一个故事。老师尝试提供各种协助来帮助他集中注意力。她大声呼唤本尼的名字，把手放在他的肩膀上，用肢体语言向他示意。尽管有这些帮助，但本尼仍然继续在座位上扭动，并不时地四处张望。稍后，本尼和一群朋友在玩上学的游戏。托尼像老师那样坐在椅子上"读着书"，本尼和其他儿童则假装是学生在听讲。此时，本尼能集中注意力坐着听讲 4—5 分钟。他正在练习老师所期望的行为——集中注意力。短时间内保持注意力集中，这种能力在本尼的最近发展区内，但我们发现，他需要特定类型的协助——来自游戏和同伴的协助。在同伴的协助下，本尼能表现出最近发展区的高水平，但来自老师的协助却没有这种效果。我们将在第 10 章中介绍，为什么游戏能如此有效地帮助儿童穿越最近发展区。

评估儿童的能力

最近发展区对于评估儿童知道什么以及能做什么有直接的影响。评估不能仅限于儿童能独立完成的事情，还应当包括儿童在不同水平的协助下能完成的事情。教师须注意儿童是如何利用这些帮助的，以及哪些暗示是最有用的。这种技术通常被称为"动态评估"，对于改善和扩展实际课堂评估有着巨大的潜力，我们将在第 14 章中详细介绍这种技术（Gronbach, 1990; McAfee & Leong, 2006; Spector, 1992）。

在评估中运用最近发展区，我们不仅能更准确地判断儿童的能力，而且能更加灵活地进行评估。教师可以重新表述问题、以不同方式提问，或鼓励儿童表达她所知道的内容。运用最近发展区，我们能发现儿童的最佳理解水平。

定义发展适宜性教育

发展适宜性教育（Developmentally Appropriate Practice, 缩写为 DAP）包含了最近发展区的观念，尽管它并未使用维果茨基学派的术语来阐释其含义。为避免对发展适宜性教育的误读，美国幼儿教育协会发布了《发展适宜性教育的基本原理：3—6 岁幼儿教师指导手册》（Basics of Developmentally Appropriate Practice: An Introduction for Teachers of Children 3–6），用以阐明这种教学方法的原理（Copple & Bredekamp, 2005）。科普尔（Copple）和布雷德坎普（Bredekamp）鼓励教师确定"儿童所处的状态，重视他们的生理、情绪、社会性和认知等方面的发展和特性"，同时"识别出那些对儿童来说既具挑战性又能达到的目标——是儿童现有水平的延伸，而不是飞跃"。教师必须识别出儿童的独立表现水平（即最近发展区的低水平），同时也必须识别出特定的目标——这些目标尽管超出了儿童的独立表现水平，但在他的最近发展区内。

最近发展区扩展了"什么是发展适宜的"这一概念，包含了儿童在受协助的情况下能够学习的事情。维果茨基认为，最有效的教学是以儿童最近发展区的高水平为目标的。教师应当提供一些儿童无法独立完成，但在一定协助下能完成的活动。因此，学习与教学的对话过程始终稍微领先于儿童现有的状态。例如，如果成人只给儿童提供适合他实际言语能力的语言刺激，而非略高水平的语言刺激时，那么这些成人将只会用儿向语言（baby talk）跟学步儿对话，永远不会对学步儿说出一个完整的句子。显然，在实际的教学中，父母和教师都会下意识地添加更加的信息，并使用更加复杂的、学步儿还无法产生的语法。这样，儿童学到了更加复杂的语法，扩充了自己的词汇量。

另一个例子也能说明我们会如何下意识地运用受协助的表现水平，就是成人如何处理幼儿之间自然发生的冲突。当 2 岁半的儿童打架时，教师会指出双方的感受，尽管此时儿童还无法从他人的角度看待问题。鲜有教师会愿意等到儿童四五岁，已经发展出观点采择能力之后，才要求他们去使用这项技能。

维果茨基强调，儿童需要练习他能独立完成的事情，同时也需要接触处于最近发展区高水平的事情。两种水平都是发展适宜的。教师必须密切关注儿童对处于最近发展区内的支持和协助所作出的反应。如果儿童接受了教师的支持，则表明老师已经成功地在儿童的最近发展区内提供了支持；而如果儿童忽视了这种支持，依旧不能表现出教师所期望的最近发展区的高水平，那么教师则需要重新考虑这种支持。可能是这种技能超出了该儿童的最近发展区，又或是教师所提供的这种类型的协助没有用，教师需要进行调整。最近发展区有助于教师以更敏锐的方式审视自己所提供的支持以及儿童对这些支持所做出的反应。

运用最近发展区进行教学

　　一些研究者接受了最近发展区的观念，并试图更加具体地描述最近发展区内发生了什么。关于儿童是如何达到最近发展区的高水平的，维果茨基的表述相当含糊。很多心理学家都对最近发展区进行了探讨，这里我们将选择性介绍一些研究者，他们或更为详细地介绍了这一概念，或其研究有助于教师的实际教学工作。扎波罗热茨（1978, 1986）、伍德（Wood）和布鲁纳以及罗丝（Ross）（1976）；纽曼（Newman）和格里芬（Griffin）以及科尔（Cole）（1989）、撒普和加里摩尔（1988）、卡兹登（1981）、罗格夫（Rogoff, 1986）等人都以略有不同的方式说明了最近发展区内发生了什么。这些研究者所提出的每一个概念都加深了我们对最近发展区及其运行过程的理解，为那些希望运用最近发展区来提升自身教学的教师提供了指导。想了解更多、更深入的有关最近发展区的理论分析，以及对这一学习观念的教学意义的探讨，可以查阅维果茨基学派学者柴可林（S. Chaiklin, 2003）和威尔斯（G. Wells, 1999）等人的著作。

扩大

　　扎波罗热茨（1978, 1986）创造了"扩大"（amplification）这一术语，用以描述如何最充分地利用儿童现有的整个最近发展区。"扩大"这一观念的对立面是提前或加速儿童的发展。"那些旨在缩短童年期的、过早的加速教学是无法为儿童提供达到其潜能以及协调发展的最佳教育机会的，它只是过早地将学步儿变成幼儿，将幼儿变成一年级学生"（Zaporozhets, 1978）。扎波罗热茨认为，加速并不能导致最佳的发展；它教授的是儿童尚未准备好学习的技能，因为这些技能远超出了儿童的最近发展区。你可以教给儿童一些超出他最近发展区的事情，但这种技能或内容知识只是以一种孤立信息的方式存在，无法被整合到儿童的世界观中。因此，加速对下一阶段的发展成就不会有积极的影响。例如，经过多次训练，即便是3岁的儿童也能在电脑键盘上找到每一个字母。然而这种学习并不能引起书面言语能力的发展，因为它超出了儿童的最近发展区。另一个例子则是，儿童虽尚未理解加法，但仍能记住乘法表。我们能教会他们记住乘法表，但他们无法有意义地使用它来解决问题。

另一方面，扩大是以儿童现有的优势为基础来促进他们的发展，但不会超出儿童的最近发展区。通过在最近发展区内利用工具和受协助的表现，扩大能够促进即将出现的行为。例如，学龄前儿童通过操作物体来学习很多事物。操作物体这种方式可用于数字或分类等概念的教学，这些概念是下一阶段理论推理的一部分。通过操作物体，儿童能够理解物理关系，如距离与速度的关系。到了 9 到 10 岁，儿童就可以利用这种知识，开始以一种更为抽象的方式推断距离与速度。因此，对学龄前儿童进行速度与距离之间关系的抽象公式的教学，这种做法是不适宜的。

支架

伍德、布鲁纳和罗丝（1976）提出，专家在最近发展区内提供支架（scaffolding），能使新手表现出更高的水平。支架并未改变任务本身的难度，但有了协助，学习者最初需要完成的事情变得容易一些。随着学习者在任务表现中承担更多的责任，协助的程度在逐渐降低。（Wood, Bruner, & Ross, 1976）。例如，如果让儿童清点 10 件物品，那么一开始要求儿童完成的任务就是清点 10 件物品（而非 3 件、5 件或 7 件物品）。在提供最大程度的支架的情况下，教师会大声地与儿童一起数数，抓着儿童的手指指向每一件物品。此刻，清点的责任主要由教师承担，儿童只是跟随他的动作。接着，教师开始逐渐撤除这些帮助，就像建筑物的支架逐渐被拆除，而建筑物能独自矗立。下次儿童清点物品时，教师不再说出数字了，但仍会帮助他指向那些物品。接着，教师不再指向那些物品，让儿童自己去指，并独立完成计数工作。

伍德、布鲁纳和罗丝（1976）认为，提供支架时，专家可能会有不同的做法。有时，成人会将儿童的注意力直接指向被遗忘的某个方面；其他时候，成人会实际示范如何正确地完成某件事情。但要使支架有效，专家必须能够激发儿童的兴趣。

> 将解决问题所需的步骤减少或简化至儿童可以控制的范围，将儿童的兴趣始终维持在追求目标上，指明儿童的表现与理想的表现之间有哪些关键性的差异，控制沮丧，示范理想的完成任务的方式。（Wood, Bruner, & Ross, 1976, p.60）

布鲁纳关于支架的研究主要集中在语言获得领域。他指出，幼儿在学习语言时，父母会表现出成熟的说话方式。并非所有的语句都会减低至儿向语。但父母会调整他们所提供的情境支持的数量。他们会重新表述，重复重要且有意义的词语，使用手势，对儿童的表达做出反应——关注其意义而非语法形式。父母始终与儿童对话着，就像儿童是一位成人，能理解所有对话的内容。父母表现得就像儿童能理解一样，因此他们是对最近发展区做出反应，而非儿童实际的言语表达水平。这种方式被加维（Garvey）称为与"明日儿童"的谈话（Garvey, 1986）。儿童指着动物园里的老虎，发出"呃……"的声音，父母回答他说："对，那是一只老虎。你看到老虎宝宝了吗？有三只老虎宝宝。"父母回应着孩子，就像儿童对他们说："看那只老虎。"反复接触最近发展区内更为成熟的语言形式，儿童开始习得语法。布鲁纳给这种支持起了一个特定的名字——"语言习得支持系统"（Language Acquisition Support System, 缩写为 LASS）。

与后期相比，在学习过程的早期，成人会提供更主动的教学和更多数量的支架，更多地引导儿童的行为。随着儿童或新手的学习，行为表现的责任发生了转移，学习者在行为的产生中起到了更为重要的作用。此时，成人或教师的任务则变成了控制支架移除的速度，以确保儿童更有可能成功地独立表现出最终的行为。这种责任的转移，布鲁纳将其称之为"移交原则"——儿童从刚开始的旁观者变成了参与者（Bruner, 1983）。成人或专家将任务移交给儿童。总之，支架观点澄清了下述发生在最近发展区的事情：

（1）任务没有变容易，但协助的数量会发生变化。

（2）随着儿童的学习，表现的责任被转移或移交给儿童。

（3）提供的支持是暂时的，支持会逐渐移除，而这将导致儿童的独立。

最近发展区作为建构区域

迈克尔·科尔及其同事（Newman, Griffin, & Cole, 1989）与美国加州的小学课堂合作研究，他们将最近发展区称为一个"建构区域"（construction zone）。他们指出，共同建构不只是教师告诉儿童做些什么。如同儿童一样，教师必须主动参与这一过程。在儿童建构概念的同时，教师则通过问题、调查和动作来建构儿童不断发展的理解。因此，教师力图理解儿童如何理解以及理解了什么。科尔等人强调，在儿童内化概念前，他们对目标或最终的表现并没有一个完整的理解。科尔等人的工作有助于突出共同建构中双方参与的重要性。

表现和能力

另一个有助于澄清最近发展区的观念被卡兹登称为"表现发生在能力之前"。儿童在学习某个任务之前，不需要掌握所有与任务有关的知识或对任务有全面的理解。多次执行该任务后，儿童自然能获得这种能力和理解。琳达正在学习如何运用古式积木来进行加法运算。她能用一些 1 单位的积木和 5 单位的积木，正确地排列出 10 个单位，但她无法解释这一过程。即使她能重复老师的解释，但似乎她只是重复着老师说过的话，却不理解其中的意义。经过更多的练习后，琳达渐渐明白了教师的解释，她说："我懂了！"只要行为是在最近发展区内，缺乏完整的理解并不是一个问题。持续地与他人对话或互动，理解便会随之而来。

建构情境

罗格夫对非正式情境中受协助的表现进行了研究，其中包括母亲与学步儿之间的互动以及墨西哥织布师傅与学徒之间的互动（Rogoff, 1986; Rogoff & Wertsch, 1984）。罗格夫认为，成人或专家会将任务分成或建构成不同的水平或子目标。随着最近发展区在参与者的互动中被发掘出来，这些子目标会被再分化、改变、重新组合或重新定义。专家通过选择玩具、设备、材料或工具来限定或建构任务，即便此时学习者尚未出现。随后，当最近发展区被发掘出来，专家会调整这个任务，将它分解为更小的、更易控制的以致学习者能够完成的任务。此外，专家可能还会在互动过程中不断重复，例如，重复指示或多次示范动作。这样的建构能帮助学习者表现出最近发展区的最高水平。罗格夫强调，为协助儿童的表现，专家必须做出改变，这点非常重要。成人在建构和支持上的改变会跟随着学习者的指引，而不是根据材料的内容或某种抽象的教学观念而人为决定的。即使是在学徒制情境中，尽管与课堂中的发现不同，但专家仍会将目标分解为子目标，这些子目标会随着学生表现的进步被重新定义和重新组合。

最近发展区内支架的动态性

撒普和加里摩尔（1988）主持了夏威夷的卡美哈美哈小学教育项目（Kamehameha Elementary Education Program，缩写为 KEEP），与当地小学的儿童合作研究。他们提出最近发展区共有四个阶段，这一描述超越了多数维果茨基学派学者所通用的定义。撒普等人的理论中最独特的一个观念是，最近发展区中的表现并不是一种线性的过程，而是一种循环的、递归的过程。这种最近发展区的观念与前面提到的类似，但也补充了一些观念，即一旦儿童内化了某种概念或技能，在某些情境下儿童重新需要支架。当遇到新的、不同的情境时，儿童需要支持，以便能将技能迁移至新的情境中。

最近发展区这一观念对教学有重要意义。它为我们提供另一个视角来思考应该如何在学习与教学过程中协助儿童，如何评估儿童，如何定义发展适宜性教育。在下一章中，我们将探讨如何将上述观念应用到不同的课堂情境中。

进一步阅读材料

Chaiklin, S. (2003). The zone of proximal development in Vygotsky's analysis of learning and instruction. In A. Kozulin, B. Gindis, V. Ageyev, & S. Miller (Eds.), *Vygotsky's educational theory in cultural context*. New York: Cambridge University Press.

Rogoff, B., & Wertsch, J. (Eds.). (1984). *Children's learning in the "zone of proximal development."* San Francisco: Jossey-Bass.

Wells. G. (1999). The zone of proximal development and its implications for learning and teaching. *In Dialogic inquiry: Towards a sociocultural practice and theory of education.* New York: Cambridge University Press.

第 5 章 策略：中介物的运用

教师可以促进儿童的发展，帮助他们从受协助的表现发展为独立表现。维果茨基学派的模式建议，教师可以通过让学生使用中介物等简单的心理工具来达到上述目的。中介物能促进责任移交给儿童。儿童在成人的协助下发展出这些中介物，即使教师不在场，儿童也能独立使用这些中介物。在本章中，我们将阐述这些中介物，并就如何在幼儿课堂中应用这些中介物提出一些建议。

中介物作为心理工具

在维果茨基的论述中，中介物（mediator）是指介于环境刺激与个体对刺激所做出的反应之间的中介（详见第 3 章中图 3.1）。为唤起某种特定的反应，我们创造出中介物。例如，我们在地图上画了一个箭头指向某个特定的地点，这样下次我们就能更快速地在地图上找到这个地点。箭头这一中介物促使我们注意到某个特定的地点，而无需浪费时间在整个地图上搜寻。中介物能协助很多心理过程，如知觉、注意和记忆等，也能促进特定的社会性行为。

成人能创造和使用复杂的、抽象的中介物，其中包括符号、标志、立体图、计划和地图等——适用于不同的任务。这些中介物可以是可见的，如一份待办事情的清单；也可以是内在的，如一种记忆技术。多数时间，成人是以一种整合的方式在使用这些中介物，这一过程通常是自动化的，无需意识的参与。但有时，成人也会面临这样的情境——中介物的自动化过程受到了阻碍或难以自动化地使用中介物。在这些情境下，成人会放弃内在中介物，转而使用外在的、公开的中介物。例如，成人在使用一个陌生的火炉时，他必须看着控制面板上的按钮（外在中介物），才会知道哪个按钮控制哪个炉子。但如果是一个经常使用的炉子，他能立刻反应出哪个按钮是开哪个炉子。再例如，当成人对驾驶车辆的换挡模式不熟悉时，她必须要看着换挡手柄上的图形，才能确保自己使用的是一挡，而不是倒挡！

与成人和年长儿童不同，幼儿只能使用外在的、公开的中介物，这是因为中介物的使用尚未被整合到他们的思维模式中。外在的、公开的中介物是他人和儿童都能看见的，甚至是可触摸的。索菲想写出单词"make"。她慢慢说出这个单词，然后单独发出字母"m"的读音。她看着字母表，找到了一张首音与"m"发音相同的图片。她觉得"moon"的首音与"make"的首音相同，所以她写下了"moon"图片旁的字母"M"。托尼正在学习加法。他会用自己的手指来帮自己计算。此时他的手指就成了一种中介物，帮助他更加精确地进行加法运算。在上述例子中，两个儿童都使用了中介物，让自己的行为得以加速发展。外在的中介物是幼儿最早学习使用的心理工具之一。

中介物的功能

与所有的心理工具相同，中介物有两种功能。第一种是即时的功能，即帮助儿童解决手边的问题，使儿童能在原先需要成人直接指导的情境中独立表现。马丁内斯小姐希望能限制同时进入积木区玩耍的儿童人数。只靠儿童自己记住一次只能4个人进入积木区活动，是不可行的。因为一些儿童还无法进行有意义的数数，或是将数数作为一种调节自己行为的方法。这意味着马丁内斯小姐不得不变成"活动中心警察"，一个她并不喜欢的角色。为了鼓励儿童承担起监督游戏中心儿童人数的责任，马丁内斯小姐在每个活动中心的入口处放置了一个箱子和一个咖啡罐。箱子里有四张椅子的图片，咖啡罐上贴着一张活动中心的照片。当迈克尔进入积木区后，他会拿出一张椅子的图片，将它放进咖啡罐里。约翰内斯、摩根、埃里卡也完成了相同的动作。当箱子里所有椅子的图片都被拿走了，这对所有儿童来说就意味着，游戏中心已经满员，其他儿童不能再进去了。通过提供椅子图片，马丁内斯小姐为儿童提供了一种可触摸的中介物，帮助他们记住这个限制。

中介物的第二种功能是长期的——通过促进低级心理功能向高级心理功能的转化，从而促进儿童心智的重构（详见第2章）。维果茨基在其著作中这样描述了中介物对儿童心理功能的作用（1978）：

儿童原先冲动地解决问题，现在可以通过内在建立的、刺激与相应的
辅助符号（如中介物——EB、DL）的联结来解决问题……符号系统重构了

整个心理过程。

我们可以用记忆的例子来说明"符号系统对整个心理过程的重构"。当问及最喜爱的图书时，4 岁的特雷弗先回忆出一个片段，接着另一个，然后不知怎么地就跑去谈论另一本全然不同的图书了。在回忆故事的过程中，特雷弗采用的是一种冲动的做法，因为他使用的是联想记忆（详见第 2 章），而非有意记忆。四年后，特雷弗已经能更好地控制自己的回忆了。现在，特雷弗已经拥有了多种中介物，可供他复述故事时选择。他可以用带不同颜色的贴纸来标记故事的开头、中间和结尾；将故事中最重要的事件画出来；或是写下故事大纲。现在，不仅他的记忆能保持更多的信息，特雷弗的整个心理结构也因学习使用中介物而发生了改变。

中介物的发展路径

维果茨基学派理论认为，当儿童将中介物整合到自己的活动中，这些中介物就变成了心理工具。与其他文化工具相同，中介物首先出现在共享活动中，然后被儿童所内化。维果茨基将儿童学习使用中介物的过程分为四个阶段。这些阶段适用于儿童对某个特定中介物的学习（例如，学习使用字母表或用手指数数），同时也适用于儿童整个学习过程的转变，这种转变是儿童获得心理工具的结果。

在第一个阶段，儿童的行为是受低级心理功能控制的。任何中介物，即便是成人介绍的中介物，此时对儿童的行为都是无效的。到了第二个阶段，儿童能在成人的帮助下使用这些中介物，但也仅限于与成人介绍这些中介物的情形类似的情境。到了第三个阶段，儿童开始独立地使用中介物，此时使用中介物的随意性也在逐渐增强。然而，与上个阶段类似，第三个阶段儿童使用的中介物仍是外在的，因此限制了这些中介物的使用范围。最后，儿童到达第四个阶段，工具被内化。此时，儿童不再需要外在工具，新的行为已经被更加复杂的心理工具所中介，在性质上也达到一个新的水平。

列昂节夫在其关于注意、记忆和其他心理功能的研究中（1981, 1984），以实验的方式证实了上述四个阶段的存在，并确认了在哪些年龄段中介物的使用会发生质变。在他的一项实验中，被试玩一种"被禁止的颜色"的游戏。在这项游戏中，被试必须回答一系列的问题，但不能使用某种特定颜色的名字（例如，黑与白）。此外，一种颜色也只能使用一次，不能重复。与此同时，主试则试图通过一些问题，如"雪是什么颜色"或"煤是什么颜色"等，来诱导被试说出被禁止的颜色。结果发现，回答问题的正确率随儿童的年龄增高。学龄前儿童很容易受到主试的诱导，会犯很多错误。相反，高中生和成人则能专注于所有的提问，并记住自己曾使用过的颜色。

在这项实验的不同系列中，被试会得到一堆颜色卡片（中介物），并被告知他们能使用这些卡片来帮助自己完成这个游戏。对 4 岁儿童来说，这种卡片的引入并没有改变他们的行为——他们根本没把这些卡片当作外在的中介物。6—7 岁的儿童则试图将卡片的颜色与自己所说的颜色联系起来，但他们无法有条理地将这种卡片作为一种工具使用。另一方面，8—10 岁儿童的成绩则有了显著的提高，这是因为他们每回答完一个问题，就会有条不紊地重新排列这些卡片，确保只有那些允许被说出来的颜色卡片还能被看到。有趣的是，年长儿童和成人在玩游戏时似乎并不需要这些卡片的协助。列昂节夫推测，这可能是由于年长儿童和成人的内在记忆策略足以让他们获得高分，因此无需一个视觉的提醒。

列昂节夫用他称之为"发展的平行四边形"（developmental parallelogram）的图形（如图 5.1 所示）来描述这项实验结果，以及与这个实验类似的但关注的是其他间接行为的实验的结果。在这个图中，非间接心理行为与间接心理行为的线条有两个汇合点：一个是在年幼的学龄前儿童，他们还没有开始使用中介物；另一个是在成人，他们已经放弃使用外在中介物，转而使用更高级的内在策略。

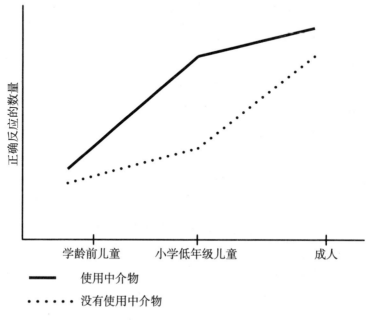

图 5.1　列昂节夫的"发展的平行四边形"

社会性行为和情绪性行为的中介物

维果茨基指出，人类使用中介物来控制自己的情绪已有悠久的历史。他以抽签为例，个体会选择用抽签来寻求答案，而不是无止境地烦恼于该怎么做最好（Vygotsky，1997）。个体将决策权交给了一支签——一种外在中介物。掷硬币或抽签都是运用外在中介物以控制个体的情绪，最终解决争执的方式。此时，这个情境涉及社会互动。儿童会利用童谣或手指游戏（"一个土豆，两个土豆"；"石头、剪子、布"）来决定谁第一个玩，或是每个人玩玩具的时间。

常见的一种控制情绪的方式是，在反应之前先"从1数到10"，以此来控制愤怒的情绪。数数这个动作就是一种外在中介物。儿童会反复说着"棒子和石头会打断我的骨头，但语言不会伤害到我"，而不去攻击他人。通过这样反复地说，儿童能够抑制自己想去打架的冲动。

一些外在中介物是在运动场上，由年长儿童传递给年幼儿童的。没有年长儿童在旁边，学龄前儿童不太可能会知道这些事情。在某些情况下，教师会代替年长儿童的角色，传授给儿童一些外在中介物，例如，如何使用童谣或旋转转盘来解决争执。儿童也会学习一些更加"成人的"中介物，例如，"从1数到10"或是做10次深呼吸来平复他们愤怒的情绪。

认知的外在中介物

使用中介物来增强和支持认知发展，这种观念已经被应用到俄国和美国的众多课堂中。在幼儿教育中，中介物能最有效地在儿童知觉、注意、记忆和思维等领域的最近发展区内为其提供协助。

知觉

亚历山大·扎波罗热茨，维果茨基的学生及同事，认为儿童是通过外在的中介物来学习知觉范畴的（Zaporozhets, 1977）。日常用品变成了知觉的标准，帮助儿童感知颜色、大小、形状甚至声音的差异。例如，通过比较橙子和西红柿，儿童学会了橙色和红色的区别。如果只向2岁的儿童呈现色卡，而不提供任何情境线索，接着问他们哪个是红色，哪个是橙色，他们可能很难回答。但如果将日常用品作为一种情境线索提供给儿童，学步儿能做出更高水平的回答。以"它是西红柿的颜色还是橙子的颜色？"这种方式提问，能诱发出更多正确的回答。扎波罗热茨认为，儿童在接触日常用品的过程中，会识别出相关的知觉特征，这将有助于知觉范畴的发展。

注意

儿童使用中介物来注意或关注物体、事件和行为。维果茨基学派对有意注意感兴趣——何时儿童能有意识地集中自己的思维。这种高级心理功能不同于自发注意，即儿童表现出来的对色彩鲜艳的物体、嘈杂的噪声以及有独特知觉特征的事件的注意。这种有意注意的能力是学习所必需的一项技能，因为最引人注意的未必是儿童所学内容最为重要的特征。儿童必须学会忽视其他竞争的或干扰的信息，专注在有助于解决某个问题或学习某个任务的重要特征上。阅读时，"字母 b 是红色的"这一信息可能并不重要，但字母的方向，也就是竖线的哪一边凸出来却是关键信息。

中介物能否帮助儿童集中注意力，取决于任务的本质以及儿童的年龄。一年级学生阅读时会用手指着单词，此时她是把自己的手指当作中介物。这个"指"的动作能让她一次只专注在一个单词上，不会被同页中的其他单词或色彩鲜艳的图片所干扰。一名高中生正在为考试做准备，他用荧光笔将课本中重要的定义都标记出来。如此一来，之后他就可以只看这些被标记出来的重点，而不用浪费时间看一堆范例或详细的解释。在后面这个例子中，高中生通过只标记某些特定的词汇来引起自己的注意。

维果茨基认为，没有中介物的支持，儿童是无法有意注意的，尤其是当他的注意负荷增加时。正如列昂节夫（1981; 1994）在其"被禁止的颜色"实验和其他实验中所发现的，幼儿无法独立地发现如何使用外在中介物，但能在与成人共享有意义的活动的情境中掌握中介物的使用。

记忆

另一种通过中介物而得到协助的高级心理功能是有意记忆。当愈来愈多的信息需要被记住时，记忆可以使用一些帮助！使用外在中介物来帮助记忆，这不是什么新鲜的观念。事实上，成人每时每刻都在使用它们。我们会使用日历，列出待办事情清单，以及为约会设定电子备忘录。很多时间管理技术融合了巧妙的外在中介物，来帮助我们专注在任务和目标上。

教师和父母都会认同，幼儿对特定事情有绝佳的记忆力。但多数教师和父母也认识到，一旦要求儿童记住某些事情时，他们这种能力似乎就消失了。学前班儿童能在一周内轻松地记住150多个神奇宝贝中的角色，但却要花上几个月的时间才能记住字母表上的区区26个字母！维果茨基区分了联想（associative）记忆和有意（deliberate）记忆（详见第2章），前者会因多次重复而得以增强，而后者则是一种高级心理功能，是儿童获得并持续使用心理工具的结果。

列昂节夫（1981）在其记忆研究中发现，记忆的发展轨迹有着与注意相同的模式（如图5.1所示）。当被要求记住一列彼此没有关联的词汇时，无论是否提供图片，学龄前儿童以及成人在无中介和有中介这两种情境中的回忆表现没有太大的差异。相反，当学龄阶段儿童能选择一张图片来提醒自己需要记住的某个词汇时，他们的表现更好。更近期的研究证实，通过训练，年长的学龄前儿童和一年级儿童能使用外在中介物来增加他们的记忆容量（Fletcher & Bray, 1997）。同时，研究表明，幼儿无法创造出自己的中介物，而在没有大量成人协助的情况下也无法系统地使用中介物（具体信息可参阅普雷斯利（Pressley）和哈里斯（Harris）（in press）对相关研究的综述）。

思维

维果茨基学派认为，外在中介物能帮助儿童从感觉运动思维向视觉—表征思维转化（Poddyakov, 1977），并能促进他们在需要逻辑推理的情境中的问题解决能力的发展（Pick, 1980; Venger, 1988）。中介物也能帮助儿童监控和反省自身的思维，促进元认知技能的发展。

对年幼儿童来说，中介物发生在画画或搭积木等"独特的学龄前"活动的情境中。

> 学龄前阶段，中介物的发展与生产性的活动有关，如画画、建造等。

（Zaporozhets, 1978, p.149）

维果茨基学派认为，这些活动的价值在于，儿童使用物质客体（积木等）或具体化的表征（图片等）来模拟现实生活中的关系。积木的结构和图片变成了中介物，帮助幼儿以一种更为抽象的方式理解这些现实生活中的关系。例如，用积木搭建两个车库，其中一个供大车使用，另一个供小车使用，这有助于儿童探索大小的概念。

对年长儿童来说，类似的模拟可用于表征更为复杂的关系，包括抽象概念间的关系。这些抽象概念包括社会角色、音乐模式、语音—字母对应关系、故事要素（故事语法）、并集与交集、三维物体在二维空间上的投影、速度与距离、货币价值等（Venger, 1988, 1986）。在这种情况下，特定外在中介物（如维恩图或图表）的教学需要成人更多的支持和监控。

在课堂中运用中介物

在幼儿教育的课堂上，儿童学习使用的中介物主要都是外在中介物。到了较高年级，儿童在掌握了书面语言并发展出高级心理功能后，开始会运用越来越多的内在中介物（如记忆技术等），但同时仍会继续使用一些外在中介物（如表格或曲线图等）。

中介物作为支架

中介物作为支架，能促进儿童从最大限度地受协助的表现向独立表现转变（详见第4章）。随着儿童穿越最近发展区，儿童曾经需要协助才能完成的事情变成了他能独立完成的事情。这种变化是如何发生的？首先，成人向儿童介绍一种新的中介物，然后在与儿童共享的活动中帮助他们练习使用这些中介物。最后，中介物被儿童所内化，并应用到新的情境中。一旦儿童内化了成人所介绍的中介物，他们的独立表现能达到最初受成人协助时所表现出的高水平。

与所有类型的支架一样，多数中介物只是暂时被需要，一旦不再有用，它们也就不会再被使用。通常，儿童一旦掌握了新的技能或概念，就会主动停止使用中介物。你很少看到高中生还在用手指数数。其他中介物会随之进化或被新的、更高级的中介物所吸收。例如，学龄前儿童通过翻转图片式的日程表上的图标来记录自己的日常行程，二年级学生则利用书写式的日程表和时钟来达到相同的目的。

因此，教师不仅需要计划如何向儿童介绍外在中介物以及监控儿童使用这种中介物的情况，而且还需要计划如何以及何时移除这种外在中介物，以及是否需要用一个新的、更高级的中介物来代替原先的中介物。我们无法精确地判断，什么时间适宜移除中介物。有时，儿童会忘了外在中介物，但短时间内需再次使用。有时，几次的成功就足以让你能迅速地帮助儿童摒弃公开的中介物。

如果儿童在发展出一种适宜的内在表征或策略后仍使用外在中介物，此时外在中介物会失去它原有的价值。事实上，它们甚至会阻碍学习，因为它们会分散儿童对任务的注意。例如，一旦学龄前儿童开始认识（即使不能完全认识）自己的名字，原先用于标记座位、房间的所有图片或符号都应该被移除，只留下名牌。这一阶段，使用名牌能鼓励儿童更加注意书面文字。

中介物不是什么？

如果请一位教师指出某名儿童是否在使用中介物，多数教师都能识别出中介物的使用。他们能正确地指出，一名阅读中的儿童正沿着文字移动"词汇窗口"，或是一名儿童正在使用日历来计算还有几天放假。但是，当尝试向儿童介绍一种新的中介物时，教师通常会困惑，什么是中介物，什么不是。这里，我们将解答两种最常见的困惑。

1. 中介物不同于强化物。维果茨基学派区分了教师的两种行为，一种是因学生表现良好而给予他们贴纸，另一种是为他们提供中介物以实现自我调节。前者表明教师控制着贴纸，并且贴纸是在某种事实后（after the fact）才给予儿童的。这是"教师调节"。自我调节的中介物则意味着儿童在某种行为发生前（before），自发使用中介物去促进该行为的发生，因此他能以特定的方式行动。它发生在行为之前（prior to the behavior），是由儿童自己调节的。

2. 中介物不同于辨别性刺激。作为"提示"这种行为矫正策略的一部分，辨别性刺激是教师发起的（initiated by the teacher），用来表明某种特定的行为是否是恰当的，是否会由此得到强化。例如，教师用摇铃来表明某个中心的活动时间结束了。这又是一种"教师调节"，而非自我调节。教师并未将使用中介物（铃）来发起一种行为的责任转交给儿童。维果茨基学派认为，要成为中介物，儿童必须在没有提示的情况下主动地使用这种物品。例如，两个儿童在争论彼此玩电脑的时间，如果此时教师打开了计时器，这是"教师调节"。但如果是其中一名儿童自己打开计时器，用以限制自己玩电脑的时间，此时计时器就变成了这名儿童对自己行为的中介物。

范例：在课堂中运用外在中介物

在与教师的合作中，我们经常会被问到什么是好的中介物。我们发现，几乎任何一样东西都可以是好的中介物，只要它是引人注目的，不会与背景融为一体。彩色水笔和彩色铅笔、便利贴和项目单（待办事情清单）都能提醒儿童行动的方向，或是让阅读或写作过程的某些方面变得更加突出。可触摸的、能移动的物体，如戒指、手镯、衣夹，还有胸针或手镯上的填充动物玩具等，这些对儿童社会性行为的发展来说都是最有效的中介物。此外，当儿童在教室里四处走动时，这些物体也能最有效地促进儿童的注意和记忆活动。为帮助儿童控制身体行为，例如，在围圈圈坐在一起时靠在其他人身上，中介物必须提供一个身体或动觉边界，如一个椅子或一个地毯方格。我们甚至将老师的照片作为外在中介物，来帮助一个难以专注于任务的儿童完成家庭作业。当他将老师的照片放在自己的书桌上时，他能很快地完成家庭作业。

中介物首先存在于共享活动中。这意味着当儿童开始学习时，成人将提供中介物。最初，成人会发现他们需要提供多种不同的中介物。教师不能假定一种中介物会对所有儿童都有效。拉尼在集体活动时很容易分心，需要最大限度的中介物才能听完一个完整的故事。当他坐在一个标有他名字的地毯方格里，膝盖上放着一个填充动物玩具，并且让他坐在两名儿童的中间，听故事时他们会一直牵着他的手，还有让他坐在老师的前面（四个中介物！），此时拉尼的表现最好。在这么多中介物的帮助下，拉尼能坐着听完整个故事。在这样的做法成功地持续了一周后，教师开始逐个移除这些中介物。刚开始，让拉尼拿着填充玩具单独坐在自己的地毯方格里，并且坐在老师前面。接下来一周，他独自坐在自己的地毯方格里。再过了4周，老师把拉尼的名牌从他的地毯方格上移走，并让拉尼放在手臂上；此时拉尼已经不再需要地毯方格的有形提示了。最后，到了第五周，拉尼已经不需要自己的名牌了。在整个过程中，教师精心部署着如何移除支架。

在小学一、二年级，老师通常会给学生很多口头指示，但却没有给学生提供任何中介支持来帮助他们记住要做的事情。马戈利斯小姐希望她的学生记得，在中心学习时间里他们必须参观三个活动中心。很多学生都能记住，但艾达、约瑟夫和蒂尼亚都只会待在第一个活动中心里。无论马戈利斯小姐怎么做，这三名儿童都只在第一个活动中心的部分区域停留了片刻，然后就在教室里四处晃荡。马戈利斯小姐决定为他们提供一个外在中介物，它是一种票券，上面写着数字1、2、3。在她将其他学生送进活动中心后，马戈利斯小姐和这三名儿童一起坐下来，要求他们以自己的方式在票券上写下一些东西，用来提醒自己要去哪些活动中心。艾达在每个数字后面写下一个单词，约瑟夫写了些字母，蒂尼亚则画了一幅画。马戈利斯将这三张儿童写好的票券，用别针别在他们的衣服上，并且告诉他们："当你们看完一个中心后，拿起自己的票券检查下，看看自己的任务是否都完成了。接着票券会告诉你，下一站要去哪个中心。"一周结束时，只有艾达和蒂尼亚还需要使用票券。三周结束时，三名儿童都开始能记住活动路线了。

维恩图等中介物能阐明两类物品的相似之处和差异之处。两个圆圈完全重叠，表明这两类是完全相同的。两个独立的圆圈，表明这两类没有任何共同点。两个圆圈部分重叠，则表明这两类有部分特征相同，也有部分特征不同。与直接将物品分为不同堆相比，这些视觉中介物的使用能使儿童以更加抽象的方式进行分类。这种中介物刚开始可用于实际物品，接着可用于观念，例如，询问二年级学生两个故事的异同（如图 5.2 所示）。

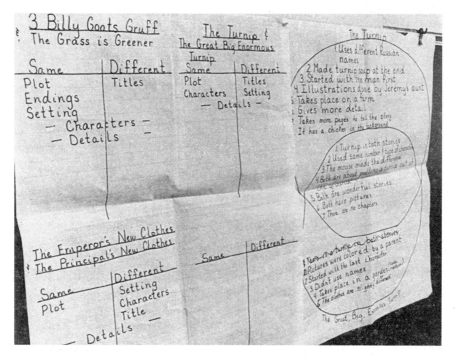

图 5.2　使用维恩图来作为故事分析的中介物

　　一些教师使用词汇图或概念网络来帮助学生理解不同概念、观点或词汇间的关系（如图 5.3 所示）。在概念网络中，主要类别所使用的字体会比子类别更大些。由儿童提供观念来建立概念网络，将有助于他们对这些关系的理解变得更加具体和清晰。

　　歌曲、童谣或计时器等外在中介物可用来当作持续时间较短的单一活动的信号，例如，清理时间或其他过渡时间。确保歌曲或童谣有足够长的时间，这样当它结束时，儿童已经完成某项活动，并准备好进行下一项活动了。如果你使用计时器，就确保它能具体显示还有多少剩余时间。电子计时器的效果通常不好，有钟面的模拟计时器或老式沙漏状的 3 分钟煮蛋计时器比较有用。对幼儿园儿童来说，"3 分钟内准备

图 5.3　使用词汇图来作为外在中介物

好进行下一项活动"这种观念是毫无意义的。因为 3 分钟有时像一辈子那么长，有时就像一瞬间，而这取决于儿童在做什么。儿童需要一个外在的提醒，告诉他们什么时候时间快要结束了。因此，一首具有预知的旋律和结尾的歌曲，可以提示儿童"歌曲结束了，时间也到了"。与仅有一个口头提醒相比，这种方式能让儿童更好地估计自己行动的速度。

年长儿童能使用自己创造的或教师提供的清单或项目单来调节自己的行为。一名混龄班级（学前班至小学二年级）的教师在阅读、语言艺术和数学等学科上使用了项目单。这种项目单上有众多游戏，供儿童在文学区活动时选择。例如，儿童可以阅读书籍，并写下自己的版本；创造一个法兰绒版本的书并演出；或制作一个实景模型。项目单可以提醒儿童在阅读时间他应该做些什么（如图 5.4 所示）。

学年初，教师和儿童一起将计划填满。学年结束时，儿童能独立为计划填入愈来愈多的项目。每周，教师也会要求学生回答一个反省的问题，帮助他们思考自身的心智过程。这有助于产生更多的自我调节行为。曾有一次课间休息后，教师上课迟到了。她很讶异地发现，班上所有学生，甚至包括学前班儿童，都在高效率地学习着，即使她刚刚并不在教室。他们拿出了自己的项目单，无需任何提示地专注工作着。除了一些学生组对学习外，整个教室非常安静。项目单这种做法，适用于课题以及小学课堂的很多其他领域。

图 5.4　儿童项目单或学习计划范例

外在中介物使用指南

在维果茨基介绍了外在中介物这一概念及其对儿童发展的影响后，他的学生拓展了这一观念，并将其应用到教学与学习中。特别是扎波罗热茨（1977）、厄尔克尼（1977, 1986）、文格尔（1977）、加里培林（1969），以及这些研究者的学生和同事详细阐述了外在中介物的使用。下面的建议是从他们的著作中提炼和改写而来的。

外在中介物是否有效，取决于它能否在正确的时间引发行为。它必须有以下特性：

1. 中介物必须对幼儿有特殊意义，并能唤起该意义。儿童必须能触摸或看见这种中介物，它必须能引起特定的想法或行为。儿童必须能说，例如，"当我在背包上贴了一张黄色的贴纸，我就应该记得去上八孔直笛课"，"当我听到清理歌唱到最后一句话'驼羊穿上了它们的睡衣'，我就应该完成清理工作，并坐到地毯上"，或"当点心图片从时间表中取下时，我们接下来要做的就是穿好衣服去外面"。中介物必须对儿童有意义；如果它只对成人有意义，那么它就不会有效。儿童可能会在成人的协助下选择中介物，但在中介物开始表达预期中的意义前，就如何使用这种中介物，儿童还需要指导和练习。一旦中介物表达了预期的意义，儿童需要采取某些行动以唤起这种中介物。例如，儿童必须拿起地毯方格，从箱子中拿出椅子的图片，或拿到票券。中介行为必须整合到作为活动一部分而存在的动作中。

2. 中介物必须附属于某个儿童在执行任务之前或期间会使用到的物品。如果目标是把靴子带回家，那中介物就必须是附属于儿童刚要回家前会看到的某个物品。它不能附属于儿童早上会使用的东西。如果儿童需要在午饭后记住某件事情，那么中介物应当附属于午餐盒。如果到时间收好玩具了，就可以播放一种特定的音乐，即只会在清理时间才会播放的音乐。如果字母表是为了帮助儿童写日记时能写出相应的字母，那么这些字母都应该集中在一张卡片里，并放在学生的书桌上。放在布告栏上的字母表离儿童的活动太远了，以至于对多数儿童来说，它并不是一种有意义的中介物。

3. 中介物对儿童而言，必须始终是突出的。若过于频繁使用或一次使用的时间过长，中介物会丧失它的独特性，无法再引起恰当的行为。挑选一个特定的时机，以确保中介物最有可能保持其独特性。不要让拿起地毯方格成为儿童早上第一件要做的事情，还让他整天拿着地毯方格，也不要始终将地毯方格作为中介物使用。相反，只有当儿童在使用某种技能出现困难时，才可以让他在短时间内使用这种中介物，例如，只在围圈圈坐在一起的时候。确保儿童清楚明白中介物的目的，例如，"这个地毯方格能帮你记住，当你坐在圆圈里不要靠在其他人的身上。如果你的脚伸到方格外就会打扰旁边的同学。"一旦儿童多次成功记住了，中介物就需要被移除。

4. 将中介物与语言或其他行为线索结合起来。在运用中介物的同时，使用一组行为和词汇。这组行为能成为一种习惯，而这些词汇能成为自我言语用以自我指导。例如，学期初你会在教室的门上放一张灯泡的图片，以促进学生集中注意力。灯泡是一种日常工作的符号，即在进教室前停下来，低声地说："我今天要记得做哪些事情？我要记得，聆听和专注。"用一张儿童指着自己太阳穴的图画，来提示记忆策略的使用。当儿童应该记住某事时，例如，将从家里带一本书到学校，你就可以拿出这张图片，并且说："我们把需要记住的事情说三遍，这样就能把它放进我们的记忆银行里。"然后你和儿童都指着自己的太阳穴，并说"从家里带一本书到学校分享"。很快，这张图片会提示儿童想起对自己重复说出要记住的事情的记忆策略。

5. 选择的中介物是在儿童最近发展区内的。要使中介物发挥作用，它必须在儿童的最近发展区内，并由儿童用于指导自己的行为。将数字 4 放在活动中心外，以提醒学生一次只能有 4 名学生同时进入该中心活动，这种方式对不会数数的儿童来说，并不在他的最近发展区内。对幼儿来说，通常是一种中介物与一种行为或动作相联系。只有当儿童更年长些，一个中介物才能提醒他们完成多件事情。

6. 总是使用中介物来代表你希望儿童去做的事情。中介物提示特定的行为和动作。记住针对你要他们做的事情来训练儿童，而不只是你希望他们停止去做的事情。替换一种行为比抑制这种行为更加容易。让儿童标记出一段文字中最重要的观点，比始终提醒他们不要抄写整段文字，能更有效地教导儿童学会总结。

7. 当介绍一种新的中介物时，要计划好儿童如何独立地使用它。儿童能在没有教师的提醒下，使用中介物来提示自己的行为，这点非常重要。教师必须与学生齐心协力，使责任能转交给学生，因为这一过程不会自然发生。如果几次以后，学生仍需要提醒才能完成某一特定的行为，这可能意味着中介物没有发挥作用。回顾指南中 1—6 点，选择另一种中介物。

进一步阅读材料

Bodrova, E., & Leong, D. J. (2003). Learning and development of preschool children from the Vygotskian perspective. In A. Kozulin, B. Gindis, V. Ageyev, & S. Miller (Eds.), *Vygotsky's educational theory in cultural context* (pp. 156–176). New York: Cambridge University Press.

Karpov, Y. V. (2005). *The neo-Vygostkian approach to child development*. New York: Cambridge University Press.

Kozulin, A. (1990). *Vygotsky's psychology*: *A biography of ideas*. Cambridge: Harvard University Press.

Stetsenko, A. (2004). Section introduction: Scientific legacy. In R. W. Rieber & D. K. Robinson (Eds.), *The essential Vygotsky* (pp. 501–512). New York: Kluwer.

Van der Veer, R., & Valsiner, J. (1991). *Understanding Vygotsky: A quest for synthesis*.

Cambridge: Blackwell.

Venger, L. A. (1977). The emergence of perceptual actions. In M. Cole (Ed.), *Soviet developmental psychology*: *An anthology*. White Plains, NY: Sharpe. (Original work published in 1969)

Venger, L. A. (1988). The origin and development of cognitive abilities in preschool children. *International Journal of Behavioral Development*, 11(2), 147–153.

第6章 策略：语言的运用

3岁的乔正在和老师一起烤比萨，但他没办法将生面团擀平。于是，桑切斯先生一边帮乔反复滚动着他的擀面杖，一边对他说："将擀面杖滚向你，再将它滚出去。滚过来，滚出去……"他帮乔感受着擀面杖的前后移动。有了这个帮助，乔很快就能擀平生面团了。当桑切斯先生去帮助另一个儿童时，他听到乔一边擀着生面团，一边重复地念着"滚过来，滚出去，滚过来，滚出去……"

5岁的莫拉正在数东西。数完后，她说："这有8个东西。"老师将一个新的东西放入原先那堆物品中，然后说："我加了一个东西。现在这里有几个东西呢？"莫拉看着这堆东西，然后说："1、2、3、4、5、6、7、8、9，现在这里有9个东西。"老师再次放入一个新的东西，莫拉则又开始从1数数了。

6岁的詹森正在做一个特定的组合动作，一次双脚跳接着两次单脚跳。每做一个动作时，詹森都会大声地将它说出来："双脚跳，单脚跳，单脚跳。"他的声音实在太大了，以至于老师要求他不要再说话了，因为他已经打乱了其他同学的节奏。但当詹森不再说话时，他也无法继续行动了。只有当其他同学都完成了，老师允许詹森再次边做动作边说出声时，他才能完成这个组合动作。

在上述三种情境中，儿童都在使用语言来帮助自己执行某个行为和思考。语言在心理发展中起到了核心作用。这是维果茨基学派四个一般原则的其中一个。语言是一种主要的文化工具，使我们能够进行逻辑思维和学习新的行为。它能促进外在经验转换成其内在的表征。它不仅会影响到我们所了解的内容，而且也能影响我们的思维和新知识的获取。在本章中，我们将探讨语言是如何发展的，以及教师如何使用语言来促进发展和协助课堂中的学习。

语言作为一种文化工具

语言是一种通用的文化工具，可被用于很多情境来解决大量的问题。维果茨基和其他许多理论家认为，语言将人类与动物区分开来，使人类成为更高效的、更有效的问题解决者。所有文化中的所有人类都发展出语言。正是因为人类拥有了语言，因此与没有语言的灵长类动物相比，人类能解决更为复杂的问题。在比较人类与灵长类动物问题解决技能的研究中，研究者发现年幼的学步儿解决感觉动作问题的能力与黑猩猩相似（Kozulin, 1990）。但一旦学步儿获得了语言，他们解决问题的能力会显著提高。此后，黑猩猩解决问题的水平就无法与学步儿齐肩了。

我们会使用语言进行说话、写作、绘画和思考。尽管这些是语言的不同表现形式，但它们有着一些共同的特征。指向外部的言语使我们能与他人交流；指向内部的言语使我们能与自我沟通，调节自己的行为和思维。我们使用写作来与他人交流，表达自己的观点或想法，并让自身的思维过程变得清晰明确。绘画和我们思维的其他图形表征，也有着与写作相似的功能。思维是一种内部的对话，我们在其中呈现头脑中不同的看法、观点或概念。

作为一种文化工具，语言是一种文化中类别、概念以及思维方式的精华。与西方人类学家和心理语言学家相似（Sapir, 1921; Wells, 1981; Whorf, 1956），维果茨基学派认为语言会塑造心理，使其以某一特定文化中最为有效的方式来运行。因此，爱斯基摩人有很多表示雪的词汇。危地马拉从事织布工作的印第安人有很多表述纱线纹理的词汇。亚洲文化中有很多描述家族关系和亲属关系的词汇。语言反映了物理环境和社会环境中特定元素的重要性。

语言使我们得以获取新的信息：内容、技能、策略和加工。并不是所有的学习都涉及语言，但内化复杂的观念和加工只能借助于语言。数字的观念只能借助语言的帮助才能得以内化。借助语言，解决社交冲突的策略也才能被教导。

语言是一种通用的文化工具，因此语言发育迟缓有着严重的后果。语言发育迟缓会影响其他领域的发展，包括动作、社交和认知。鲁利亚报告了一对双胞胎因缺乏与他人互动而患有严重的语言发育迟缓的案例（Luria, 1979）。两个5岁的儿童在社交和问题解决技能上也有着明显的迟缓。一旦他们的语言能力提高了，这对双胞胎在其他方面也有了相似的进步。特殊教育的研究也表明，语言发育迟缓可能与求学阶段中的诸多问题有关。

言语的功能

在维果茨基学派的模式中,言语有两种不同的功能(Zivin, 1979)。公开言语(Public speech)是指向他人的语言,有着社交、沟通的功能。这种言语是出声的,指向他人或与他人进行沟通。公开言语可以是正式的,如一次演讲;也可以是非正式的,如餐桌上的一次讨论。自我言语(Private speech)则是描述自我导向的言语,是可以听得见的,但并非指向他人。这种言语有自我调节的功能。

公开言语和自我言语发生在不同的时间点。婴儿时期,言语主要是公开的功能,对适应社会环境和学习起着至关重要的作用(Vygotsky, 1987)。随着儿童的成长,言语获得了一种新的功能:它不只是用于沟通,而且能帮助儿童控制自己的行为以及获得新的知识。并非儿童所学的每个概念都是通过自我言语获得的,但大部分都是。儿童会通过自我言语来尝试组合不同的客体和观念,从而建立起不同概念间的关系,因为他们无法安静地思考这些关系。

言语的发展途径

维果茨基认为,言语源自社会互动,即使婴儿期的早期也是如此(Vygotsky, 1987)。无论是接受性语言还是产生性语言,它们都源自儿童与其照料者之间的社会交换。实际上,婴儿发出任何声音都会被解读为一种社交的、交际性的事件,仿佛婴儿正在“说”些什么。父母会跟婴儿进行对话,即使婴儿的反应只是咿咿呀呀和喔啊声。在超市里,你走在一位妈妈和她 6 个月的孩子旁边,你可能会听到这样的对话:“我们该买大米还是燕麦粥呢?”“啊吧吧。”“哦,好的,我们去买燕麦粥!”“啊吧啊啊撒加。”

将所有发出的声音和手势解读为社交性的事件,这是人类独有的特性。即使是失聪的父母,也会把婴儿的手势看作在传递信息。然而,黑猩猩的研究发现,尽管它们学习了美语手语,但黑猩猩妈妈从不会试图将它们孩子的随机性行为和手势解读为有交流价值的事件(Kozulin, 1990)。

将语言看作社交,这与皮亚杰的观点不同。皮亚杰认为,言语反映了儿童心理过程的现有水平,是以儿童的图式和内在表征为基础的(Piaget, 1926)。社会互动中言语的使用是以这些内在表征为前提的。在其早期的著作中,皮亚杰认为,言语一开始是极度自我中心的，甚至是自闭的，这反映了学龄前儿童心理普遍的自我中心化。后期，考虑到维果茨基的观点，皮亚杰对其关于社会互动在认知发展中的作用的观点进行了修正。同样，现有的语言发展理论也承认了社会情境的贡献（John-Steiner, Panofsky, & Smith, 1994）。

言语与思维的萌芽

维果茨基相信，在婴儿期和学步儿时期的一段时间里，思维的进行是无需语言的，语言只用于交流。皮亚杰（1926, 1951）、布鲁纳（1968）等其他心理学家，似乎也都同意儿童会经历这样一段时间，语言不是思维或问题解决所必需的。儿童借助感觉运动动作，或运用表象而非概念或词汇来解决问题（Bruner, 1968）。在这一阶段，语言被用于向他人传达自己的需求和期望。例如，"baba"可能代表着"我要我的瓶子"。此时，"baba"并不代表所有的瓶子，而当儿童年龄较大时，"baba"可能就代表着所有的瓶子。维果茨基用"前言语思维"（preverbal thought）和"前智力言语"（preintellectual speech）等术语来描述这一阶段（Vygotsky, 1987）。

在两三岁之间，思维和言语融合了。维果茨基认为，从这一刻起，无论是言语，还是思维，都变得不一样了。当思维和言语融合，思维获得了一个口语的基础，言语变得有智慧了，因为它被用于思维。此后，言语运用的目的不再限于沟通。对儿童使用言语来解决问题进行研究后，维果茨基和鲁利亚（1994）得出以下结论：

1. 儿童的言语是（问题解决）这一操作不可分割的、内在必需的部分，它的作用就如同达成目标所采取的行动一样重要。实验者的印象是儿童不只是说出他在做什么，此刻对他来说，言语和动作是一体的，是指向特定问题解决的同一个复杂的心理功能（one and the same complex psychological function）。

2. 情境所需的动作越复杂，越少指向它的解决，言语在整个操作中的作用也就越重要。有时，言语会变得如此至关重要，没有它，儿童就无法完成给定的任务（Vygotsky & Luria, 1994）。

简单一点说，当儿童说话时，他们变得有能力思考。儿童能出声思考。这一观点与"我们思考后（after）说话"非常不同。维果茨基认为，对幼儿来说，思维和言语是同时发生的。他认为，在某些时候，外在的言语能使我们原先模糊的想法变成清晰的观念。你是否曾发现，当对别人说出来时，你能更好地理解自己的想法了？我们甚至会说："我能跟你聊一下这个，好让我的想法变得更清晰吗？"

当儿童说话时，他们变得有能力思考，言语也就成了一种理解、澄清、聚焦自身想法的工具。听完关于下一个活动的一长串指令，胡安转身对苏说："她说我们先从红色的书开始。"胡安不仅确认了教师的指令，而且也集中了自己的注意力。边说话边思考会使共享活动加倍有效。当儿童边工作边相互交谈时，他们的语言共同促进了共享学习，而言语的互动也能帮助每个孩子在说话时思考。

自我言语

当言语和思维融合，一种特殊的言语出现了，维果茨基称之为"自我言语"（private speech）。自我言语是出声的，但不是指向他人，而是指向自己。它包含了信息以及自我调节的指令。当成人在解决一个困难的、多步骤的任务时，自我言语就会出现。我们会出声对自己说："第一步是将红色的插头插进红色的插座。接下来，绿色的插头插进有绿点标记的地方……"幼儿也会这样做，并且比成人更加频繁。例如，苏珊娜在玩电脑。当她用鼠标将卡车穿过屏幕上的迷宫时，她说："我要把它移到这里，然后这里，嗯，然后往上移……"2岁的哈罗德在装载自己的自动倾卸卡车时，他对自己说："多一些，多一些，多一些。"

与他人沟通的公开言语不同的是，自我言语通常简短扼要。自我言语听起来以自我中心，儿童似乎不关心他人是否能理解他所说的内容。维果茨基指出，这种自我中心不是言语的缺陷，而是这一年龄阶段言语另一种功能的标志（Vygotsky,1987）。自我言语不需要完全外显，因为只要儿童能理解它的意义就可以了。儿童有一种内在听众的直观感觉。

皮亚杰（1926）将这种言语称为自我中心言语，并主要关注它在集体独白（collective monologues）中的出现，即当几个孩子在一起玩的时候。对皮亚杰来说，自我中心言语反映了思维的前运算水平，此时儿童只有一种世界观，无法同时采择他人的观点。在集体独白中，同一时间内每个儿童都在进行自我导向的对话，而不关心他们的话语是否为他人所理解。随着日渐成熟，当儿童进入具体运算阶段，这种言语消失了，取而代之的是正常的社交言语。皮亚杰认为，自我中心言语与自我调节无关（Zivin, 1979）。

通过一系列的实验，维果茨基指出，集体独白并不完全是自我中心的，它同时也具有社交的本质（Vygotsky, 1987）。与独自一人时相比，儿童在小组情境中言语的比率更大。如果言语是完全自我中心的，那么无论周围有几个儿童，它的比率应该是保持不变的。维果茨基认为，集体独白和看似自我中心的言语都是一种发展初期形式的自我言语。这种早期的自我言语有着外在的表现，是自我导向的，但它看起来跟沟通性言语非常相似。维果茨基认为，自我言语并不像皮亚杰所说的，会随着年龄增长而消失，而是会变得比较难以听见，逐步地移入头脑中，转变成言语思维。我们很难区分幼儿的沟通性言语和自我言语，因为它们同时发生在同一情境中。而在年长儿童和成人身上，公开言语和自我言语逐渐分化为两个不同的组成部分。

维果茨基的同事鲁利亚认为，自我言语实际上增加了儿童行为的随意性（Luria，1969）。通过一系列的实验，鲁利亚发现，"挤两次"等一般性的指令，对3岁到3岁半的幼儿的行为起不了任何作用。但如果教导儿童说"挤，挤"，自我言语直接与动作匹配，这种自我言语能帮助儿童控制他们的行为。

还有一个例子。史密斯先生举起手，说："当我把手放低，你们就跳起来。"但史密斯先生手还没放好，所有学龄前儿童就开始上下跳动起来。但如果史密斯先生说："让我们一起说'1，2，3，跳'，然后我们说到'跳'的时候大家一起跳起来"，情况就大不相同。班上的学生一起说出了"1，2，3，跳"，并且只在说出"跳"的时候一起跳了起来。有节奏地重复这些词汇能帮助儿童避免在错误的时间跳起来。

教师也能利用自我言语来帮助乱发脾气的儿童。4岁的埃里克几乎每天在午餐排队时都会乱发脾气，因为他无法忍受排队。当他走进午餐室时，老师会跟他预演将要发生的事情。"你会站在队伍里，我们会慢慢倒数，等轮到你的时候，你会得到一个勺子，一个叉子，一份食物，然后找位子坐下来。"老师指导着埃里克，提示他重复将要做的事情，依次伸出三根手指比出"1、2、3"，用来代他必须记住的三个动作。当他们进入午餐队伍中，教师和埃里克都用食指比出"1"，然后教师听到埃里克说"站在队伍里"。接着当埃里克说出"倒数"时，他们比出了"2"。他们一起倒数着，"还有两个人就轮到埃里克了。还有一个人就轮到埃里克了。轮到埃里克了。"然后他们比出了"3"，埃里克说："拿起我的叉子、勺子和食物，然后坐下。"一周后，除了手指比数字外，埃里克已经不需要太多的指示，也不会在午餐室里乱发脾气了。三周过去了，老师完全不需要提示埃里克了。有时埃里克会自己伸出手指来提醒自己，有时不会。

内部言语和言语思维

一旦言语分化为两个不同的组成部分，自我言语将转到"地下"，变成内部言语，然后再变成言语思维。内部言语和言语思维等概念代表着不同的内在心理过程。内部言语（inner speech）是完全内在的、无声的、自我导向的，保留了一些外部言语的特征。当人们使用内部言语跟自己对话时，他们会听到词汇，但不会将它们说出声来。例如，要接一个重要的电话前，你可能会在心里预演自己将要说的内容。内部言语包含了你可能要说的所有内容，但它是对话的简短版本。成人的内部言语与学龄前儿童的自我言语类似，因为它是提炼的，没有语法的，主要对自己有逻辑。

内部言语发展到一定阶段会变成言语思维（verbal thinking），一种更加提炼的言语形式。维果茨基形容它是"折叠的"（folded）。当思维是折叠的，你能同时思考多件事情，而你可能完全没有意识到你正在思考的内容（Vygotsky, 1987）。尽管你能意识到最终的结果，但需要耗费极大的心智努力才能"展开"这些想法，或将这些想法拉回到意识中。言语思维中的策略、概念和观念都是自动化的（automatized）（Gal'perin, 1969）；也就是说，它们被学习得非常好，以至于成为自动化的，个体无需集中意识来运行。成人能立刻回答出"2 + 2 = 4"，他不需要思考加法的心理运算。自动化不局限于言语观念：当一位母亲教她十几岁的孩子开手动挡的汽车时，换挡对她来说是完全自动化的，因此她不得不坐在驾驶座上，慢慢地进行每一个动作，才能知道使用离合器和油门的顺序。

某种东西变成自动化后，它仍然能被展开和被重新审视。当儿童和成人已经发展出言语思维后，有时仍需要回到先前的水平，并且使用自我言语和公开言语（Tharp & Gallimore, 1988）。有时，被自动化的东西可能是错误的，例如，你记错了某人的名字，当你看到他时，你会自动地以错误的名字称呼他。儿童难以理解某件事情时，通过让他们向别人解释这件事情来引发他们重新检查自己的言语思维，这对他们来说是非常有帮助的。引发出的公开言语能帮助儿童边说话边思考，将折叠的观念拉伸成一系列相关的事件或动作。我们发现，谈论维果茨基经常能帮助我们澄清自己对复杂概念的理解。跟他人对话，我们能更好地理解自己的思维。

在言语思维中，我们可能无法觉察到自己理解中的错误和缺漏。你是否曾经读过一个词语的定义，然后认为自己理解了它的意义，但却发现无法用自己的语言向他人解释这个词语呢？多数时候，成人不需要借助出声说话也能发现自己理解中的缺漏。而儿童由于缺乏高级心理功能，他们很难意识到自己不知道或不理解某件事情。没有高级心理功能，他们无法在没有协助的情况下监控自己的理解。这也是为什么教师需要将儿童的思维从折叠的状态拉伸至展开的状态。当教师这样做时，他们会为儿童提供必要的支持，以帮助儿童重新审视自己的思维。要求儿童解释自己的思维，边跟同伴谈论边思考，将他们的理解写下来或画出来，通过这些方式，教师能帮助儿童展开他们的言语思维。

意义的发展

维果茨基也探讨了儿童是如何学习语义的，即语言的意义。他认为，儿童通过共享活动来建构意义。意义是成人的意义与儿童对成人所指意义的推测的融合。意义首先是以一种共享的状态存在的，情境线索和成人解释儿童动作的策略都能促进意义。当教师要求一个学步儿指出书中某页上的鸟时，此时书上仅有几张图片，因此情境会提示儿童鸟是什么。在这种情境中儿童理解了"鸟"，但他所建构的"鸟"一词的意义可能与教师的并不相同。例如，到了下一页，他会指着跳跃的青蛙，说它是鸟。

只要儿童在熟悉的情境中使用某一词汇跟熟悉的成人进行沟通，她的理解足以维持整个对话过程。只有当儿童试着将这一词汇的意义应用到不同的情境中，与不同的人进行沟通时，儿童所建构的意义与成人的意义之间的差异才能显现出来。5岁的塔玛拉能正确地使用"阿姨"一词来形容她所有的阿姨。但当她遇到比自己年长的侄女时，她困惑了。当她的侄女喊她"塔玛拉阿姨"时，她哭着说："我不是阿姨，我是个小女孩。"

儿童和成人使用着相同的词汇，但他们建构出的词汇意义往往与成人的意义不同。儿童的年龄越小，意义间的差距越大。当儿童与不同的人在不同的情境中互动，完成不同的任务时，他会不断地重新建构自己最初的、个人化的意义。最终，这个意义将类似于文化所采用的或约定俗成的意义。一般而言，儿童年龄越大，她所建构的日常概念的意义与成人的越接近。例如，4岁的胡安说："白天是我在玩的时候，夜晚是睡觉的时候。"随着他慢慢长大，胡安关于白天和夜晚的概念的个人化程度将越来越低，最终接近于白天和夜晚的通俗含义。

书面语的发展

关于写作，维果茨基教学法的核心观念是"人类运用写作这一工具来扩展自己的心理能力"。

书面语言的发展明显属于文化发展的领域，因为它与掌握人类文化发展过程中所创造和形成的工具的外部体系有关（Vygotsky, 1997, p.133）。

因此，维果茨基为书面语在高级心理功能的发展中保留了一个特殊的位置。书面语不只是口头言语在书面上的表达，更代表着一种更高水平的思维。它对发展影响深远，因为：

（1）它使思维更加外显；

（2）它使思维和符号的使用更加审慎；

（3）它使儿童意识到语言的成分。

写作如何促进思维

书面语使思维更加外显。与口头言语相同，书面语迫使内在思维变成一系列的观点，因为你一次只能说出或写下一个观点。被迫变成有顺序的状态，你将不再同时思考多个事件。书面语也迫使你展开内部言语，但与口头词汇不同，写作允许你从书面上"检查你的想法"。说话时，我们的想法存在于说出来的瞬间。而当我们写作时，我们的想法会被记录下来，可以被再次阅读和反省。当你再次阅读自己的想法时，理解的缺漏就会变得更加凸显。书面语的另一个特征是更为详尽，因此与口头语相比，更不易受到情境的影响。书面语必须包含更多的信息，因为别人在解读时没有任何情境线索可以依赖。你不能假定你的读者有任何一点常识，手势和声调也无法帮你传达你的意义。当儿童学习写作时，他也在学习站在读者的角度，如同第一次看到那样审视自己的想法。这让儿童甚至有更强的能力去审视自己思维中的缺漏，注意到在与他人沟通这些想法时可能会产生混淆的地方。通过写作，我们的观念与原先相比，变得更加外显和详尽。我们能更清晰、更客观地看到自己观点中的错误。因此，维果茨基认为，写作以一种谈话无法达成的方式促进思维的发展。

支持这一观点的人鼓励运用写作来帮助儿童建构和阐明新的观点。他们将写作作为学习所有新的内容和技能所必需的一个部分。他们会鼓励儿童在解决数学问题的同时将自己对这一问题的理解写下来。儿童写下他们对毛毛虫的观察，还将他们看到的内容画下来并进行讨论。跟他人一起或独自一人，再次阅读自己写下的思想，我们会对这些想法有更深刻的理解。

书面语也使思维和符号的运用变得更加审慎。因为儿童选择自己使用的符号，并且必须根据语法规则将它们记录下来。因此与说话相比，写作是一种更加审慎的加工过程（Vygotsky, 1987）。维果茨基学派认为，我们说话时，对符号的选择可以是无意识的，也可能很少考虑这些符号对听众的影响（无意中说错了话！）。而写作去情境化的本质意味着作者必须谨慎地选择符号。在口头语中，语调、手势和通用情境都能填补意义传达的缺漏。当听众不能理解某件事情时，说话者会不断地增加信息，直至他们理解了这件事情。而书面语仅有文字的沟通，因此词汇的选择必须更加审慎。因此，与跟他人谈话相比，在进行书面交流时，你更可能会使用多种不同的方式来表达同一件事情。

最后，书面语使儿童意识到语言的成分。语音与符号之间的关系、不同类型词汇间的关系以及段落中观点间的关系都是由统一的规则决定的。儿童会形成一些初步的关于语言结构的观念，即他们获得了元语言意识。而随着他们学习阅读和写作，这些观念会变得更加具体。梅里对词汇组成句子有着模糊的理解，但当她看到书上的句子时，"词汇"的观念变得更加清晰了。

根据维果茨基学派的观点，绘画与口头语、书面语的功能类似，使儿童能与他人以及自己沟通（Stetsenko, 1995）。儿童如何学会说出第一个单词与儿童如何学会绘画，这两者之间有着很多相似之处。与将婴儿的发音解读为有意义的词汇相似，成人也对学步儿的涂鸦赋予意义。乔希正拿起标记笔在纸上重复地移动着，渐渐纸上出现了一系列的螺旋形线条。他的妈妈指着那些螺旋形线条，问道："这是你的车在转来转去吗？"乔希点了点头，继续画出更多的螺旋形线条。只是现在，他在画画时会发出汽车加速的呜呜声。

书面语是最为复杂的心理工具之一，而绘画对于儿童掌握这一心理工具有着极为重要的作用。维果茨基认为，儿童的绘画是写作的直接先决条件，"一种独特的图形言语，一个关于某种事物的图形故事……与其说表征，倒不如说言语"（Vygotsky, 1997）。他认为学习字母并不能引发儿童的写作，它只是提供了最后的零件，使儿童从奇特形式的"绘画言语"转变成使用书面词汇记录言语的传统方式。

早期表征形式的绘画和涂鸦不亚于实际的写作，同样能促进思维和记忆（Luria, 1979, 1983）。这种观点已经被两个幼儿教育课程证实，这两个课程一个在俄国，另一个在意大利。维果茨基学派学者文格尔（Venger）为俄国学龄前儿童创设了一种实验课程，它主要强调表征技能的发展（Venger, 1986, 1994）。另一个幼儿教育家洛里斯·马拉古奇（Loris Malaguzzi）则将自己对维果茨基观念的诠释成功应用到意大利北部瑞吉欧—艾米里亚（Reggio Emilia）的学前教育中（Edwards, Gandini, & Forman, 1994）。

与皮亚杰相同，文格尔（Venger, 1986, 1996）认为绘画是儿童思维的表征。以维果茨基的心理工具观念为基础，文格尔（Venger, 1986, 1996）提出，早期的绘画是一种非言语工具，能帮助幼儿将客体分解为必要部分和不必要部分。文格尔认为，儿童的绘画作品缺乏具体性，使得这些作品看起来"粗糙"、"不成熟"，而这种现象之所以会发生，是因为儿童创造了一种客体模型（model），这一模型只包含了客体的必要部分（Venger, 1988, 1986, 1996）。随着儿童对客体的了解越来越多（Venger, 1986, 1996），他对这一客体的绘画也会发生变化，反映出他对新发现的理解。

文格尔认为，我们可以以使用写作的方式来运用绘画。儿童能利用绘画帮助他们记住一些事情。尽管这些作品看起来很像涂鸦，但2岁的杰里米会在三天后告诉你，他贴在冰箱门上的便利贴上的"绘画作品"代表着"妈妈买糖果"。要求4岁的卡尼萨画一幅她在屋子中央正打算去做什么的画，能帮助她记住她计划去完成的事情。绘画能增加儿童对自身思维的意识。让儿童增加一些细节或重新绘制模型，能帮助他们边绘画边思考，从而加深他们的理解（Brofman, 1993）。类似的技术已被瑞吉欧—艾米里亚的教师用于加深儿童对空间、事件和测量的理解（Edwards et al., 1994）。参观这一课程的美国教育人员，不仅对儿童绘画的质量留下了深刻的印象，而且更惊叹于他们对主题的理解。

文格尔还认为，绘画能教导儿童其他的文化工具，例如，如何在二维空间中表达远近关系。关于如何描绘近处或远处的物体以及如何描绘三维的物体，有很多文化习俗。这些习俗会因文化的差异而有所不同。例如，在西方艺术中，离观众较远的物体会被画得比离观众较近的物体小一些。而在有的艺术中，近物与远物会被画成同样大小，但较远的物体会被放在较高的位置上。通过绘画以及观看书中的绘画作品，儿童习得了这些习俗，并在8岁开始将它们应用到自己的作品中。

与绘画一样，涂鸦和早期在写作上的尝试有着与成熟的写作相似的好处。鲁利亚（Luria）（1979, 1983）发现，3岁的学龄前儿童已经开始以成人使用书面语的方式在使用前书面语。这些3岁的儿童会利用他们的涂鸦帮助自己记住某件事情或命名一个物体。这些涂鸦中并没有真正的字母，除了儿童本人，其他人也无法理解其中的含义。鲁利亚发现，儿童会赋予这些涂鸦意义，几天后仍能记住这些意义。由此可以看出，在真正学习写作之前，儿童早已开始掌握书面语的目的。鲁利亚关于这一领域的观念影响了西方早期写作领域的研究（Clay, 1991; Ferreiro & Teberosky, 1982）以及阅读教学的全语言运动的发展（Schickedanz & Casbergue, 2003; Schickendanz, 1982; Teale & Sulzby, 1985）。

课堂上语言的运用

根据维果茨基教学法，我们在进行课堂教学时，可以采用以下几种方式来促进儿童对语言的运用。

促进自我言语的发展

示范将自我言语作为思维工具的使用过程

当你在解决问题时，说出你正在思考的内容。卡普兰女士问："这些物品中，哪一个比较大？"儿童看起来很困惑，没有一个儿童回答。然后卡普兰女士说："嗯，我怎么样才能知道答案呢？对了，我可以把它们全部放在一起。"她将所有的物品一个接着一个摆放着，然后说："这样从前往后看过去，我可以看出这个物品比较大，你们看到了什么？"谈论策略，并给予一些选择，能帮助儿童内化"隐藏"的思维策略。

鼓励儿童"边思考边说"

当你希望儿童加工新的信息或巩固旧的信息时，让他们说出来。当施瓦辛格小姐向学前班儿童解释完一种新的活动时，她要求学生告诉她他们打算如何建造一艘船之前，先花些时间"在头脑中想一想"。这些指令适用于年长的学生，他们已经能在说话前先思考。而此时，施瓦辛格小姐可能正在失去一些年幼的思考者，因为当老师准备好听这些儿童的想法时，他们已经忘记了自己的想法。更好的方式可能是要求儿童转向自己的朋友并告诉朋友自己打算如何完成造船的工作。在独立完成任务之前，一些儿童在工作时需要跟同伴谈论这些事情。这种策略为一些儿童提供了他们所需的协助，使他们能检查自己的思维过程。7岁的梅琳达在日常语言对话活动中无法发现语法错误。无论她对着自己读几遍"he wented"（正确答案为 he went），她都没发现问题。只有当她大声地读给她的语法伙伴听时，她才发现了这个错误。

鼓励使用自我言语

鼓励儿童使用自我言语，以促进他们的学习。儿童可以低声对自己说话或是坐到一个自我言语不会打扰到他人的位置上。有时自我言语听起来似乎与手头的任务无关。但如果借助这种言语，儿童能够完成这一任务，教师应允许她继续使用这种自我言语。例如，乔茜坐在自己的桌子旁，对着自己说话和哼唱，但她始终在完成手头的任务。这种类型的自我对话对儿童而言是有意义的，因此不应当被禁止。如果哼唱没能帮乔茜完成任务，那么你可以试着鼓励儿童使用自我言语。自我言语是简短的，因此儿童可能会将指令转换成一个或两个词汇的提示来提醒自己。

使用中介物来促进自我言语

对一些儿童来说，外在中介物能促进自我言语。对学生进行指导，让他们了解在做事情时，可以对自己说些什么。如果儿童简化了自我对话，但仍能完成任务，那就让他继续使用这种言语。对阿列克谢来说，桌上那张写着数字"1、2、3"的卡片能帮助他记住，他应该依次进入哪些学习中心。这个便笺能提醒他对自己说，"我先去阅读中心，再去听力中心，最后去玩水桌（water table）。"一名教师的方法是，将头脑中的某个地方称作记忆银行。当儿童需要记住某件事情时，她会说："我们将这个东西放入我们的记忆银行里（一边指着自己的前额）。我们一起说三遍，然后将它放进去。准备好了吗？'明天带一本书到学校'（一边指着自己的前额），'明天带一本书到学校'（一边指着自己的前额），'明天带一本书到学校'（一边指着自己的前额）。"第二天，大多数儿童都将书带到了学校。

促进意义的发展

口头表述你的动作和儿童的动作

你在完成动作时，记得要为这些动作贴上标签。当儿童完成这些动作时，也要为他们的动作贴上标签。你越频繁地将言语与动作联系起来，就能越多地帮助儿童促进他们的学习。避免使用"这些事情"或"那些"等含糊的关系词汇。使用明确的词汇，如"把蓝色的积木拿给我"或"看到那个小小的、毛茸茸的松鼠玩偶了吗"。教师也必须帮助儿童学会给自己的动作贴上标签。不要害怕说："你不专心"或"我看出来你在走神"。如果儿童似乎不明白"专心"的意思，你需要更全面地描述，甚至用实际动作来解释。你可以说，"当你专心时，你的思想就像一束光，它只投向这里"或"当你专心时，你的身体是静止的，不会摆动；你的眼睛看着这里，你在思考这本书"。

在介绍新概念时，确保将它与动作联系起来

在情境中介绍某个概念，并示范目标动作或是将你的动作实施于目标，这有助于儿童的学习，包含尽可能多的线索，例如，当介绍尺子时，布雷迪小姐说："当我们想要测量某个东西，看看它有多长时，我们会将尺子放在这个东西的末端，然后读这边的数字。"她一边讲，一边示范。她将尺子放在一个物品的边缘，开始测量。

使用不同的情境和不同的任务，以检查儿童是否理解了某一概念或策略

当你教授概念或策略时，这个概念或策略总是镶嵌在某个特定的社会情境中。因此很难了解儿童是否理解了这个概念，因为儿童能够反复使用多种情境线索。例如，你说："我喜欢艾德丽安的专心。"然后你发现摩根看了看艾德丽安，不再摆动她的身体。你不知道摩根是否真正理解了什么是专心，还是她会认为"专心"就是"盘腿坐着，把双手放在膝盖上"。为了确定儿童是否理解某件事情，你必须改变情境，将这个概念新的一面暴露出来。你可以让儿童与同伴（真实的或想象的）互动或是变化任务（将清点小熊玩偶换成清点饼干）。

运用儿童自己的公开言语和自我言语来检查他们对概念或策略的理解

让学生习惯说出自己正在思考的内容以及他们如何解决问题。要求他们向你重复自己的观点或是向你展示他们是如何理解一个观念的。正如一位教师所说的"我需要知道你是怎么思考的"，让学生相互交谈；然后聆听学生对彼此说了些什么。你的倾听不仅能激励儿童，而且会让你洞察到儿童理解了什么。

促进书面语的发展

鼓励在不同情境中使用书面语

不要将写作只局限于记日记或写作工作坊。在小学课堂上，使用写作来促进儿童学习数学、科学、阅读和艺术。让儿童写下他们学过的内容，即便只是一个词语或字母。这些表达能帮助你理解儿童的想法，也有助于儿童审视自己的思维。

让儿童在活动中使用写作来促进自己的记忆或思维，这样的活动多多益善。将写作的工具放置在扮演游戏区域里，并告诉儿童在游戏中可以怎样使用写作。儿童可以写下他们"经营"餐厅的顺序，在扮演学校游戏时写下一份日记，或是玩积木时拟订出一份城市规划。与同伴一起，用动作将故事表演出来，同样也能促进语言和写作的运用。鼓励儿童在数学和科学活动中写作，能帮助他们思考这些概念。

鼓励儿童使用各种书面语，包括绘画和涂鸦

鼓励儿童去"写"，然后"阅读"自己的信息，即使他们还不会真正使用字母。邀请儿童进行绘画或涂鸦，并记录儿童对其作品意义的阐释。你可以为他们的作品贴上标签（详细信息请查阅第11章和第13章），几天后，再次询问儿童这些信息的含义。如果他能回忆起这些信息，你可以通过指向图画或涂鸦中的不同部分来提示他回忆出更多的信息，鼓励他将信息阐述得更加详尽。

让儿童重新阅读自己的文字和重新加工自己的观点

再次阅读儿童写下的文字，即使它只是一些涂鸦的图画和口述的信息。跟儿童讨论，在进一步思考或学习后，他打算将哪些内容增添到自己的作品中。让儿童借助同伴对之前呈现的观念进行再加工。让儿童与一名同伴分享自己的写作作品，如在"作者席"活动中。教师需要指导同伴应该如何讨论以及询问故事的内容。将小作者的反应记录下来，并使用这些来重新讨论故事。要求儿童在使用"放大镜"检查完自己的画作后，再重新绘制一幅目标物体的作品。

进一步阅读材料

Berk, L. E. & Winsler, A. (1995). *Scaffolding children's learning: Vygotsky and early childhood education*. NAEYC Research and Practice Series, 7. Washington DC: National Association for the Education of Young Children.

Bodrova, E., & Leong, D. (2005). Vygotskian perspectives on teaching and learning early literacy. In D. Dickinson & S. Neuman (Eds.), *Handbook of early literacy research* (Vol. 2). New York: Guilford Publications.

Luria, A. R. (1976). *Cognitive development: Its cultural and social foundation* (M. Lopez–Morillas & L. Solotaroff, Trans.). Cambridge, MA: Harvard University Press.

Luria, A. R. (1979). *The making of mind: A personal account of Soviet psychology* (M. Cole & S. Cole, Trans.). Cambridge, MA: Harvard University Press.

Vygotsky, L. S. (1962). *Thought and language* (E. Hanfmann & G. Vokar, Trans.). Cambridge MA: MIT Press. (Original work published in 1934)

Vygotsky, L. S., & Luria, A. (1994). Tool and symbol in child development. In R. van der Veer & J. Valsiner (Eds.), *The Vygostsky reader* (T. Prout & R. van der Veer, Trans.). Oxford: Blackwell. (Original work published in 1984)

第7章 策略：共享活动的运用

佐伊和阿琳正在水桌上玩游戏，他们将不同大小的水壶装满水。看到他们在玩，老师问道："几个小壶里的水才能装满这个大壶呢？"佐伊说："三个。"阿琳大声说道："不，只要一个！"老师说："让我们一起来试试，用这些积木代表每一个我们用过的小壶。佐伊，你将大壶里的水倒入这个小壶里，阿琳，每倒满一个小壶，你就把一个积木放进这个篮子里，用它表示一个小壶。每倒一个小壶，你就放一个积木，好吗？"接着，老师就站在旁边，看着孩子们把大壶里的水倒进小壶里，并将积木放进篮子里。阿琳每放一个积木，两个孩子就会同时大声地说出相应的数字。而当孩子们把水倒得太满，都溢出来的时候，老师会说："你必须倒得刚刚好，不能溢出来，否则我们就没办法准确地测量了。"于是，两个儿童重新将大壶装满水，从头再来。慢慢地，大水壶里的水被倒空了。

"看，这里有三个。"阿琳指着篮子的四个积木说道。老师将篮子拉近了一些，说道："我们一起来数数，看看是不是有三个。"阿琳从篮子中拿出积木，将它们放在老师摊开的手中。"哦，是四个。"阿琳说道。老师说："是的，数积木的时候，你可以用手指着或是把它们拿起来，这样更容易数清楚。"阿琳对佐伊说："这次换我来倒水，你来测量。"新一轮的测量结束了。佐伊看了看篮子里的积木，然后一边拿起一块积木递给阿琳一边数数。"还是四个。"佐伊对阿琳和老师说。这时，老师说："对，无论是谁来倒水，都是四个积木。现在，让我们把刚刚学到的大水壶和小水壶之间的区别画出来。"两名儿童画完后，老师便将画挂在玩水桌的上方，然后鼓励其他儿童去"解读"这幅画的含义，并"检验"佐伊和阿琳的发现。

就像上面的例子一样，学习发生在我们的日常互动中。当这样的学习发生时，我们能轻易地察觉，却很难了解该如何做才能让学习发生。教师该如何做，才能增加学习与教学的对话？这是众多美国研究者和俄国研究者所关注的一个问题。在本章中，我们将根据这些研究者的应用研究给出一些建议。

共享活动中的互动

在第1章和第2章中，我们对维果茨基"心理功能是共享的"这一观念进行了说明，即心理功能存在于共享活动中。在被吸收和内化之前，心理功能存在或分布于两个个体之间。

一项活动有多种方式供两个或更多个体共享。一个儿童可以在另一个人的帮助下使用策略或概念；两个儿童可以共同解决某个问题；一个儿童提问，另一个儿童回答。在前面装水壶的例子中，佐伊、阿琳和老师共享了策略，就像三重唱一般。

"协助"（assistance）一词是最近发展区（ZPD）定义中不可或缺的部分（详见第4章）。因此，共享活动是一种为儿童在其最近发展区的高水平提供他所需要的协助的手段。为促进儿童的学习，教师必须创造不同类型的协助，因此会有不同类型的共享活动。

由于很多共享活动的例子都包含了成人与儿童的互动，因此关于共享活动的含义存在一些误解。首先，共享活动不限于成人与儿童的互动，也包含儿童与同伴以及其他搭档之间的互动。维果茨基在谈及共享活动及其在发展中的作用时，就已经超越了成人指导的学习（Tharp & Gallimore, 1993）。社会情境包含了多种互动，例如，更有知识与知识较少的参与者之间的互动，知识水平相当的参与者之间的互动，甚至是与想象中的参与者之间的互动（Newman, Griffin, & Cole, 1989; Salomon, 1993）。每种共享活动都能促进发展的不同方面。在本章中，我们将会阐释每种共享活动是如何促进学习的。

第二个误解是成人指导儿童，儿童是相对被动的——只是遵从成人的指导。学习者在心理上不主动，学习是不会发生的。所有参与者，无论他们的知识水平是否相当，都必须在心理上参与到活动中，否则活动是不会共享的。

最后，共享过程必然存在媒介。只是紧挨在一起游戏或工作，这是不够的。参与者必须通过说话、绘画、写作或其他媒介来彼此互动。没有丰富的口语、书面或其他形式的互动，共享就无法产生最高水平的协助。语言和互动创造了共享经验。

共享活动如何促进学习

共享活动为学习提供了一个有意义的社会情境。当儿童初次学习某项技能时，唯有社会情境能使学习变得有意义。儿童尝试去学习，可能仅仅是因为与教师的互动非常愉悦。到了学习的后期，将新获得的技能传授给他人也能以类似的方式为儿童提供有意义的社会情境。刚开始学会阅读的儿童，可能会抗拒教师布置的读两页书的任务，但会很乐意将整本书读给小妹妹听。因此，读给他人听这一共享活动也能促进阅读这一萌芽技能的发展，而这是阅读任务本身无法做到的。在互动中，儿童有着更强的动机，而它也为技能的获得提供了实际练习的机会和适当的社会情境。

通过与他人谈话和交流，个体思维中的缺漏和错误会逐渐显现出来，变得易于修正。概念一旦被内化，就会以一种"折叠"的方式存在，因此错误是很难被暴露出来的（详见第 6 章）。儿童可能会想出一个答案，但对于自己如何得到这一答案的过程却只有模糊的理解。而通过以他人为对象进行谈话、写作或绘画，思维变得有顺序和清晰。例如，经过在课堂上制作奶油，史蒂文能够含糊地说出整个奶油的制作过程。但当和泰一起过家家时，史蒂文开始假装制作奶油，他试着按课堂上的过程依次做出相应的动作。而随后跟泰之间的讨论，如"是先摇晃下罐子，还是先看看食谱上的说明"，能帮助这两名儿童澄清整个奶油制作过程中的步骤。

学龄前儿童观察到学校对面正在兴建的一栋建筑物，于是他们试图向新来的同学解释发生了什么事情。在他们谈话的过程中，儿童澄清了事件发生的顺序。儿童解完数学题，并将答案解释给老师听时，他意识到自己在计算中犯了一个错误。

共享活动迫使参与者澄清和详细阐述他们的想法，并使用语言。为与他人进行交流，你必须清楚而明确地表达。你必须将自己的想法转换成词汇和话语，直至确保他人能明白你的意思。你必须从不同角度去看一个观点或一项任务，以及采择他人的观点。因此，一个客体或观念会有愈来愈多的方面或特征被暴露出来。

共享活动、他人调节和自我调节

在与同伴的共享活动中，或儿童表现出独立水平的活动中，被他人调节和调节他人出现的比例会更加均衡。例如，在准备一个戏剧演出时，儿童会讨论和争辩他们将要扮演的角色以及戏剧情境将如何发展。有时儿童会赞同另一个儿童所建议的角色或故事情节；下一刻这名儿童便会坚持自己所建议的角色或故事情节。

他人调节的重要性

维果茨基学派创造了"他人调节"（other-regulation）这一术语，用以描述个体调节他人或被他人调节的状态。这与个体调节自身的自我调节不同。

后维果茨基学派对共享活动的研究多关注在成人与儿童或专家与新手互动的情境。作为儿童自我调节的先驱，来自成人的"他人调节"起初便受到了多数研究者的关注。例如，詹姆斯·沃茨奇（Wertsch, 1979, 1985）就是其中一员。他将儿童自主行为的学习划分为不同的阶段。第一个阶段的特点是，成人建构任务，通过一系列外显的步骤指导儿童，并提供详细的反馈。在后续的阶段，成人的指导逐渐减少，直至儿童最终能独立进行计划、监控以及评价自身动作的正确性（Wertsch, 1985）。而后期儿童调节自身行为的方式反映了早期阶段调节的共享实质。例如，儿童在其自我言语中仍会使用过去与成人讨论任务时所使用的语言。

当我们将目光移向专家—新手互动以外的共享活动时，我们会发现，他人调节绝不限于儿童只是成人调节的接受者。他人调节的另一个成分是儿童调节他人的能力。学习成为调节者和学习成为他人调节的对象对儿童自我调节的发展同等重要。他人调节的第二个方面，这一观念注意到了一个事实：与自己的行为相比，人们通常更容易看到他人行为中的错误。维果茨基学派指出，这往往是能看到自己行为中的错误的第一步。他们认为，他人调节先于自我调节（Leont'ev, 1978; Vygotsky, 1983）。正因为如此，他人调节可以被用来作为学习过程的一部分。

维果茨基学派认为，如同所有的高级心理功能，自我调节源自儿童与他人的社会互动。我们甚至可以说，学习一种新的行为时，儿童能在自我调节之前先调节他人的这种行为。我们能在学前课堂上发现很多这样的例子。三四岁的儿童似乎对规则很着迷，他们可以花很多的时间来告诉老师，其他人不遵守规则。成为告密者是渴望调节他人的表现。告密者通常不会将规则应用到自己身上，但他会是第一个大喊别人做错的人。他想要重申规则。对幼儿来说，规则等同于实施规则的人，"我只拿一块饼干，因为这是老师说的。""我很安静，因为老师说要保持安静。"当儿童运用规则来调节他人时，他意识到规则是抽象的，是独立于实施规则的人存在的。一旦有一个规则，它便可以应用于其他情境。接着儿童开始内化这一规则或发展出一个标准。当再有饼干时，教师不需要每次提醒儿童只能拿一个，儿童现在已经有了一个规则："当有饼干或其他食物时，你只能一次拿一个。"同样地，保持安静的规则被内化成"当我在室内时，我需要轻声说话"。

他人调节先于自我调节并为自我调节做好准备，这一观念不只适用于社会互动，也适用于认知过程的调节。朱克曼等后维果茨基学派学者认为（Rubtsov, 1981; Zuckerman, 2003），他人调节是反省思维的前身，这一思维通常出现在成人或年长儿童身上。很多理论学家，如皮亚杰和信息加工理论学家，认为反省是最高水平的问题解决过程的一部分（Flavell, 1979; Piaget, 1977）。成人不仅能解决问题，而且还能反省解决问题的方案。根据这些观点，学龄前和小学阶段的儿童是无法反省自己的思维的，或只有极少的反省思维。朱克曼则持相反的观点，他认为，他人调节有着与反省思维相同的功能，因为它会评价和思考已经做出的行动。但此时，反省思维处于儿童外部，是由其他儿童或一群同伴完成的。最终，能调节其他同学动作的儿童学会了"自我批评"，用相同的反省过程来调节自己的动作。同样地，先前被他人调节的儿童会内化同伴所使用的策略，并能独立使用它们。让儿童参与到他人调节中，对发展他们的思维过程是非常有益的。我们将在第 12 章和第 13 章中详细探讨这个问题。

运用他人调节来促进自我调节

儿童学习的多数内容都是有其内在规则的。一些规则是外显的，如课堂行为的规则；另一些则是内隐的，如游戏规则。加法、拼写、阅读，几乎学校教学的所有内容都包含规则的使用。我们在学校里不仅会学习概念和策略，而且还会学习规则和标准。

由于儿童首先是对他人进行调节，因此与试图将规则应用到自己的动作相比，检查同学等他人的错误这种方式更能使儿童理解一项规则。当儿童独自完成某件事情时，他会忽略掉规则；但当他们检查其他人的工作时，他会突然意识到规则。你是否曾注意到，编辑他人的作品是多么容易。错别字和思维的缺陷都是显而易见的。但当你阅读自己的作品时，问题和错误却很难被发现。

教师可以通过让儿童调节他人来促进他们自我调节的发展。下面有一些具体的建议：

1. 规划一些练习，儿童需要从教师的作品或写作练习中找到错误。在一、二年级，教师可以书面呈现一些含有 1—2 个语法错误或标点错误的句子。要告诉儿童句子中错误的数量，这点非常重要。教师也可以在黑板上写句子时有意识地犯些错误，让儿童来纠正。刚开始，教师可能需要督促儿童来发现错误，因为儿童会认为老师是不会犯错的。

2. 规划一些活动，让无法自我调节的儿童调节他人对目标行为的使用。如果希望儿童学习某种行为，你可以给予他调节这种行为的职责。在蒂莫西先生的课堂上，詹森的大嗓门盖过了其他学生的声音，声音大到让一些儿童不得不捂住耳朵。蒂莫西先生试图通过"请小声些"的方式来劝导詹森，但似乎完全没有作用。蒂莫西先生甚至尝试将课堂上的情形录制下来，好让詹森认识到自己的声音比其他同学高出了多少。但他的种种努力都失败了。后来，蒂莫西先生放了一个噪声计在黑板上（如图 7.1 所示），并鼓励詹森找出谁发出的声音太大了。结果，班上每个人包括蒂莫西先生，只要说话稍微大声了些，詹森就会指出来并且毫不留情地批评他们。3 天后，蒂莫西先生发现，当要求詹森小点声时，詹森真的降低了自己的音量。维果茨基学派认为，詹森开始内化"什么是较小的声音"的标准。此前，他对蒂莫西先生的回应，就好像是蒂莫西先生的要求很奇怪一样。而当调节其他人后，詹森开始意识到"请小声些"有着特定的含义。

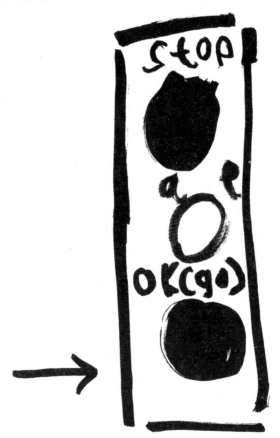

图 7.1　詹森的噪声计

3. 将他人调节、自我调节与外在的中介物、自我言语或公开言语配对使用。使用外在中介物来提醒儿童，你希望他使用何种行为来调节他人或自己的行为。在前面的例子中，教师使用一张噪声计的图片来提醒詹森，班上所有人说话的音量应该处于什么水平。要求詹森说出其他人的声音"太大"或"刚好"，能帮助他更好地区分适当和不适当的噪音水平。

教师在共享活动中的作用

教师能以两种不同的方式参与共享活动，一种是作为直接的参与者；另一种则是作为儿童与同伴之间形成共享活动的促进者、规划者以及机会创造者。在课堂活动中，教师需要根据教学目标、教学情境以及教学内容来扮演这两种不同的角色。有时，只有成人才能引导和主导学习，但有时对年幼的学习者而言，与同伴一起工作会更有帮助。教师是否应该直接参与活动，取决于很多因素，例如，儿童处于学习周期的哪个阶段，特定儿童的特点，儿童的年龄，儿童所属的群体及其动态。例如，5岁群体中的同伴讨论会激发儿童求知的欲望，问出很多他们能回答或只有老师才能答出的问题（Palincsar, Brown, & Campione, 1993）。在这种情况下，老师既是规划者，也是参与者。其他时候，教师直接的提问能激发学生的兴趣，促进他们的学习，因此直接参与能激发最大的动机。精明的教师知道，他们必须使用各种技术，不断变换口头表述的方式和指导的数量，以促进不同儿童的学习。

教师作为同伴

教师参与共享活动的一种方式是进行维果茨基学派所说的"教育性对话"（educational dialogue）（Newman et al., 1989）。"对话"（dialogue）意味着所有参与者之间的思想交流。因此，给学生上一节课不是教育性对话。在教育性对话中，儿童表达自己对于教师所说的内容以及所呈现的概念的理解。这种对话涉及书面表征、绘画表征以及言语。

教育性对话这一概念与"苏格拉底式对话"（socratic dialogue）类似。苏格拉底式对话是在教导年长学生时更常被讨论的概念。在这两种对话中，教师头脑中都有一个目标，他们会利用问题来引导学生向这个目标前进（Saran & Neisser, 2004）。它不是一种随心所欲的、漫无目的的讨论，而是由教师引领的一次发现之旅。儿童必须发现意义，但教师缓慢地将他们引向意义，帮助他们纠正自己的误解以及避免思维陷入僵局。

从事教育性对话，教师头脑中必须有一个概念或目标，必须能预期各种可能出现的误解。他必须引导学生，但儿童必须采取实际行动，建构出自己的理解。这类似于开车去一个新的目的地。你按照自己的速度开车，并且自己决定何时转弯，但沿路的路标会提供有用的信息，并预告你可能转错弯的地方。在学习的旅途上，教师就是那个在最有用和最重要的地方放置标志的人，以确保学生没有错过任何一个重要的转弯。

通过提问，教师示范学习的逻辑或策略，这样学生下次就能利用它们来解决问题。换句话说，教师建构了一个可用于其他情境的学习模板。奥斯本女士跟她的学生正在看一本科学书籍。薇诺娜问道："这本书里提到熊了吗？"奥斯本女士说："让我们想想，我们怎么才能找到答案呢？"山姆说："我们去看看图片。"奥斯本女士说："我们可以去看图片，这样我们就知道书中有没有提到熊。但我知道一个更快的方法。我们可以在书背面的索引上找找'熊'这个单词。"她指着索引说："索引会告诉你这本书所有涵盖的主题。看看它是怎么排列的？我们在哪能找到'熊'（Bears）？""在字母 B 下面。"一些儿童说道。"对，B 在哪里啊？"奥斯本女士一边问，一边将书转向一名学生，让他可以翻页。当这名儿童成功找到字母 B 区时，她说："是的，我看到了字母 B。"接着她将这本书转向另一名儿童，说："你能找到'熊'吗？"儿童指着正确的那一行。"顺着你的手指，你会看到一个页码。第 78 页有关于熊的内容。"如果奥斯本女士只是简单地说"对"或是直接将书翻到那一页，却没有引领着儿童完成这个过程，他们就不会学习到在书籍中寻找信息的策略。

尽管教师头脑中会有一个目标，但在教育性对话中实际使用的问题或步骤必须根据每个儿童或每群儿童而重新选择。每一名参与教育性对话的儿童都有着独一无二的背景和理解，因此能引导一名儿童理解意义的问题可能对另一名儿童不起作用。教师必须牢记，无论你想要教导儿童什么，他们都必须参与到教育性对话中，因为这些儿童必须建构出自己的意义（详见第 1 章）。

对教师而言，教育性对话的目的之一是发现儿童理解了什么以及何种协助是最有效的。在掌握某个技能或概念之前，学习者是无法真正理解最终的目标的（Wertsch, 1985），他们很难明确地表达自己究竟理解了最终概念的哪一部分。而这只能由知道最终教学目标的教师来告诉儿童。

在监控儿童在教育性对话中的投入时，教师必须回答两个有关儿童思维过程的问题：（1）儿童是如何找到这个答案的？（2）儿童的答案从根本上是否符合这一领域的概念体系？首先，对维果茨基学派而言，学习是获得特定的知识，同时也是掌握一种新的"心智工具"。因此如果儿童只是说出正确答案，这是不够的。儿童必须使用与找到答案最相关的心理工具。例如，对儿童而言，描述一组物品的模式比预测下一个物品更为重要。知道下一个会是哪个物品并不能告诉教师儿童是否理解以及如何理解物品的模式。

另一件教师必须在教育性对话中发现的事情是，儿童的答案从根本上是否符合这一领域的概念体系。教师必须记住学习的整个系统。她必须确保每一个新的概念都有助于建立对整个系统的理解，并且之后不会造成问题。每天上课时，伯克女士都会复习一次日历的要点。当她询问昨天是哪一天或明天是哪一天时，多数学生都能回答正确。但当她询问一周有几天时，她发现一些学生认为一周有五天。当她询问儿童一周有哪五天时，儿童回答说"从周一到周五"。这是她每次复习日历开场时所说的话。通过与儿童的对话，伯克女士发现，儿童是按照自己在学校的天数来定义一周的天数。于是她修改了每天复习日历的过程，以确保儿童理解一周有七天。这是因为，她知道儿童现阶段的误解将会导致日后其他问题的产生。

当教师参与到教育性对话中，他们必须牢记以下几点：

1.帮助儿童区分重要的和不重要的特性。例如，向儿童展示不同形状的物品时，教师需要说明颜色和大小是无关的特性。她可以问儿童："如果我们将这个物品涂成红色，它还是圆形吗？""如果我们将这个圆形的物品涂成蓝色，那它会变成三角形吗？""如果我们把它变大，它还是个圆形吗？"

2.帮助儿童与更大的概念体系建立联系。苏珊指着数字2说："这是字母2。"教师通过提问让她参与到教育性对话中，"这是一个字母还是数字？"苏珊回答说："这是一个字母，就像它一样"（她指着字母A）。教师接着说："我们写字母也写数字，但我们用它们做不同的事情。我现在伸出了几个手指？"苏珊说："2个。"教师说："对，我们会写下一个数字，因为我们用数字来代表'几个'，而我们用字母来组成词汇。"

3.寻找儿童思维过程的线索。通过儿童的反应找出突出的特性。教师问儿童："有哪些单词与'ball'押韵？"她听到了这些答案："fall""tall""ball"和"box"。通过学生的回答，她了解到一些学生认为押韵是开头的发音相同。起初她在教学时，将押韵定义为"发音相同"。而这导致了学生的一些误解。因此，她修改了对押韵的界定，让学生了解到押韵是指单词的哪个部分发音相同。通过检测儿童的想法，这名教师开始重新建构儿童的意义。

4.决定应给予多少支持。由于儿童所需支持的数量取决于她的最近发展区，因此就算她们都无法完成特定的任务，但可能需要不同的支持。丽莎和弗雷德都无法念出"balloon"这个单词。但只需要提示丽莎第一个音，她就能说出这个单词。而弗雷德则需要有人把每个音节慢慢地念给他听，他才能完整地念出 "balloon" 这个单词。在决定如何支持儿童的学习时，可以问问下列问题：针对特定的儿童，我是否应该变化所给支持的数量？儿童需要更多的口语线索还是动手操作？我需要改变学习情境，以更小的组别或更大的组别来进行这项活动吗？我是否应该让儿童将自己的想法画出来或写下来，或是让他告诉其他人他是如何完成的吗？这个儿童需要多个线索还是一个线索就已足够？究竟应该给予不同的儿童多少支持，运用本书第 14 章中所介绍的特殊类型的评估能帮你作出更好的决定。

5. 创造一些合适的方式，以便将学习的责任移交给儿童。思考提供支持的多种方式，并逐步撤除这些支持。追踪儿童对你的提示和线索的反应，以及当你撤除这些支持时儿童的反应。这些能告诉你哪些线索是有用的。

6. 规划小组的大小，确保教育性对话是有意义且有效的。组织课堂，确保你能在指导 8 人以下小组的同时，也能单独对学生进行指导。尽管你可以与整班学生进行一次对话，但有些儿童会在较大的群体中主导整个对话。这些儿童通常是学习连续体的顶端和末端。为进行尽可能多的教育性对话，当你只想跟一部分学生进行互动时，可以使用同伴和预先准备好的资料来为其他学生提供支架和协助。

教师作为规划者

教师也可以通过调整和规划学习环境来间接地参与到共享活动中。通过选择动手操作的材料、物品、书籍、视频、计算机程序、录音带以及游戏道具等，教师为学生的独立表现提供协助。教师可以创造中介物来促进这一过程（详见第 5 章）。随着儿童逐渐掌握技能，这些支持将逐步撤除。例如，儿童能通过动手操作的方式解决某个特定的数学问题，下一步则是让他用绘画或写作的方式解决该问题，最后让他学会在头脑中解决这一问题。（当然，某些概念对儿童而言，可能需要超过一学年的时间才能完成上述过程。）使用操作性材料的目的不仅仅是为了解决数学问题，更重要的是为"数字"概念的内化奠定基础。因此，教师不仅需要规划如何使用这些帮助，而且也需要规划儿童如何从使用这些帮助过渡到运用更高形式的思维。当儿童处于最近发展区的独立表现水平时，这些材料的使用也非常有助于巩固学习。确认儿童的理解不仅能帮助儿童变得自信，而且也能巩固他的理解。

教师也可以精心安排课堂上学生与他人的共享活动，主要是同伴之间的。参与教学不只是我们直接与儿童互动，也包括我们组织不同的同伴活动来促进儿童的学习。在下一节中我们将探讨，同伴能以多种方式来促进彼此的学习。

同伴在共享活动中的作用

仅仅是与另一个同伴互动并不足以促进儿童的发展。有时非正式的互动确实能帮助儿童的学习，但这种学习是杂乱无章的，儿童也可能会被对方的误解而相互误导。重要的特征或概念可能不会在同伴互动中出现。当儿童之间彼此互动时，社会情境充满了各种复杂的信息，涉及友谊、过去的互动、互动内容以及群体的目标。儿童很难理清在不同的社会情境下群体需要达成什么样的目标。但是，通过建构情境，教师能够利用同伴互动来促进学习目标的达成。教师必须清晰地说明群体的目标以及将要发生的互动类型。

在学习过程的早期，与教师的互动可能比与同伴的共享活动对儿童更有帮助，尤其是当儿童还没有正确使用过某种技能或策略，或是对某个概念的认识仍然很含糊的时候。如果他人的误解会使儿童感到困惑时，那么此时与同伴的互动不是合适的选择。凯西刚刚开始学习数学中的重组概念，她还不清楚位值的含义。对她来说，现在不是与约瑟夫互动的好时机，因为约瑟夫同样很困惑，他觉得你应该将答案中的"10"写在十位的旁边。凯西可能会从与知识水平更高的同伴的互动中受益，而这名同伴很清楚重组和位值的概念。但教师可能需要先帮她澄清一些事情。一旦儿童已经学会了某项技能，那与同伴一起练习将是非常有益的。

为促进学习，儿童必须参与到彼此之间各种不同的互动中。维果茨基学派认为，下列几种同伴互动最有助于儿童的发展。

1. 与更有能力或能力较弱的同伴合作完成一项任务。当专家儿童帮助一名新手儿童，或是为同伴提供辅导，这对学习来说有两方面的收益。首先，新手儿童的理解程度较低，而同伴辅导则通过提供个人化的支持来帮助这些新手儿童。其次，同伴辅导要求专家儿童的思维变得更加外显和连贯。因此它能促进专家儿童元认知技能的学习，以及对内容更深刻的理解（Cohen, Kulik, & Kulik, 1982; Palincsar, Brown, & Martin, 1987）。

为保证同伴辅导在儿童早期情境中的有效性，教师必须精心地设计这项互动。辅导者需要接受大量的训练，以学会如何帮助他人学习。年幼的辅导者更可能直接告诉被辅导者答案，而不是示范策略，而这对新手儿童没有帮助。教师须向辅导者（专家儿童）示范该如何准确地行动：当被辅导者给出的答案部分正确或错误时，他该怎么做；如何表扬和鼓励被辅导的同伴。如果一个儿童从来没有机会成为辅导者，那么这种类型的配对会是非常令人沮丧的。确保每个儿童都有机会成为辅导者。将能力较低的儿童与低年级的儿童配对；例如，一年级学生可以读一本熟悉的书给那些还不会阅读的幼儿园或学前班的儿童听。

2. 与能力相当的同伴合作完成一项任务。同伴互动的有益影响仅局限于专家—新手情境，这是对维果茨基学派关于共享活动原则最常见的一种误解（Zuckerman, 2003）。实际上，维果茨基学派（Wells, 1999）和非维果茨基学派（Johnson & Johnson, 1994; Slavin, 1994）的研究者都证实了，专业水平相当的同伴之间的合作具有积极的影响。

用于解释同伴合作的认知后果的其中一种认知机制是认知冲突的产生及其随后的解决（Zuckerman, 2003）。有时，小组中的儿童会有不同的观点或看法。这些分歧的一种自然产物是认知冲突，而这种认知冲突能促进发展。皮亚杰主义和维果茨基学派都认为，遭遇到针对同一情境的矛盾的或不同的观点，能提高儿童在心理上进行试验的能力。例如，8岁的唐娜知道地球是围着太阳旋转的，但在一次讨论中她发现，其他儿童认为太阳是围着地球旋转的。当她不得不向其他儿童解释自己的观点时，她才意识到自己信念中的内在逻辑以及这会导致的结论。对年长儿童而言，这种外部的讨论可以发生在个体内部。其中一个例子就是当学生在写一篇短评时，他会设想想象的对手会提出哪些对立的论点。

专业水平相当的同伴合作之所以能积极地影响彼此的学习，另一个原因是儿童可以扮演不同的角色，这些角色代表了完成任务所需的不同认知过程，如计划、监控等（Zuckerman, 2003）。例如，在创建一个积木建筑物时，一个儿童画出积木建筑物的规划图，另一个儿童来建造，第三个儿童则来核查最终的建筑物是否符合规划图（Brofman, 1993）。每个儿童都有自己独特的角色，但他们共享规划图和积木。当小组进行新的建筑项目时，每个儿童扮演的角色会发生变化。这种类型的共享活动帮助儿童发展出完成一个过程所需的所有技能：计划、监控和评价他们的行为。

共享活动中不同角色如何相互配合的另一个例子是学龄前儿童的前读写活动。在这项活动中，儿童轮流"读书"给同伴听。为使这项活动进行得更为顺利，教师会成对地分配读书人和听书人的角色，读书人会得到一张画有嘴巴的卡片，听书人则会得到一张画有耳朵的卡片。这些卡片能帮助儿童始终扮演着自己分配到的角色。

同伴编辑也是这样一种共享活动，儿童在其中扮演着互补的角色。在同伴编辑中，一个儿童写，另一个儿童则编辑和检查写作者的作品。在分配检查、指导或编辑的角色时，很重要的一点是要有如何评价同伴作品的具体标准。儿童不能只是说自己是否喜欢这个作品。共享活动是儿童学习概念、技能和策略的工具；这些学习内容必须是具体的，否则儿童无法学会。你对儿童的要求，越具体越好。二年级教师要求编辑者对故事的流畅性、主要角色以及简单的语法（句子和句号的使用）等方面进行评论。为帮助儿童扮演编辑者的角色，教师会让他们戴上自己的"编辑的眼镜"——一副没有镜片的眼镜，或使用放大眼镜。通过扮演编辑者的角色，儿童在调节同伴的同时也在内化流畅性、角色和语法等概念。这种活动的原理是他人调节先于自我调节。如果你在课堂上尝试使用"编辑的眼镜"，千万不要讶异于儿童即使是独自完成任务时也会要求戴上这副"眼镜"。儿童会利用这副"眼镜"来提醒自己（一种外在的中介物），因此他们能将用于同伴互动时的编辑过程应用到自己的写作中。

在前面的例子中，有两种学习情境。一种是儿童在练习一个过程，在此过程中他的表现会与一个标准进行比较。换句话说，这种学习情境有一个正确答案。而另一种情境下，儿童学习的目标只是练习，不要求特定的结果。在这种儿童练习特定事情的情境中，教师要让活动变成是自我纠正的，或是为儿童提供可以比较的范例。缺少这一步，儿童会将彼此带入迷途。

3. 与同伴完成有着内在联系的任务。这种合作能激励儿童，鼓励他们协调角色，提供单个儿童技能中所欠缺的部分。例如，儿童拥有互为补充的信息片段，要解决问题或创造出一个完整的信息，就必须共享和协调各个信息。每个成员都有部分信息，就像拼图中的一块。这种共享活动可用于阅读教学中，将一个故事分解为几个片段，每个儿童负责阅读一个片段。缺乏这些片段中的任何一块，都无法重构故事情节。每个儿童都必须阅读和总结自己的片段，并按照正确的顺序将它呈现给其他人。

合作完成有内在联系的任务可以与分配儿童不同角色相结合。例如，将文章的不同片段分配给各个小组，每个小组中的儿童可以被分配到不同的角色，如"询问难字的人"或"询问中心思想的人"。这样，儿童在阅读内容和阅读策略上都进行了合作（Cole, 1989）。

4. 与虚构的同伴合作。儿童不需要总是与同伴进行面对面的互动才能参与到共享活动中。与虚构同伴的互动是否能达到与真实同伴互动的同等效果，取决于共享活动的整个情境。例如，为新来的人画一幅校园地图，能够让学前班儿童画出极为详细的校园地图。而如果将绘制校园地图作为课堂作业布置下去，儿童可能就不会画出那么多细节，因为他们认为老师（显然很熟悉校园的布局）会补充自己遗漏的细节。

当设计一项活动，促使儿童与虚构的同伴互动时，必须记住，只有这些活动对参与者有真正的意义时，它们才能带来更积极的学习结果。例如，写信对于过去很多人来说是一项有意义的活动。但现在的二年级学生，有着众多其他的沟通方式，因此当被要求给彼此写信时，他们可能就不会展现出自己最高的写作水平。相反，他们会尽自己最大努力来撰写一个复杂游戏的操作说明，因为这样他们能享受之后与朋友一起玩游戏的乐趣。因此，第二个活动为与虚构同伴的互动提供了更有意义的情境。

5. 参与假装游戏和比赛。另一种教师利用同伴为每个儿童的学习和发展提供支架的方式是发起比赛或促进戏剧表演。想要了解这几种特定的共享活动，请查阅第10章和第11章。

即使没有参与到完整的假装游戏，幼儿也能从特殊设计的共享活动中的游戏成分中获益。例如，除了与真实的同伴分享，儿童也可以与想象的同伴，或是他们认为具有真实同伴一些特性的同伴进行分享。对开始学习阅读的儿童来说，与读书给真人听相比，读书给填充动物玩具或宠物听也能激发他们同一种阅读行为。另一个例子是，幼儿教师在班上养了一只仓鼠，他会假装仓鼠给儿童写了一封信，以此来鼓励儿童更详细地口述故事。

正如我们看到的，儿童会从与成人、同伴和材料等所有不同类型的共享活动中获益。我们将在第三编中详细介绍，哪些方式能将共享活动的原理应用到特定的活动中。

进一步阅读材料

Newman D., Griffin, P., & Cole, M. (1989). *The construction zone*: *Working for cognitive change in school*. Cambridge: Cambridge University Press.

Rogoff, B. (1990). *Apprenticeship in thinking*: *Cognitive development in social context*. New York: Oxford University Press.

Rubtsov, V. V. (1991). *Learning in children*: *Organization and development of cooperative actions*. New York: Nova Science Publishers.

Zuckerman, G. (2003). The learning activity in the first years of schooling: The developmental path toward reflection. In A. Kozulin, B. Gindis, V. S. Ageev, & S. M. Miller (Eds.), *Vygotsky's educational theory in cultural context* (pp. 177–199). Cambridge: Cambridge University Press.

第三编　维果茨基教学法在儿童早期发展与学习中的应用

　　本编将详细说明如何将维果茨基教学法的主要原则应用到不同年龄儿童的发展中——从婴儿到学步儿，再到小学阶段的儿童。尽管维果茨基学派并未将儿童的发展看作是经历一系列独特的阶段，但他们意识到，儿童发展的社会情境会因年龄的不同而具有独特的本质，而这将会影响到儿童获得和使用"心智工具"。儿童早期通常会被划分为多个阶段，我们将针对每个年龄阶段详细说明支架的使用。这些支架是第二编中多种策略的组合，用以促进特定年龄阶段儿童的发展。这一编共有七章内容：

第 8 章　婴儿和学步儿的发展成就和主导活动

维果茨基认为，发展包含了质和量的改变。当儿童思维的本质和形式，或思维的质量发生改变时，儿童正经历着质变的时期。此时，每个阶段都预示着新的认知结构和情绪结构的出现。同样，儿童也会经历一些时期，这期间并没有形成新的结构，儿童只是在发展已有的能力。此时，成长是以量变的形式出现的，即儿童能记住和加工的事情，在数量上有了改变。

发展成就的概念

我们创造出"发展成就"（developmental accomplishments）这一术语，用以描述认知和社会—情绪的"新结构"，维果茨基及其学生认为这是儿童发展中每个独特阶段的标志。但不是特定年龄阶段出现的所有新能力都可以看作发展成就，仅仅是那些决定儿童是否能进入下一个发展阶段的能力才是发展成就。例如，以表象进行思维的能力，这一感觉运动思维的产物，是学步期的发展成就，原因在于它是学龄前儿童进行假装游戏的必要前提。关于发展成就，维果茨基对这方面的论述零星分布在其著作中，但并未形成一个清晰的理论。维果茨基逝世后，他的同事和学生（Elkonin, 1977; Leont'ev, 1978）将其观点进行了扩展，并整合到特定的阶段——俄国儿童发展研究中普遍使用的阶段（Karpov, 2005）。

发展的社会情境

在维果茨基学派的体系中，发展成就被认为是每个年龄所独有的发展的社会情境（social situation of development）的产物。维果茨基将发展的社会情境定义为"特定年龄所独有的儿童与现实之间独特的关系，其中现实主要是指儿童周围的社会现实"（Vygotsky, 1998）。一系列独特的社会因素和环境因素共同创造出一种情境，发展就在其中发生和被培育，同样还包括儿童所具备的与这一情境互动的能力。

发展的社会情境是由两个因素所决定的。首先，某一特定年龄所具备的认知能力和社会—情绪能力，例如，4个月大儿童所具备的能力明显与4岁儿童所具备的能力不同。

其次，成人与儿童互动的方式也会随儿童的成熟发生变化。维果茨基认为，随着儿童的成长，社会会改变它对儿童的期望以及对待儿童的方式。因此，社会情境或儿童的社会环境，会因年龄的不同而不同。例如，很多对学龄前儿童的期望是不同于对学龄儿童的期望的。学龄儿童被期望能更加自立，因此很多文化强调这一年龄阶段儿童随意行为的发展。此外，这些社会期望也会随历史而发生改变。因此现在对某一特定年龄的期望与25年前所抱有的期望是不同的。例如，与过去相比，现在越来越多的幼儿是以群体的方式被照顾着，这就导致社会对儿童社交能力的期望发生了改变。幼儿被期望在更早的年龄与同伴互动。有时，即便是相同年龄的儿童也会处于不同的社会情境，如一名儿童是兄弟姐妹中最小的，相比之下，同龄的另一名儿童则是兄弟姐妹中最大的，因而有更多的责任感。

发展的社会情境在儿童发展中的作用

维果茨基将发展的社会情境的改变看作推动发展前进的机制，通过提供新的、更高级的心理工具，这一机制不断塑造着儿童发展中的能力："随着某个特定年龄的结束而出现的新结构会导致儿童意识的整体结构发生重构，并且会以这种方式改变与外在现实以及与自我的整个关系系统"（Vygotsky, 1998）。这就是说随着儿童能力的增长，社会情境会进行自我调节以适应这些新的技能和需要。我们期望儿童能学会的和我们期望教授给儿童的，在一定程度上取决于儿童能做些什么。当儿童表现出他们在没有协助的情况下也能行动时，父母和教师就开始给予他们更多的责任，并期望他们能更加独立。随着儿童年龄的增长，成人对他们的期望会发生变化，在成人帮助下儿童所获得的文化工具也会随之改变。最终，这些文化工具的获得塑造着儿童进一步的发展。

当社会期望与儿童实际的和潜在的能力不匹配时，无论是低估还是高估儿童，儿童发展的最佳条件都无法被创造出来。因此，发展的最佳条件取决于成人对儿童的期望是否与儿童现在能做什么以及将来能做什么相匹配。如果成人期望 2 岁的儿童能认识 26 个英文字母，但儿童现在还不具备这种能力，那么此时成人的期望并不会有利于儿童的发展。同样，如果父母并不期望 2 岁的儿童知道如何使用词汇来表达自己的需求和需要，这种对儿童现有能力的低估也会给发展带来负面的影响。

　　发展成就并不是儿童在某一特定年龄阶段所形成的唯一能力。在获得不同生命阶段的特定能力的同时，儿童也在持续发展其他的技能和能力，为获得下一发展阶段更为复杂的能力奠定基础。因此，他们始终在练习后续发展成就的不同方面。尽管高级心理功能要到小学低年级才会出现，但学龄前儿童始终在练习有意记忆，例如，当他们围坐在一起记忆手指游戏时。

主导活动的概念

　　切记，维果茨基最初关于发展成就的观念并不是一个严格的阶段理论，即在特定时期内儿童的发展表现为一些特定的行为，就如同皮亚杰关于发展阶段的概念。但在后维果茨基理论的著作中，这一观念被重新界定和扩展，最终形成了儿童发展的相关理论。该理论包含了明确界定的发展阶段，并对儿童从一个阶段过渡到下一个阶段的潜在机制进行了说明（Karpov, 2005）。后维果茨基学派对维果茨基儿童发展理论的主要创新之一在于，引入了"主导活动"这一观念，用以替代维果茨基"发展的社会情境"的概念。

主导活动的定义

　　列昂节夫（1978, 1981）使用主导活动（leading activity）这一概念来详细说明儿童与社会环境之间的各种类型的互动，这些互动将导致儿童获得某个生命时期的发展成就，并为进入下一个时期做好准备。通过确定最佳发展所必需的关键要素，列昂节夫的观点使"发展的社会情境"这一观念变得明确而具体。根据列昂节夫的观点：

　　　　在一个特定阶段，某些类型的活动是主导的，对个体随后的发展也是最为重要的，其他活动则是相对次要的。因此我们可以说，心理发展每个阶段的特性是该阶段一个明确的儿童与现实的关系（这也是该阶段主要的关系），以及一个特定的、主导的活动（1981）。

列昂节夫将主导活动定义为某个特定生命时期仅有的一种具有下列功能的互动：

（1）产生主要的发展成就；

（2）为其他活动（互动）提供基础；

（3）导致新的心理过程的产生和旧的心理过程的重构。

产生主要的发展成就

儿童参与很多类型的活动，但只有主导活动才会决定发展成就的出现。当参与主导活动时，儿童会学习一些技能，这些技能使他有可能过渡到其他类型的与环境的互动。主导活动有着独特的塑造心智的能力；它们能使儿童产生新的心理功能和重构现有的心理功能。

主导活动的另一个贡献在于它能产生参与新活动的动机，而这种新活动将成为下一个生命阶段的主导活动。因此，主导活动这一概念有着重叠的本质，每一个主导活动都在为下一个主导活动做铺垫。例如，在进行日益复杂的游戏的过程中，年长的幼儿园儿童和学前班儿童逐渐开始对获胜更感兴趣，而没那么关注假装游戏了，尽管这是他们这一年龄阶段的主导活动。有输赢的游戏会激励儿童尝试、改善和掌握赢得游戏的程序和策略。这种为目标努力的动机是正式课堂学习所必需的动机的先例。

为其他活动提供基础

对任何年龄阶段的发展而言，主导活动都是最为有利的活动。在最近发展区内，尽管儿童可以、并且真的从其他活动中学习到东西，但主导活动是最为有益的，原因在于它们不只是影响发展的一两个领域，而是会影响儿童整体的发展水平。

导致新的心理过程的产生和旧的心理过程的重构

主导活动的结果是，随着儿童的参与，新的心理过程就会出现。假装游戏是学龄前阶段的主导活动，而随着3岁儿童参与到越来越成熟的假装游戏，儿童开始逐渐获得自我调节，即监督和控制自己行为的能力。随着这种自我调节能力的发展，它会影响儿童记忆和学习的方式，而他在学步儿阶段所具备的能力将会被重构。

儿童如何开始参与主导活动

多数情况下，我们可以看出主导活动的萌芽，而这是在它开始成为儿童生活中主导活动的很久之前便开始的。尽管单个儿童无法独立参与主导活动，但只要有成人或同伴群体的支持，他就能参与其中。就是在这样一个共享的情境中，儿童首先获得了新的文化工具，然后开始独立使用它，而这种新的文化工具是日后独立维持主导活动所必需的。

18个月大的蒂娜没办法从事延伸性的角色扮演，这是四五岁儿童会持续多年的主导活动。但她能在成人的提示下，超越她现有的发展水平，甚至"尝试"一个假想的角色。发现蒂娜正试图用她新的玩具扳手来旋转任何一个她所见到的旋钮，妈妈便通过语言来鼓励蒂娜的角色扮演，"噢，我现在需要一个技工。技工小姐，我的洗衣机坏了，你能帮我修修吗？"蒂娜点点头，开始用她的扳手去拧洗衣机上的旋钮，并不时地抬头看看妈妈。

当儿童主导活动的发展落后于同龄的其他儿童时，这个儿童可能会遭遇困难，无法达到现有社会情境对他的期望。例如，一个学龄期的儿童，如果他假装游戏的能力未能达到高级水平，那么他在执行一些学业任务时可能会遭遇困难，原因在于那些学业任务要求儿童具备高水平的符号思维能力和自我调节能力。让时间倒流不是一种选择，二年级的教师不可能将学生送回幼儿园或是学前班。但对这些"滞后的"学生进行个别化的干预时，教师不仅要考虑他们现有的主导活动（在这个案例中是学习活动），而且也要考虑他们在先前主导活动中所达到的水平，这样就会有更好的干预效果。因此，对一名患有"游戏缺陷障碍"的二年级学生来说，给他玩一些融合了学业内容、幻想成分以及结构化规则的游戏，会比要求他完成更多额外的作业来得更加有效。

关于社会情境在儿童发展中的作用，列昂节夫、厄尔克尼的立场与维果茨基一致，他们认为，主导活动作为文化结构，是由特定社会对某一具体年龄的儿童的期望所决定的。换句话说，它具体说明了发展的社会情境中最佳的活动。下列的主导活动（如表8.1所示）是列昂节夫（1978）和厄尔克尼（1972）针对工业化社会所提出的，因此可能与其他社会的主导活动有所不同。维果茨基学派认识到，主导活动与文化工具以及特定类型的机构是紧密相关的，比如，学校的目的是向儿童传递文化工具。

本章接下来的内容将探讨婴儿和学步儿的主导活动和发展成就。第10章将探讨幼儿园和学前班儿童的主导活动和发展成就，第12章则关注那些在小学低年级出现并在小学阶段末期达到顶点的主导活动和发展成就。

表 8.1　儿童期的主导活动和发展成就

年龄阶段	主导活动	发展成就
婴儿期	与照料者之间的情感互动	依恋
		客体导向的感觉运动动作
学步期	客体导向活动	感觉运动思维
		自我概念
幼儿园和学前班	假装游戏	想像力
		符号功能
		有能力在内在心理层面上行动
小学阶段	学习活动	思维和情绪的整合
		自我调节
		理论推理
		高级心理功能
		学习动机

婴儿期的发展成就

　　情感交流是婴儿期发展成就产生的情境。因此，维果茨基学派强调儿童与父母以及照料者之间一对一互动的重要性，其他很多理论也认为这种互动对发展有决定性作用。与视这些一对一的互动是人类物种生存欲望的产物的理论不同，维果茨基将这些互动看作社会情境的基础，而这些社会情境将会导致学习和发展是以一种人类所独有的方式进行（Karpov, 2005）。

　　情感交流（emotional communication）中的情感（emotional）一词强调了一个事实，即父母需要以一种超越照料的方式与婴儿互动，而不仅仅是换尿布和喂养这些例行性的工作。互动的目的是建立情感联系以及随之产生的情感关系，而这会导致婴儿期发展成就的产生，即依恋和客体导向的感觉运动动作。

依恋

　　尽管维果茨基学派并不使用"依恋"（attachment）这一术语，但他们关于基本的情感联系的概念与西方心理学对依恋的定义非常相似（Bowlby, 1969; Bretherton, 1992）。依恋是一种双向的情感联系，涉及儿童与照料者双方之间的积极互动，是儿童今后发展出的关系的蓝图。

很多西方心理学家对不同类型的依恋与认知发展以及后期成就的关系进行了研究（Frankel & Bates, 1990; Grossman & Grossman, 1990）。西方研究者发现依恋的质量会影响儿童的情绪状态，而这种情绪状态会影响儿童的认知发展。依恋质量低下的儿童会有一种不安全感，这会损害他的学习能力。而在维果茨基学派看来，依恋在认知发展中的作用还不仅限于此。他们认为，一个有缺陷的依恋也会剥夺儿童获得最佳心智发展所必需的认知互动。儿童与其早期依恋对象的活动将塑造儿童对共享经验的预期，而共享经验是儿童获得心理功能的基础。婴儿与其照料者之间的互动提供了至关重要的认知经验。

客体导向的感觉运动动作

情感交流也会影响客体导向的感觉运动动作（object-oriented sensorimotor actions）的发展。通过摇晃拨浪鼓，父亲不只是在逗孩子玩，也是在向孩子示范我们能对拨浪鼓做些什么。他向孩子展示了拨浪鼓可以通过摇晃发出声音。他将拨浪鼓放在婴儿的手上，然后鼓励婴儿摇晃它。这种父子与拨浪鼓的互动会变成儿童与拨浪鼓以及其他客体互动的蓝图。共享经验构建了儿童的知觉，使儿童关注在特定的客体以及它们的属性上。在向婴儿展示物体时，照料者会使用"大"、"小"、"远"、"近"等词汇。这些描述性的词汇会将婴儿的注意力集中到知觉特征和关系特征上。

皮亚杰认为，感觉运动操作源自儿童无意识的身体运动和动作。他认为，婴儿通过随机的探索，偶然性地发现了特性（Ginsberg & Opper, 1988）。维果茨基认为，尽管儿童的操作受限于他们的运动能力，但他们仍在学习与物体互动的方式。儿童学会摇晃拨浪鼓，这并不是通过手里有拨浪鼓时所做出的随机运动而学会的，而是因为先前有成人做出了示范。维果茨基学派的观点得到了一些证据的支持，例如，遭受严重情感联系剥夺的儿童不会有太多的物体操作动作，即使这些物体都被放在婴儿床中，他们随手可以拿到（Lisina, 1974; Spitz, 1946）。维果茨基学派认为，如果物体操作是儿童无意识动作的结果，那么物体操作能力的发展与任何社会经验都无关，情感剥夺也不会影响到它的发展。然而，遭受情感剥夺的儿童几乎没有表现出任何感觉运动操作，这就意味着情感互动与探索性行为之间必然有联系。

婴儿的主导活动：与照料者的情感互动

婴儿期的主导活动是在情感互动（emotional interactions）中的投入，这在维果茨基学派看来就是婴儿和主要照料者之间情感对话的建立（Elkonin, 1969; Lisina & Galiguzova, 1980）。西方心理学家已发现，这种类型的情感对话是儿童社会生活和情感生活发展的必要条件，厄尔克尼和利斯娜则进一步指出，这种对话对儿童的认知发展有直接影响。

列昂节夫（1978）认为，早期的情感对话为后期形式的共享活动提供了动机。这是因为婴儿只要有能力，并且想要与他人交流，他就会被卷入到共享经验中。共享活动成了婴儿生活中至关重要的一部分。维果茨基相信，所有的心理功能在婴儿期都是共享的，直至婴儿期快结束时，部分心理过程才能被儿童所内化。皮亚杰等诸多西方心理学家认为，婴儿期的结束也就意味着"自我的分离"的发生（Erikson, 1963; Piaget, 1952）。

情感交流

婴儿与照料者之间的情感互动在婴儿期间是不断进化的。开始时，它们只是单纯的情感交流（例如，相互微笑或来回发出"喔啊"的声音），然后转变到包含了对物体的情感交流或对话（例如，在摇晃拨浪鼓后微笑）。单纯的情感交流包括当婴儿对一个关爱的声音报以倾听、微笑或是发出"喔啊"的声音时所发生的互动，以及当儿童快乐地回应拥抱、跳跃、抚拍或挠痒时所发生的一些更肢体性的互动。这些互动都是很积极的、互相回应的交流。

玛雅·利斯娜及其同事对婴儿交流行为的进化进行了细致的分析（Lisina, 1974; Lisina & Galiguzova, 1980）。结果发现，这些行为会发生一些质变，标志着婴儿从相对被动地接受成人的关心转变成在对话中越来越主动。最初的一些转变发生在婴儿刚满 2 个月的时候，婴儿开始以微笑来回应照料者的微笑和声音：

> 到儿童 2 个月大时，成人的微笑和言语会引起积极的回应：儿童会安静下来，将注意力集中在成人身上；过了一段时间，他会微笑和发出"喔啊"的声音，肌肉运动也变得越来越有活力。（Zaporozhets & Markova, 1983）

儿童第一次发起互动

利斯娜及其同事指出，婴儿交流行为的第二个里程碑是维果茨基所说的"活泼的复合体"（kompleks ozhivleniia）的出现，即 3 个月大的婴儿在与熟悉的成人打招呼时，开始变得很活泼（如图 8.1 所示）。这种活泼的打招呼方式不限于微笑，还包括做手势和发出声音，例如，一个婴儿看到照料者靠近她时，她会伸手并开始发出"喔啊"的声音：

> 到了 2 个月，婴儿已经形成了一个独特而复杂的反应，包括所有被列举的成分，也被称作活泼的复合体。刚开始，这种活泼的复合体是反应性教育的形式，很快就变成了试图引起成人的注意并与成人保持接触的活动。（Zaporozhets & Markova, 1983）

图 8.1　婴儿参与到与父亲的情感交流中

在 3—6 个月期间，婴儿开始使用微笑和发出声音来邀请照料者进行情感交流。利斯娜及其同事所描述的行为，与特罗尼克（Tronick）及其同事所说的"互动的同步"中的一部分行为是很相似的。维果茨基学派认为，这种新的交流行为最为重要的一点是婴儿现在可以发起与成人的对话，而不只是回应成人的主动示好。

围绕物体的交流

在生命头一年的后半段时间里，单纯的情感对话只是用于辅助照料者与儿童之间围绕物体的互动，以及对物体所实施的动作。此时，父亲会摇晃拨浪鼓来回应婴儿的微笑。在这段时间，父母开始说出物体的名称并谈论相关的物体。父母和其他人会将婴儿的动作解读成像是在表达什么。例如，6 个月大的丽莎指着自己的泰迪熊，她的姐姐说："哦，你想要你的小熊，我把它拿给你。"对婴儿来说，物体通过他人的中介而变得有趣了。通过示范如何与物体活动，并让儿童与年长的个体互动，从而为儿童提供了协助，使得他们能够获得客体导向动作。与其他所有心理过程相同，物体操作首先存在于共享经验中。这是儿童与其照料者进行情感对话的产物。

最初的手势与词汇

在围绕物体的交流这一新的情境中，婴儿发展出他们最初的交流工具：手势与词汇。当婴儿被一个玩具所吸引而试图伸手去拿它，但却够不着时，成人会把玩具递给他。这种在成人面前伸手去拿一个够不到的玩具的动作会进化成一个"指向"的手势，即婴儿向成人发出的信号，用以表明自己想要那个玩具（如图 8.2 所示）。维果茨基以婴儿第一个手势的发展为例，用以说明心理工具如何初次出现在内在心理层面上的：

> 最初，这种指向的手势只是代表着一个指向某个物体的不成功的抓握动作，以及预示着之后的动作。婴儿试图抓住一个物体，但距离有些远，于是他伸向物体的手悬在了空中，手指则做出指向的动作。（Vygotsky, 1997）

图 8.2　儿童对着妈妈做手势

成人的行为则为这种指向的手势赋予了意义，有时这种手势只有在"共享活动"中才具有"指向"的意义。直到后来，儿童自己才会认识到这种手势是一种手势：

当妈妈过来帮助婴儿，认出他的动作是"指向某个物体"时，这一情境就从本质上发生了改变。这种"指向"的手势变成了一种给别人看的手势……通过这种方式，其他人完成了儿童不成功的抓握动作的本意。随后，只有儿童将自己不成功的抓握动作与整个客观情境联系起来，他才开始将这种动作视为一种指令。（Vygotsky, 1995）

如同第一个手势，婴儿最先说出的词汇一开始是被与他互动的成人视为有意义的，直至后来才被婴儿用来表示人物、物体和动作。父亲在场时，婴儿不时发出的"dada"声会让父母很高兴，并很快地赋予这些声音"爸爸"的意义，这种意义是婴儿从父母处学会的。与所有心理工具一样，语言首先是以共享的形式出现的，此时成人负责对话的绝大部分内容。渐渐地，照料者的自言自语转变成了真实的对话，婴儿用自己的微笑、手势和发出声音主动参与到对话中。婴儿期结束时，婴儿能更独立地使用语言，这标志着儿童开始内化语言这一重要的工具。

满1岁时，儿童变得喜欢跟照料者进行与物体有关的互动，也开始喜欢对物体实施一些动作。维果茨基认为，儿童之所以对这些感兴趣，是因为儿童将对成人的积极态度迁移到了所有成人呈现给他们的事物或成人跟他们在一起时所做的事情（Karpov, 2006），而对成人的积极态度是安全依恋的结果。除了变得对跟成人进行与物体有关的互动感兴趣外，通过扩展自己的交流工具库（言语的和非言语的），婴儿变得越来越有能力发起和维持这些互动。这些言语的和非言语的交流工具使得婴儿能发起和维持这些互动。而这就为婴儿转变到学步期的主导活动——客体导向活动做好了准备。

学步儿的发展成就

随着儿童从婴儿期过渡到学步期，他们发展的社会情境也随之改变。他们变得能独立地做更多的事情，这主要是由于他们高级动作的发展。此时，儿童能走，能接触种类日益广泛的物体，也能探索新的地方。精细动作技能的进步使得儿童能以更为复杂的方式操纵物体。言语的出现则进一步提高了儿童的独立性，这是因为言语使儿童能索求自己想要的物品或动作，即便这些东西并不在眼前。例如，学步儿可能在吃完最后一块饼干后，索要更多的饼干。这种较大的独立性会导致情境的变化，父母必须开始限制儿童的行为。没有成人的许可，婴儿是无法移动或伸手拿到物品的，因此成人调节婴儿的行为只需要不将禁止的物品递给婴儿。但这种方式对学步儿是无效的，他们会自己寻找情境或物品。发展的社会情境的一个变化是，儿童被期望去遵守成人的限制，并内化这些限制。父母期望儿童不要把手指放进电灯插座，并且在看到电灯插座时记得该怎么做。当学步儿开始使用自我言语来控制自己的行为和内化成人的限制时，他们使用言语的能力就具有了更深一步的价值（详见第6章）。

然而，这种不断增长的独立性仍受学步儿已有知识和技能的限制，尤其是在物品的使用方面。厄尔克尼（1972）将学步期描述为一个年龄阶段，在此阶段成人仍不得不出现在儿童所有的客体导向动作中（有形的或无形的）。埃洛伊丝拿着自己的洋娃娃在家里溜达。只有当她的爸爸说"你打算喂你的宝宝吃东西吗？"，她才开始把玩具当作一个婴儿来玩游戏。她拿起了桌上的汤勺，喂东西给洋娃娃吃。随着学步儿从共同的客体导向活动转向独立活动，他们获得了探索与加工物品和情境的各种特性的工具。这些工具导致了他们认知的发展。通过比较自己行动的成果与成人示范的模型，学步儿对自身动作有了更强的意识，这导致了自我概念的出现。

维果茨基认为，学步期非言语（感觉运动）思维开始与口头语言融合，而这导致了后期言语思维的出现（Vygotsky, 1987）。但学步儿还尚未用词汇来思考，他们的词汇是与特定的动作联系在一起的，但并未形成思考的基础。维果茨基认为，儿童在用汤勺吃饭时会联想起"汤勺"这一词汇，但当汤勺没有出现在桌上时，他们是不会想起"汤勺"这一词汇，以便计划用汤勺做些什么的。词汇被整合到思维中，但儿童仍依赖于对物品的实际操作来促进问题的解决。当儿童能主要用词汇来思考时，语言和思维就融合在一起了。这会在学龄前阶段和学龄期发生。

学步儿的客体导向活动以及他们日渐对语言的精通，导致了后续发展成就的产生：感觉运动思维和自我概念。

感觉运动思维

与皮亚杰（1952）一样，维果茨基认为幼儿使用感觉运动思维（sensory-motor thinking）；即他们使用肌肉运动动作和知觉来解决问题。但不同于皮亚杰，维果茨基（1987）认为感觉运动思维是通过共享活动和语言而被他人所中介的，并非皮亚杰所说的感觉运动图式成熟的结果。

维果茨基学派认为感觉运动思维是认知发展上很重要的一步。亚历山大·扎波罗热茨研究了幼儿知觉与思维的发展，写道：

现实的视觉表征和幼儿操纵这些表征的能力构成了人类思维这一多层建筑物的底层基础。没有这一底层基础，上层建筑物或认知水平是不可能发展起来的。这里更高的认知水平是指那些借助特殊符号系统的帮助才能得以完成的那些抽象运算的复杂系统。（Zaporozhets, 1986）

与婴儿孤立的感觉运动动作相比，学步儿感觉运动思维的一个重要特征是，对学步儿来说，语言开始融入思维之中。能使用词汇来描述物体和动作的特性将学步儿从"这里和现在"的限制中解放出来，让他们得以发展出第一次的泛化。此外，词汇的使用使知觉发生了改变，从一系列孤立的知觉表象转变成一个所知觉到的物体之间有意义的关系系统：

非言语知觉逐渐被言语知觉所取代。客观的知觉连同命名物体一起发展……由于泛化，言语改变了知觉的结构。它分析了知觉的对象是什么并将其分类，这预示着一个复杂的逻辑过程，即将物体、动作、特性等分解成部分。（Vygotsky, 1998）

由于参与到成人所中介的与物体有关的动作中，以及学习代表这些动作和物体的词汇，学步儿变得能将自己的动作从一个物体泛化到另一个物体上，从一个情境中泛化到另一个情境中。这种泛化的一个例子是，学步儿学会了不同的物体可以拥有相同的功能——你可以用一个普通杯子、马克杯或瓶子装水喝。另一个例子则是学步儿开始在不同情境中使用相同的物体。学穿袜子时，特丽莎给她的泰迪熊穿袜子，也替椅子脚穿上袜子，甚至还想帮给她的猫穿上袜子。在上述两个例子中，学步儿掌握了他们第一个泛化概念，即相同的动作可以由不同的人在不同的情境中施加给不同的物体。动作与物体的分离使学步儿开始以假装的方式运用动作，这为后来想象和符号功能的出现奠定了基础。

自我概念的出现

学步期第二个主要的发展成就是自我概念或自我意识的出现（emergence of a self-concept）（Elkonin, 1972; Leont'ev, 1978）。起初，学步儿开始意识到他们做事的方式与成人不同。之后，他们发现独立于照料者，他们有自己的想法和要求。学步儿会通过想要为自己做事情、坚持自己的愿望以及独立地完成动作来表达自己的这种意识。这种独立的行为与埃里克森（1963）所说的这一年龄儿童的"自主"相似。与之相反，婴儿在参与情感性对话时并没有意识到自己的独立性。

随着学步儿开始将自己视为独立的个体，他们常常会用反对他人的意愿来向自己证明这点。我们都见过这样的情形。瑞克今年 2 岁，妈妈打算让他喝一杯牛奶，但他拒绝了。妈妈最后说，"好，那你没有牛奶喝了。"瑞克一听完就立刻跑去拿牛奶，还想把它抓在手上。

意识到自己的渴望与需求，这一过程需要时间。如果成人太轻易地就给予学步儿所想要的，他们通常会感到混淆，他们不再确定自己想要做的事情与照料者想要他们做的事情是相同的还是不同的。这一现象可能会导致学步儿常见的发脾气和情绪爆发。维果茨基学派认为，这种看似消极的行为实际上是学步儿社会性和情绪性过程发生一个重要重构的外在标志。对自己意愿的觉察日益增加，并且意识到自己的很多意愿是没办法真正实现的，这些会导致学步儿试图通过假装游戏，从而以一种想象的方式来实现自己的一些愿望（Elkonin, 1978; Vygotsky, 1977）。

自我概念的发展也会引起自我调节的发展，儿童开始意识到自己的行为与成人示范的行为是相似的还是不同的。马克站在电灯插座前面，想要去碰那个插座。当越来越靠近时，他看了看妈妈。马克知道妈妈并不允许他碰那个插座，因为妈妈说了"不行，马克你不能碰那个插座"。虽然这看起来更像是马克在向妈妈挑战的行为，维果茨基学派却认为这是自我调节的第一步，因为儿童必须首先学会他的行为与妈妈希望他做的行为是不同的。

学步儿晚期，儿童的自我概念已经建立。此时他们正在获得一些潜在的能力，用以帮助自己发展出自我调节。学步儿对语言越来越精通，这会导致自我言语的出现，而自我言语能帮助儿童调节自己的行为。到了 3 岁，儿童会使用自己听到过的周围成人所示范的言语来调节自己。例如，尼娜正用蜡笔在纸上画画。当妈妈离开房间时，她开始在椅子旁边的墙上画画。妈妈已经告诉过她，不要在墙上画画。当尼娜继续在墙上画画时，她表情很认真地对自己说"不，不行"。此时，尼娜所使用的自我言语正是她听过的妈妈对她所说的语言。她不断对自己重复着这些话，虽然这些警告并没有强烈到足以真正阻止尼娜的行为。

大量关于自我调节的发展的研究都沿袭了维果茨基学派的传统（Smirnova, 1998），它们发现学步儿的自我调节机制具有一定的局限性，也比较脆弱。这些研究结果表明，在生命的头一年中成人与儿童的互动的质量，对儿童的自我调节行为有着重要的影响。

学步儿的主导活动：客体导向活动

对学步儿（1—3 岁）来说，他们的主导活动是客体导向活动（object-oriented activity）。婴儿将物体仅仅当作有形的实体，可以滚，可以跳，还可以发出咔嗒咔嗒的声音。学步儿则不同，他们知道文化决定了物体的使用。他们知道人们用汤勺吃饭，用梳子梳头，把手套戴在手上。光靠操作物体，是无法了解这些物体的功能的，必须透过成人一系列的示范和共同行动的指引，幼儿才能学会如何使用这些物体。

成人中介的客体导向活动

当学步儿刚开始学习客体导向动作时，成人必须抓着儿童的手，他们才能完成这个动作。此时，儿童在这个动作中的参与程度是最低的。例如，在教儿童自己吃饭时，照料者必须牵着孩子的手，握住汤勺，往嘴巴送。此时，动作的所有成分——从计划到执行再到反馈——都是由成人完成的。很快，成人能将动作的部分成分移交给儿童。儿童很快能将汤勺移向嘴巴，但仍需要帮助才能将食物从盘子中舀起来，最后将汤勺放入嘴中。最终，整个动作都将由学步儿自己完成。随着学步儿发展出动作的泛化图式，并将它们与特定的词汇联系起来，成人通过示范或是直接的言语指令就能引发儿童做出新的动作。例如，一个知道如何扔球的儿童，能听从成人的指令将自己的脏袜子扔进洗衣篮中。

工具性活动

在进行成人所中介的客体导向动作时，学步儿也会发现，一些物品可以当作工具或器械来使用。厄尔克尼（1969）将这称为工具性活动（instrumental activity）。与婴儿一次玩一个物品不同，学步儿会同时玩多个物品。他们将一块积木放进一个碗里，或是把积木一块一块地叠起来。婴儿则相反，他们会一次检查一块积木，而不会思考如何同时使用多个积木。协调的操作会使学步儿去观察物品之间的关系以及它们的特性。利用物品工具，学步儿开始探索其他物品潜在的特性，这是他们无法光凭感觉就能立即了解的。托比在玩沙盒。他用铲斗做出泥团，然后用铲子把这些泥团压平。但当他用铲子压铲斗时，铲斗并没有被压平。在这一情境中，"软"和"硬"的概念就有了关联。与铲子相比，新的物品是较软还是较硬，托比并不知道。

只有当他拿起这个物品将它与铲子一起碰撞时，答案才能被检验出来。

语言在客体导向活动中的作用

只有当儿童学会用新的词汇或短语来命名新发现的物体的特性时，这些特性才会变成新的概念，并且将被应用于新的情境中。因此，对学步儿来说，语言不再像婴儿期那样，只是一种用于情感交流的工具。此时，语言已经密切地与客体导向活动联系在一起。语言有助于物体的操作，因为它能使儿童记住自己新发现的特性以及物体之间的关系。例如，"放进去"这个词汇会引发一连串某个物体与其他物体之间的联系，如玩具卡车和箱子。

此外，维果茨基学派指出，学步儿玩某个物体的方式部分取决于该物体的名称。如果照料者递给学步儿一根棍子，并且说那是"汤勺"，儿童会假装用它来吃东西。如果照料者拿起棍子然后假装在用它吃东西，儿童会模仿照料者，并且说那是"汤勺"。而如果照料者拿同一根棍子对儿童说那是"笔"，学步儿会把它当作一支笔，用它来写东西。显然，物体的物理特性不是唯一决定儿童如何玩或使用该物体的因素，与他人交流时这个物体所代表的意义是更为重要的因素（Elkonin, 1989; Karpov, 2005）。因此，即便看起来学步儿在独立探索，他们仍在参与成人所中介的活动，因为他们是在将语言应用到经由与成人互动而学会的动作上。

通过客体导向活动对知觉的重构

除语言为基础的心理工具外，学步儿开始掌握另一种工具——以非言语表象为基础的工具。维果茨基认为，知觉是这一年龄阶段儿童最主要的功能，也是第一个从低级心理功能向高级心理功能转变的功能（详见第 2 章），但他并没有详细说明这种转变的机制。后来，他的学生完成了这一工作，对幼儿间接知觉的出现进行了研究。扎波罗热茨和文格尔提出"感觉标准"这一概念，用以描述特定的心理工具，这些心理工具负责将知觉从自然的、低级的心理功能水平提升至高级心理功能的水平。他们创造了"感觉标准"（sensory standards）这一术语，用以描述"对应于物体知觉特性的社会详细阐述的模式的表征"（Venger, 1988）。感觉标准的一个例子是用熟悉物体的名称来表示色调，如柿子红。我们听过"绿松石色"、"紫罗兰色"、"海绿色"等名字，而这些都表明了感觉标准的存在。我们也会说某个物体有"薄荷"的味道或"水果"的香味。幼儿最先掌握的感觉标准是光谱的颜色、简单的几何图形和基本的味觉。

符号替代

成人中介学步儿客体导向活动的另一种方式是为他们提供特定的玩具。为婴儿设计的玩具会鼓励婴儿去发现物体的物理特性，例如，会发出咔嗒咔嗒的声音、吱吱的声音，或是会滚。为学步儿设计的玩具则是会鼓励他们去模仿成人的动作。刚学会自己吃饭或梳头的儿童会尝试着用相同的汤勺来喂自己的玩具兔子，或是为自己的玩具梳头发。此时，尽管学步儿在使用玩具，但他"玩"玩具的方式仍与后来有很大的不同。此时没有想象的情境，他也没有独立地扮演一个假想的角色。当然，他也没有给玩具分配一个角色。

后来，跟随着成人的示范，学步儿能超越简单的模仿，开始以一种假装的方式来使用物体；同样喂洋娃娃的动作现在则是用一根棍子或铅笔代表汤勺来完成。这种物品替代的使用通常会在快 2 岁的学步儿身上看到，当然这取决于他们有多少成人示范这些假装动作的经验（Karpov, 2005）。到了 3 岁末，儿童不仅能参与假装动作，还能开始使用语言来表示他们所参与的初步的角色扮演。谢丽尔摇晃自己的洋娃娃，并说"谢丽尔是妈妈哦"。

物体替代的发展，就是能用一种物体来代表另一种物体的能力，而这是符号功能出现的标志。符号功能这一能力在整个学龄前阶段都会持续发展。

客体导向活动中所使用的语言为学步儿转向学龄前阶段的主导活动——假装游戏做好了准备。成人的中介、与其他儿童的交流与玩耍都能促进语言的发展。虽然这个年龄的儿童还不能熟练地与同年龄的玩伴相处，但学步儿能从与所有年龄层的儿童的互动中获益。

进一步阅读材料

Elkonin, D. (1972). Toward the problem of stages in the mental development of the child. *Soviet Psychology*, 10, 225–251.

Elkonin, D. (1989). Izbrannye psychologicheskie trudy [Selected psychological works]. Moscow: Pedagogika.

Karpov, Y. V. (2005). *The neo-Vygostkian approach to child development*. New York: Cambridge University Press.

Leont'e v, A. (1978). *Activity, consciousness, and personality*. Englewood Cliffs, NJ:

Prentice Hall.

Leont'e v, A. N. (1981). *Problems in the development of mind*. Moscow: Progress Publishers.

Zaporozhets, A., & Markova, T. A. (1983). Principles of preschool pedagogy: The psychological foundations of preschool education. *Soviet Education*, 25(3), 71–90.

第9章 促进婴儿和学步儿的发展成就

维果茨基认为，婴儿是以社会人降临到这个世界上的，从生命的头一分钟开始，他们的发展就是由照料者与他们的互动所塑造的。即使在婴儿期的后半阶段以及学步期，儿童对物体所做的动作在他们的心智发展中变得日益重要，维果茨基也认为，影响发展的不是物体的物理特性，而是它的文化意义。物体的文化意义儿童是无法独自发现的，只有借助与成人的互动才能获得。

促进刚出生至 6 个月的婴儿的发展

为情感交流提供支架

照料者回应婴儿的情感表达，就会促进情感互动的发展。需要注意的是，随着婴儿的成长，这些互动必须发生改变。照料者不仅始终要考虑婴儿现有的能力，而且还要始终考虑萌芽的能力，那些存在于婴儿最近发展区（ZPD）的能力。

对年幼婴儿的认知和情感发展而言，成人能做的最为重要的事情就是将婴儿尚未真正具有沟通性的行为视作沟通性行为。在生命的头一个月里，婴儿是无法向照料者表达任何情感互动的；他们还不能进行双向互动。但在这一时期，照料者积极主动地建立与婴儿的情感联结是至关重要的。对新生儿的哭泣、喷嚏和面部表情做出回应，就好像他们有意识地想要进行交流，这是与婴儿相协调的父母的特征，它会促进婴儿发展出与照料者进行情感交流的需要。这种建立起依恋的情感交流对日后达到最佳的发展是极为必要的（详见第 8 章）。相反，回应新生儿的生理需要，但不试图进入与他的情感性对话中，这可能会导致婴儿今后在交流上出现问题。

玛雅·利斯娜（Maya Lisina）在维果茨基学派的体系下发展出了婴儿期的相关

理论，她认为成人在婴儿刚出生的几个月内担任的是"领头羊"的角色，即在与婴儿的互动中示范如何使用交流工具，而这些交流工具很久以后会被儿童内化和使用（Lisina, 1986）。因此，在觉察到婴儿对这些活动的兴趣之前，照料者就应该与年幼的婴儿对话，唱歌给他们听，给他们讲故事和读书。同样地，当婴儿哭泣时，照料者应当将这种哭当作一种信息，并用恰当的言语或非言语信息的方式给予回应，而不只是去满足自己所臆断出的婴儿对食物的需要或被抱起来的需求。

为儿童第一次发起互动提供支架

照料者需要继续引导婴儿参与到情感对话中，直至约3个月大时，婴儿发展出"社会性微笑"，很快，"活泼的复合体"的其他成分也会出现。所谓活泼的复合体，是指婴儿看到照料者靠近自己时所做出的反应。起初，这种活泼的复合体表现为对照料者的微笑和说话的回应，后来婴儿开始使用相同的行为来发起与照料者的情感对话。维果茨基学派强调儿童与成人之间直接互动的重要性。他们将成人视作文化工具的载体，而这些文化工具是儿童后期发展所必需的。任何一种无生命的物体，无论它多么精密，都无法取代成人在这一儿童发展的关键期的作用。并且，婴儿"能否"或"在多大程度上"从与媒体或"智能玩具"的互动中获益，主要取决于生命最初几个月和几年中所形成的人与人之间的互动质量。

正如第8章中所讨论的，婴儿的很多行为首先出现在他与照料者共享的状态中，直至后期婴儿才能独立地进行表达。为了让婴儿最终能将自己与成人区分开来，并参与到独立的动作中，很重要的一点是要给予婴儿机会，让他自己发起一些动作。想想看，以照料者给婴儿喂食的方式为例，如果照料者不顾婴儿是否需要食物，只是因为到了吃饭时间就将汤勺送入婴儿的嘴中，那么成人就剥夺了婴儿表达自己需要的机会。维果茨基学派认为，婴儿用一些方式来表明自己需要食物，这点是非常重要的。他们建议父母等到婴儿张开嘴巴或咂嘴唇了，再将食物放入婴儿的嘴中。父母需要等待，直至婴儿发起互动，从而让婴儿来控制这次活动。这些最初的婴儿发起互动的行为后期将发展成为更加复杂的交流。

集体护理情境中，照料者花在每个儿童身上的时间是相对有限的。但即便如此，照料者仍能利用喂食、洗澡或换尿布等日常活动来为儿童提供一对一的关心，从而促进与所有儿童的情感互动。一些教养方式与维果茨基学派的婴儿发展的社会情境观点高度一致（Obukhova, 1996），其中一个例子是由艾米·皮克勒（Emmi Pikler）在匈牙利的 L ó czy 研究所系统发展出来的，后经玛格达·戈伯（Magda Gerber）进行了修改，以适应美国的情况（Gerber & Johnson, 1998）。在这一系统中，成人被鼓励在对婴儿实施某项行为前先跟他们进行交流（例如，"我打算把你抱起来。"），并在做出行为前等待婴儿的反应。成人的行为必须视婴儿的反应而定，不能让儿童不知所措。一些亲子教育专家会鼓励父母不停地跟儿童说话，说说儿童正在做的每件事以及父母正在做的每件事。这种做法没有将儿童当作是一个平等的参与者。在跟成人交流时，我们不会一直说个不停。我们会给他人机会来进行交流，再作出自己的反应。皮克勒和戈伯认为，我们应当以同样的方式来跟婴儿互动，即使婴儿只能用手势、面部表情、眼神交流和动作来进行交流。

维果茨基学派强调，成人做出的回应始终要高于儿童现有的水平。当婴儿开始用手势和发出声音与照料者互动时，成人需要将这些婴儿发起的行为扩展到下一个水平。例如，当婴儿发出咕咕声或牙牙学语时，照料者应该把这当成是婴儿在跟他对话，并做出回应。当婴儿看某个东西时，照料者应该把这当成是婴儿在指向这个东西。于是，照料者应该对这个物品做些说明或者把它拿近一些。如果婴儿指向或想要拿某个物品时，照料者应该当成是婴儿已经描述了这个物品的某个方面或物品本身。接着，照料者会向儿童解释他所看到的和所接触的东西。当婴儿将视线移开或不再凝视时，照料者需要退一步等待着。当婴儿表明"停止"时，照料者最好让婴儿休息一段时间再继续互动。

促进 6—12 个月婴儿的发展

为围绕物体的交流提供支架

尽管成人在婴儿很小的时候就向他们介绍过各种物品，但只有在婴儿期的后半段，婴儿才开始真正对操作物体感兴趣。一方面，这种对物品的新的兴趣是由于婴儿越来越敏捷，能拿到和抓住物品。另一方面，这是由于婴儿对主要照料者所做的每件事情都感兴趣。当婴儿与照料者之间温暖、充满爱的互动继续支撑了依恋的发展时，现在他们找到了一个新的焦点：客体导向动作。"通过操作物体并将儿童的注意力吸引到这些操作上，成人将儿童对她的兴趣和积极情绪转移到了这些物体上"（Karpov, 2005; Zapozozhets & Lisina, 1974）。

在描述婴儿时期儿童交流需要的发展时，利斯娜将婴儿晚期这段时间定义为交流从"情感性的"转变为"实践性的"（Lisina, 1986）。婴儿仍在寻求成人的注意，但他们不再满足于微笑或轻声细语之类的注意。现在，婴儿希望成人与他们一起合作，去探索和操作物体。有时，这种合作包含了成人帮助儿童抓住一个物体；有时，婴儿希望成人帮助她完成一个复杂的操作；有时，婴儿想要的只是成人给予的鼓励和表扬。成人成为婴儿与世界互动的中介物。儿童开始将成人当作自己的延伸，是他生理上的手臂和腿，也是他所未知的物体相关知识的载体。

因此，照料者需要为这一年龄阶段的儿童介绍日益复杂的物品，示范新的操作，提供机会让婴儿来练习这些新的操作，并将其应用到新的物品上。维果茨基学派认为，想要最好地促进6—12个月婴儿的发展，成人需要为婴儿挑选恰当的玩具或日常物品，供他们操作，并且还要为他们示范如何使用这些材料，以确保儿童能最大效率地使用这些材料。在帮助儿童操作物品的整个过程中，成人要不断地确认发展中的儿童的能力，并以略高于儿童独立完成的水平来进行操作。成人必须敏锐地觉察出儿童现在能做什么，并在他即将能达到的水平上提供协助。

在婴儿晚期，婴儿也开始独立地探索物品，因此成人需要挑选具有不同特性的物品，以便婴儿有不同的体验。例如，成人要为儿童提供不同大小的玩具，因为儿童抓握它们的方式是不同的。有不同特性（颜色、质地、重量）的物品能引起儿童的兴趣，特别是当同一个玩具具有多种不同的特性时，更是如此。

伸手拿东西和抓握等动作的发展是由成人与儿童互动的方式所决定的。尽管这些肌肉动作看似是儿童独立完成的，但实际上是成人在塑造这些行为。成人将拨浪鼓放在儿童看到但拿不到的地方，会促进儿童伸长手臂或身体向前倾去触摸它。成人示范如何使用不同的玩具，以拨浪鼓为例，成人会摇晃它或者抓着婴儿的手握住它，来促使儿童摇晃它。维果茨基学派认为，这些简单的行为不是婴儿发现的，而是经过成人的输入，以社会化的方式建构出来的。物体本身，如挂在婴儿床上的玩具，无论色彩多么丰富，技术多么精密，都无法像成人一样，使儿童产生相同的发展。原因在于，成人会根据婴儿的反应变化自己的动作，通过变换、移动物品来改变儿童的抓握距离等方式，使儿童始终参与到活动中。当儿童学习操作物品时，只有另一个人才能做出细小而微妙的、必要的调整来提高儿童的参与程度。

为最初的手势提供支架

通过这些围绕物品的互动，婴儿的手势与语言建立了联系。语言的学习最初是通过共享活动。在共享活动中，照料者提供词汇，婴儿则贡献手势。当婴儿朝一个物品挥动手臂时，成人会说："你想要你的泰迪熊吗？"随着时间的推移，儿童内化了成人过去经常提供的关于物体和动作的词汇。这些词汇就成了儿童最先习得的词汇。很重要的是，成人使用的语言是直接回应儿童的手势以及与物体有关的互动。

在这个婴儿媒体程序、互动玩具和视频盛行的时代，强调语言与儿童自身动作之间的可能性或联系的重要性，怎么也不为过。无论是听成人间的对话还是听收音机或收看电视，这些方式中成人的言语都不是互动式的，因此对发展的积极影响是无法与直接的、面对面的交流相媲美的。正因为如此，即便视频和玩具针对婴儿都进行了特殊的设计，如放慢的动作，或与儿童的互动，即玩具或人物似乎在回应儿童或跟他们对话，这些都无法取代真实的互动。儿童发展所需要的言语活动是对某一儿童所发出的特定声音的真实的回应。这些非常个人化的互动延伸了婴儿自己发起的活动，并且与婴儿每一秒正在触摸或看到的物体有关。而那些视频中与图像同步出现的或是玩具伴随移动而发出的笼统的词汇是无法达到相同的效果的，因为婴儿可能在看屏幕的其他地方或其他东西。玩具或视频的词汇不是由婴儿的动作所决定的，而是取决于视觉呈现的东西。在利斯娜看来，这种电子的机械化对话的价值是无法与"真正的互动"媲美的，这种互动实际上只会发生在婴儿与爱他并回应他的成人之间。

促进 12—24 个月学步儿的发展

儿童从婴儿期向学步期过渡的标志是，他们会移动了，即会爬行和走路了。这种移动性为儿童提供了一个新的与他人互动以及探索物体的机会。但这也意味着婴儿现在可能会陷入一些不安全的状况，或是拿到之前需要成人协助才能拿到的东西。这一年龄阶段的学步儿，行为常常看起来像是在跟成人作对，因此维果茨基以及他的众多追随者用一些令人深思的术语来形容这一年龄阶段。这些术语通常在西方用来形容"可怕的 2 岁"（Vygotsky, 1998）。与此同时，维果茨基学派强调，这些看似跟成人作对的行为实际上只是儿童早期探索行为的延伸。彼时，儿童更年幼，而成人将物品带到儿童面前，让他们与物品进行互动。年幼的学步儿无法遵从成人的指令而停止做某件事情。但重要的是，照料者不能只是将儿童移开或是将物品拿到儿童够不到的地方，她还要使用简单的指令，如"不！"来禁止儿童的行为。在实施动作的同时使用语言是非常重要的，因为当成人这样做时，她就再次将儿童看作处于下一发展阶段的个体，能使用自我言语来进行自我管理。

促进客体导向活动

随着对不同物体的物理特性的认识越来越多，学步儿开始探测这些物体之间的关系。他们不再满足于一次只探索一个物体，儿童开始考察一个物体对另一个物体的影响，例如，将一个物体放进另一个物体里，或是将两个物体相互撞击。因此，当与学步儿互动时，成人应该给予他们一些物体，来帮助他们发现事物之间的不同和相同之处，或者物体的潜在特征，而这些特征只能借助于另一个物体的作用才能显露出来。例如，我们不知道两个物体哪个更软，哪个更硬，只有试着将一个物体嵌入到另一个当中，或是将这两个物体相互撞击才会知道答案。

爸爸给了卡门两个塑料箱，这两个箱子能嵌在一起。爸爸让卡门自己操作这些箱子，但他也示范给卡门看，如何将两个箱子嵌在一起。刚开始，卡门努力地将一个箱子塞到另一个当中。但很快她就发现，以特定的方式旋转物体就能把它们嵌在一起。接着，爸爸递给卡门一个软软的、可以压扁的方块。卡门压了压方块。接着，爸爸示范给她看，如何将方块压扁，并将它放进大一点的箱子中。等她拿到方块时，卡门做了好几次这样的动作。在卡门完成这些动作时，爸爸会说出她的动作，"压扁它，把它放箱子里"。接着，卡门发现她可以把这个软的积木放进小一点的箱子里。

维果茨基学派认为，儿童的探索性行为是成人的示范与儿童自己的探索相互作用的结果。成人帮助儿童发现一种关系，接着退出去，让儿童自己去完成下一步。此时，成人就为儿童的发展提供了恰当的支架。想要儿童最终将学会如何独立地操作物体以及发现新的与物体互动的方式，那么这种共享活动就不能由成人来主导。另一方面，如果儿童始终独自操作物体，而没有与他人共享这种经验，那么他将要花费更多的时间才能发现物体的所有可能性。维果茨基学派始终强调恰当的支架在帮助学步儿发展到更高水平的重要性。

促进工具性活动

当学步儿发现物体的用途时，他们认识到自己可以将这些物体当作简单的工具来使用。刚开始，儿童将手中拿着的工具纯粹当作手的延伸；之后，他们学习如何调整手以适应工具某一特殊的特性，如它的形状或重量（Novoselova, 1978）。例如，年幼的学步儿刚开始使用汤勺时，他们不会以特定的方式来握住汤勺。因此，他们常常没办法将汤勺放进嘴中，或是以错误的方向来旋转汤勺而将勺中的食物洒出来。随着对汤勺越来越熟悉，学步儿开始以一种不同于抓握其他物体的方式来握住汤勺，用特定的方式弯曲自己的手，掌握特定的握法，从而能将汤勺的东西放入嘴中。

当儿童学习使用周围世界的众多工具时，成人会提供指导和支持。在这种情境中，工具的范围可以从喂食的工具，如汤勺、茶杯到扫帚、梳子和铲子。工具的使用首先发生在这样的情境中，成人握着儿童的手，将其放在正确的位置上（或是正确的身体姿势，如果是大一点的工具时），以确保儿童能最有效地抓住工具。接着，儿童与成人一起开始，但由儿童完成工作。接下来，当儿童使用工具的方式开始接近于成人时，父母需要退下来，在旁边看着儿童完成动作，并只在儿童犯错时才提供帮助。此时，成人的角色是提供反馈和鼓励。遵循为儿童提供支架的原则，父母正在将工具使用的责任移交给儿童。

促进"感觉运动概念"的发展

在学习使用工具时，学步儿会模仿成人与工具的互动方式。维果茨基学派认为，这种对一系列行为的模仿会内化，儿童开始发展出一种特殊的与特定物体互动的图式，或"感觉运动概念"。

为帮助丽莎学习梳子和梳头发，妈妈向她示范了自己是如何梳头发的。丽莎专心地看着妈妈。她拿起梳子，试着模仿妈妈的动作。丽莎一边看着妈妈，一边用梳子的背面敲击自己的头。妈妈调整了梳子的方向，让柔软的梳齿这一边朝向丽莎的头发，然后让丽莎握着梳子，自己则握住丽莎的手上下移动着梳子。妈妈点点头说："我们来梳头发吧！"通过这样的互动，丽莎形成了一个感觉运动图式或概念，即梳子不仅与梳头发这一动作的视觉、触觉和动觉等方面的表征联系起来，还与妈妈用来解释这一新工具的特定词汇建立了联系。因此，儿童使用自己周围的工具的发展本质上是由儿童与父母的互动来塑造的。如果父母不在旁边示范工具的使用，丽莎可能就不会知道如何使用梳子。

成人示范如何使用工具，以及在介绍工具使用时示范相对应的语言，这些都是很重要的。没有这些示范，儿童无法形成重要的感觉运动图式，而这些图式是其他概念的基石。成人应该示范工具的使用，以及伴随工具使用所使用的语言和感觉运动动作。与对待婴儿的方式相同，学步儿世界中的成人始终要将学步儿看作比现有发展水平更高一级的个体，来做出反应。工具教学的情节中语言的使用，如丽莎梳梳子的例子，同样会使儿童从单纯的感觉运动概念向符号—言语概念过渡。"梳子"一词让丽莎想起的不仅仅是一个物体的画面，也有梳头发的动作以及相应的感觉。这些早期的词汇是未来几年中儿童学习的众多概念的基石。

促进感觉标准的获得

为这一年龄阶段儿童提供支架的另一个焦点在于，要确保学步儿不仅学习了用于形容物体特性的词汇，如大、红或粘，而且还开始将这些词汇作为心理工具来探索陌生的以及熟悉的物体。维果茨基学派强调了形容性词汇及其对应的概念的工具性价值，也就是他们所说的"感觉标准"（详见第8章）。在论述"为感觉标准的获得提供支架"时，维果茨基学派强调，与学习"红"或"正方形"等比较抽象的词汇相比，使用更为熟悉的词汇来例证这些知觉特性能更好地帮助儿童建构他们的知觉。因此，形容一个颜色为"像西红柿一样的红"或形容一个形状为"像球一样的圆形"能更好地帮助学步儿学习颜色和形状。

维果茨基学派还认为，颜色、形状等词汇的学习应当与有意义的活动相结合，在这样的活动中，词汇会影响儿童与特定物体互动的方式。例如，只是要求学步儿递给你一个大球或一块红色积木，并不能教会儿童将颜色与积木的其他特性或大小与球的其他特性区分开来。但向儿童说明颜色可能是某一仅靠观察无法发现的隐藏特性的征兆，这会使儿童更加注意某一特定颜色的存在或缺乏。一个很好的例子是，向儿童说明成熟并且甜的草莓是整颗红透的，而绿色的草莓是还没有成熟的，也不好吃。因此，红色是有意义的，这会使儿童注意到它。另一个例子是让儿童尝试滚动不同的物体，如球、苹果和箱子，同时向儿童说明这些物体的形状，通过这样的方式向儿童说明不同的形状。在发现只有圆形的物体可以滚动后，儿童会更加注意物体的形状。

促进符号替代

为确保学步儿能进行符号替代，成人必须示范并提供言语的支持。一种方式是在与儿童一起玩耍的时候成人示范符号替代。

瑞安有一辆玩具车。当他将车贴在地上转动时，爸爸发出了引擎发动踩油门的声音。接着，爸爸拿起一块积木向前推着，一边说"这是我的车"。瑞安很高兴，想要去拿积木。爸爸把积木递给他，瑞安立刻丢下了玩具车，开始模仿爸爸的动作，把积木当成车子，还一边发出引擎发动踩油门的声音。爸爸向瑞安示范了，如何把积木当作其他东西来玩。在另一个互动中，积木变成了一个会走路的人，也会跟其他积木说话；接着积木又成了电话，瑞安和爸爸可以用来假装在通话；最后它变成了泰迪熊的枕头。通过动作和语言，爸爸向瑞安示范了积木可以变成各种不同的东西，以此来帮助瑞安完成符号替代。

在如今这个玩具变得越来越像真实物体的复制品的时代，这种游戏互动的重要性应加以重视。对学步儿来说，大多数玩具就像是真实的物品，他们很少有机会去练习符号替代。成人可以帮忙示范如何以不同的方式来使用玩具，以及日常的物品如何能变成玩具，以此来培养儿童符号替代的能力，这种认知技能会在几年之后的象征性游戏中发展成熟。

促进 24—36 个月学步儿的发展：
从学步期过渡到学龄前阶段

促进学步儿萌芽的自我概念

随着儿童渐渐走出学步期，他们开始脱离成人而独立行动。成人不在时，学步儿能独立地行走以及使用物体，这会使他们意识到自己的意愿和需求不同于父母或照料者。从婴儿转变为学步儿的基础是儿童借助爬行和走路而有能力从身体上与照料者分离；儿童走出学步期的转变则是迈向独立的另一步，但此时的独立更多是心理上的，而非身体上的。当学步儿发现他能说"不"以及拒绝成人对他们的要求时，他就进入了学步后期。

过去，曼尼会吃掉妈妈放进餐盘里的任何食物；现在，他拒绝吃菠菜。妈妈试图喂他吃菠菜，但他紧紧闭着嘴巴，扭动着身体，让自己尽可能地远离菠菜。当妈妈把菠菜放在高脚椅的托盘上，曼尼会把菜扔到地上，或是刻意在托盘上把菜弄碎。

成人能促进儿童自我概念的发展，前提是他们能意识到这一年龄阶段儿童很多看似对立的行为并不是一种反抗成人的行为，而是在尝试独立。当儿童在超市里发脾气时，必须承认，成人会感到沮丧。但如果成人能以一种冷静的、理智的方式来应对这种情况，将有助于缓和这种状态。当学步儿拒绝某件事情时，他的理由可能与大一点的儿童不同。例如，之所以拒绝菠菜，可能更多是由于当时的时间和地点，而不是菠菜的味道。稍后，将菠菜放在餐盘上作为一种选择，可能会鼓励儿童尝试去吃菠菜。在没有危险的情况下，给学步儿机会来坚持自己的意愿，对于避免权力斗争，以及建立他们的自我概念以成为一个独立的个体，会有很大的帮助。

为儿童提供真实、合理以及有限的选择能帮助他们建立自我概念。但同时，成人也必须提供合理的界限。让儿童在这些限制中操作，使他们有机会坚持自己的独立性，这是为了正常发展他们所必须经历的事情。

促进假装游戏的开始

学步期间，儿童开始展现他们第一次的象征性行为，这会导致假装游戏的发展（如图 9.1 所示）。这种象征性行为一开始表现为，儿童了解某一工具的使用，但会在一种不同于它常规用途的情境中使用这一工具。通过将工具从原本常见的使用情境中剥离出来，儿童开始了他们迈向抽象概念的第一步。

图 9.1　学步儿与物品互动

托比拿起他的汤勺，假装在喂他的泰迪熊。尽管没有食物，但托比仍在使用一些动作，这些动作是当他有食物时他会用汤勺喂自己的动作。此时，托比还尚未达到 1 年后假装游戏的水平，彼时他能用棍子等其他物品来替代汤勺。现在，他只处于符号替代最初期的水平。

假装游戏的出现源自工具的使用，但维果茨基学派认为，与儿童的其他行为一样，假装游戏最初是由儿童的社会世界中的某个成人所示范的（如图 9.2 所示）。成人在促进假装游戏中的作用是，向儿童示范如何假装给泰迪熊喂食。此外，使用语言来描述这些动作能帮助儿童进入假装世界。

图 9.2 学步儿与妈妈一起进行假装动作

弗朗西丝卡的妈妈拿起一个洋娃娃，然后说"哦，小宝宝饿了。我要喂他吃东西了。"妈妈拿起一个汤勺，然后说"来，好吃，好好吃"（她出声地咂咂嘴），接着她将汤勺放到洋娃娃的嘴边。弗朗西丝卡拿起汤勺，说了声"好吃"，然后一边用汤勺去碰洋娃娃的脸颊，一边出声地咂了咂嘴。妈妈帮弗朗西丝卡调整了手的位置，弗朗西丝卡则重复着刚才的动作，嘴里说着"好吃"。但这回，弗朗西丝卡将汤勺送到了洋娃娃的嘴边。她看了看妈妈，妈妈笑了，点着头说"好吃，好吃"。

有时儿童会独立地做出某种行为，像是在桌子上滑动玩具车。此时，成人提供词汇用以描述这一动作的能力就非常重要了。成人应该发出汽车引擎发动时踩油门的声音，然后问："你是在开车吗？"成人通过提供词汇，使学步儿有能力重复这一词汇，并能用言语来描述这一情境，从而帮助学步儿向假装游戏的领域迈进，而假装游戏将出现在下一发展阶段，即学龄前阶段。

促进自我调节的产生

维果茨基学派将学步儿自我调节的产生与自我言语的使用联系起来（详见第 6章和第 7章）。尽管自我言语的使用会因人而异，并且取决于儿童言语发展的整体水平，但下列关于如何为自我言语提供支架的建议，适用于这一年龄阶段的所有儿童。

首先，要调节自己的行为，儿童需要学习他们将用来自我调节的规则和标准，以及标注这些规则和标准的语言。这就意味着，当成人在告诉学步儿什么能做，什么不能做时，要用简单而具体的语言。说"不要碰火炉"、"关掉电视"要比说"不"或"停止"更好。"不要碰火炉，因为它太烫了，很危险。你会伤到自己。哎哟，"这种说法，对学步儿来说太多了，很难记住。成人使用的言语应该是要示范儿童会对自己说的话。

其次，在自我言语中发出"自制"之前，学步儿需要理解他们的言语与其对他人行为的影响之间的关系（详见第7章关于他人调节与自我调节的论述）。练习这种关系的一个好方法就是玩游戏，成人和儿童轮流告诉对方做什么，对方就完成相应的动作。例如，你们可以轮流转动玩具车，让它滑下斜坡，也可以是搭积木，将一块积木放到另一块的上面。你们轮流要求对方完成一个简单的动作。成人说"你去拿一块积木"，儿童就去拿一块积木。接着儿童说"你去拿一块积木"，成人就去拿一块积木。这类游戏能建立给予指令与服从指令之间的关系。

最后，成人在示范正确的动作的同时，还可以通过重申和扩展儿童的自我言语来帮助儿童。当儿童想要去拿很热的锅子时，他会不停地对自己说"不可以"，此时成人应该做的是，抓住儿童的手不让它靠近锅子，接着鼓励他说"不可以"，并且说"是的，不可以，不可以去碰那个锅子。"成人不能按四五岁儿童的思路来理解学步儿的行为。他们不会故意不听你的话或挑衅你，他们只是还不能自我调节。自我言语才刚刚出现。未来几年中，在成人恰当的支持下，儿童将会独立地使用自我言语来调节自己的行为。

进一步阅读材料

Karpov, Y. V. (2005). *The neo-Vygostkian approach to child development*. New York: Cambridge University Press.

Venger, L. A. (1988). The origin and development of cognitive abilities in preschool children. *International Journal of Behavioral Development*, 11(2), 147–153.

Vygotsky, L. S. (1998). *Child psychology* (Vol. 5). New York: Plenum Press.

第 10 章 幼儿园和学前班阶段儿童的发展成就和主导活动

在本章中，我们将探讨幼儿园和学前班阶段（3—5 岁）儿童的发展成就和主导活动。发展成就（developmental accomplishment）与主导活动（leading activity）等概念的定义请参见第 8 章开头部分。

发展成就

学前班阶段出现的发展成就主要是想象、符号功能、有能力在内在心理层面（internal mental plane）上行动、思维与情绪的整合以及自我调节。这些发展成就只有在儿童体验了足够多的这一时期的主导活动后，才会出现。只有儿童参与到创造性的、想象的、假装的游戏后，他才能获得这一时期的发展成就。正如我们在第 8 章中所阐释的，发展成就不只是成熟的结果，还需要儿童参与主导活动，以及社会情境的支持，才能确保这种参与足够密集从而获得发展成就。

符号功能

儿童早期的第一个发展成就是符号功能（symbolic function），一般在学前班阶段结束时出现（Elkonin, 1972; Leont'ev, 1978）。获得了这种发展成就的儿童，能用物品、动作、词汇和他人来代表其他东西。例如，用箱子代表宇宙飞船，挥动双手代表飞翔，宣称"我们是外星人"，或是假装是一棵树，这些都是使用符号功能的例子。维果茨基认为，这种物品、动作、词汇和他人的象征性使用，为儿童学习以使用符号为基础的读写能力（如阅读、写作和绘画）打好了基础。

符号功能发展的另一个方面是，儿童开始将词汇作为概念来使用。维果茨基指出，儿童最初的概念是不同于成人的概念的（详见第6章）。幼儿形成了维果茨基所说的"复合体"（complexes），在这些复合体中，用于物体分类的不同特性并没有被区分开（Vygotsky, 1962）。因此，多个特性被捆绑在同一个复合体中；这块积木是大的—方形的—红色的。只有通过共享活动多次与物体以及他人互动后，每个特性才能独立地被识别出来。这块积木是大的、方形的以及红色的。幼儿园儿童可能会用"红色的"一词来表示"大的—方形的—红色的"。而在成人看来，这种使用"红色的"一词的行为则标志着，儿童有了与成人相同的红色的概念，它是一种描述颜色的特性。在日常对话中，儿童会依赖很多情境线索。因此，很难判断儿童赋予某一词汇的含义与成人所赋予的含义是否相同。但如果我们要求儿童脱离情境来使用某一特定词汇时，就很容易发现儿童的概念是不同于成人的概念的。例如，当要求儿童按照颜色将积木分类时，4岁的儿童可能将所有大的、方形的、红色的积木放在一起，而将小的、红色的或长方形的、红色的积木丢在一边。

到了学前班阶段结束时，多数儿童会通过与他人和物体的互动来改善自己最初的复合体。他们的复合体越来越接近于成人的复合体，最终形成了维果茨基所说的"日常概念"（everyday concepts）（Vygotsky, 1962）。这些日常概念是以直觉或幼稚的观察为基础，而不是由严格的定义来决定的。它们被整合到一个宽泛的个人化结构中。例如，当儿童使用"鱼"一词时，他指的可能是自己曾遇到过的被称为"鱼"的物体，也可能是鱼类这种泛化的概念，包括所有会游泳的事物，从金鱼到鲸鱼。此时，他的头脑中还没有一种关于鱼的严格的生物学定义，而这是科学的分类图式的一部分。

开始在内在心理层面上行动

与学步儿相比，幼儿园和学前班阶段的儿童更为成熟，现在他们已经发展出在内在心理层面（internal mental plane）上进行思考的能力，这就意味着，他们的思维不再依赖于对物体的实际操作。能用视觉表象进行思维就是其中一个例子，这是从学步儿的感觉运动思维向年长儿童的抽象概念思维发展的垫脚石（Zaporozhets, 2002）。到了学前班阶段，儿童在思考物体时不需要实际触摸和操作这一物体；他们能操作头脑中的表象。2岁半时，除非手里拿着一块块的拼图，转动它们直到准确地拼进去，否则马库斯是没办法完成拼图的。5岁时，马库斯会看着面前的一块块拼图，选择合适的一块，而忽略那些过大、过小的或形状错误的拼图。他不再需要触摸那些拼图；他能在心理上判断它们是否合适。能用视觉表象进行思维是一种重要的能力，这是一种与语言没有关联的能力。

学前班阶段结束时，多数儿童都能超越用具体的视觉表象进行思维的局限，开始用更加泛化的非言语表征进行思维，文格尔将这种表征称为"模型"（models）（Venger, 1986, 1996）。简略的图画、积木建筑物以及儿童为表示自己所扮演的角色而创造出来的游戏道具，这些都是模型。这些早期的模型揭示了幼儿思维过程的很多方面。在幼儿早期关于人的简略的图画中，最重要的特征是头。是儿童只看到了"头"还是这一过程还涉及其他因素呢？文格尔认为，这些早期的模型是简略不准确的，因为它们代表了儿童所认为的该物体最重要的特征。对幼儿来说，头承载了个体人格的本质。幼儿感知物体的方式与成人相同，但他们在心理上不会关注到成人认为重要的部分。例如，儿童认为车辆的轮子是很重要的，因此他们常常会画有轮子的汽车和公交车，但车里却没有人。随着他们对车辆的观念发生了改变，他们常常会在画车门或汽车的保险杠之前，添上人物。在真实生活中，儿童看到过人、车门以及其他汽车的细节，但他们所画的汽车的模型只是代表了他们认为最重要的部分。

后来，儿童能运用书面文字或数字等抽象概念，在内在层面上识别出物体最为重要的特征。但作为幼儿园和学前班阶段的儿童，他们仍需要视觉表象的支持，用以完成抽象化的动作。可以说，简略的图画是通向使用更高级的符号表征的垫脚石。

想象

想象（imagination）是一种具有生产力的心理活动，它能使儿童发现新的思考所有事物的方式。琼和蒂姆在表演"小红帽"的故事。第一次，蒂姆是一只卑鄙的、大声吼叫的狼；第二次，琼让蒂姆扮演一只善良的、可以当成宠物的狼，而不再是一只卑鄙的狼。他们改变了假装游戏中角色的一些特性，一起尝试着新的表演。在玩积木时，儿童会想象新的建筑和结构。在游戏中，他们会创造出一些新的将物体当作道具的方式。根据游戏剧情的需要，他们能将一块布变成魔毯或是树冠。想象将儿童从现实世界的束缚中解放出来；儿童能用词汇、符号和表象去创造新的世界，一个存在于他们头脑中的世界（如图 10.1 所示）。在这些新的世界里，儿童能解决现实的问题和现实的争端。想象思维将思维分成了两个层面，现实的和想象的。在想象层面，规则是可以随意改变和操作的，只为探索可能的结果。想象思维帮助我们创造观念之间新的组合，以及新的解决问题的方法。它使我们能跳出框架来思考，想出创造性的方案来解决过去的难题（Dyachenko, 1996; Kravtsova, 1996）。

图 10.1　学龄前儿童独自玩耍

情绪与思维的整合

情绪与思维的整合（integration of emotions and thinking）这一发展成就也出现于学前班阶段结束时，儿童的情绪变得"有思想"了（Elkonin, 1972; Leont'ev, 1978; Vygotsky, 1998; Zaporozhets & Neverovich, 1986）。学步儿对当下的情境作出情绪性反应：当他们感到愤怒时，他们会哭，在地上打滚。相反，多数学前班儿童在遇到新的事件时，会使用过去经验的记忆来控制自己的情绪。他们会预期可能的结果。这些过去的经验影响了儿童对新事件的感知和反应。4岁的布里奇特想要跟一群年长的儿童玩，但她到外面时，那群孩子却不带她玩。这种拒绝每天都在上演，但布里奇特似乎记不得前一天发生的事情。她5岁的姐姐莫娜，也被那群大孩子拒绝了，但她不会每天都跑去外面，试图加入那群孩子里。相反，她对妈妈说，她更愿意待在家里。她记住了过去她所遭受的拒绝，这种记忆影响了她，使她决定待在家里。

这种将情绪与思维关联起来的发展成就解释了，为什么在学校的成功与失败开始会影响学前班儿童冒失败的危险开始新的学习任务的动机与意愿。这种见解得到了研究结果的支持，幼儿园儿童是学习的乐观者，他们相信自己能在任何时候学习任何东西，而这一特性在年长儿童身上并不普遍（Nicholls, 1978）。这种发展成就也同样解释了，为什么到了学前班结束时，儿童对彼此的积极情感和消极情感变得更加稳固而难以改变。这种思维与情绪的融合创造出了难以改变的强烈见解。

自我调节的发展

学前班阶段结束时，幼儿能进行自我调节了，即有能力以一种深思熟虑的、有计划的方式来控制自己的多数行为。他们应该能调节自己的身体行为、情绪行为以及部分认知行为。年幼的幼儿园儿童是反应性的，这意味着他们的动作是对情境的本能反应。弗兰看到了饼干，于是她饿了，想要去拿饼干。路易斯看到乔恩拿着自己想要的玩具，于是他从乔恩那抢走了玩具。弗兰和路易斯行动时并没有考虑过他们行为的后果；他们的行为是对当前情境一种单纯的反应。他们是"情境的奴隶"。维果茨基认为，在幼儿园和学前班期间，儿童的意图与随后动作的实施之间的关系会发生变化。他们不再对情境做出一个即时的、"轻率的"反应，学前班儿童通常能抑制他最初的反应，并以一种深思熟虑的、有计划的方式行动。他们不再不经思考地行动，学前班儿童能先思而后行。自我调节的儿童能深思熟虑地行动，因此成了"自己行为的掌控者"。

维果茨基学派的传统观念认为，身体的、认知的和社会性—情绪的自我调节是一个整体的不同部分。儿童能审慎地计划和思考，能刻意地集中注意力，蓄意忽视令人分心的事物。他们能进行有意记忆，学习那些不太令人兴奋但却是课程所要求的信息。他们能延迟满足，停止攻击性行为，以一种积极的方式来控制自己的情绪。

自我调节通常被委派给社会性—情绪发展的"过于情感化"的领域，但越来越多的西方心理学家指出，自我调节包含对认知过程的调节以及对社会性—情绪的调节（Blair, 2002）。尽管它们属于同一个整体，但身体的、认知的以及社会性—情绪的自我调节的发展速度并不相同。儿童首先学会调节他们的身体行为，接着是情绪行为。而认知的自我调节，涉及元认知和反省性思维等高级的认知过程，直至小学阶段结束时才会发展成熟。

自我调节在幼儿园和学前班期间出现，这是由几个过程决定的。这些过程包括了自我言语的使用，参与他人调节，以及规则的概括。正如我们在第6章中所讨论的，幼儿园和学前班期间，是儿童使用自我对话或自我言语的顶峰。自我言语为儿童提供了自我调节的工具：成人用于调节儿童行为的词汇被儿童内化，用来指导自己的行为。因此，成人的指导变成了内在的，转变成儿童自己行为的规则。

与其他高级心理功能一样，在自我调节成为儿童自身心理过程的一部分之前，它是以一种共享或人际—心理的形式存在的（详见第2章和第7章）。早在儿童能自我调节自身行为之前，儿童就参与到"他人调节"或由他人调节自身行为的互动中（Wertsch, 1979）。儿童很早就会注意到他人违反了规则，即使他们看似还不会意识到自己也违反了同一个规则。在将规则应用到自身之前，儿童会将规则应用到他人身上。这种对规则的认识是迈向将规则推广到不同情境的一步。当调节是由更有能力的人来执行时，通常是父母或教师，它会以一种儿童无法自己做到的方式来引导儿童的行为，但它同样会让儿童具备特定的心理工具，而这些心理工具最终会让他进行自我调节。但成人也可能会做得过度了，而当成人提供了所有的调节时，儿童真正的自我调节就不会发展起来。在那种情况下，儿童可能会内化一些规则和期望，但他们仍缺乏自己发起受欢迎的行为或抑制不受欢迎的行为的能力。

学前班阶段结束时，多数儿童能根据经验创造出概括性的规则，这形成了自我调节的基础。3 岁大的儿童可能会记住某些限制，但他们不能将这些规则推广到其他情境中，尽管这些情境在成人看来非常相似。德亚娜记得妈妈的告诫，不可以打汤米，但她不会迈出下一步，将这个特定的事例泛化成有关打人的规则。她可能会去打玛莎，因为没有规则说不能打玛莎，只有不能打汤米的规则。到了 5 岁，儿童能从情境中概括出"不能打其他人"的规则。

值得注意的是，自我调节有两个方面：它既包括儿童不应该做什么，也包括儿童应该做什么。自我调节不能被理解为只是抑制不受欢迎的行为。事实上，它包含抑制某种行为，以及随后实施另一种行为。真正自我调节的儿童能做出有意图的行为，能先思而后行。学前班阶段结束时，当德亚娜想要玛莎的玩具时，她能控制自己，不去打玛莎，她还知道自己应该说："你玩完之后可以换我玩吗？"德亚娜阻止了自己打人的行为，并且以一种亲社会的方式行动。

假装游戏：主导活动

维果茨基学派（Elkonin, 1972; Leont'ev, 1978; Vygotsky, 1998; Zaporozhets & Markova, 1983）认为，假装游戏是幼儿园和学前班阶段的主导活动。维果茨基和其他教育理论家，如皮亚杰（Piaget, 1951），都指出游戏促进了儿童心理能力和社会能力的发展。游戏是一种象征性活动，也是一种社交活动。

心理学和教育中游戏的概念

大多数人认为游戏就是工作的对立面。这种游戏的普遍定义包含了个体不具有生产力，或不参与特定活动的所有情境。游戏通常被描述为令人愉快的、自由的和自发的。这些对游戏的看法，更多的是将游戏看成无需动脑的活动，而这削弱了游戏在幼儿发展中的重要性。

多年来，众多心理学理论家都强调了游戏在儿童发展中的重要性。他们强调游戏的不同方面，以及游戏如何影响特定的心理过程。其中有一些著名的关于游戏的观念，如心理分析的观点（Erickson, 1963; 1977; Freud, 1966），游戏是一种社会互动（Howes, 1980; Howes & Matheson, 1992; Parten, 1932; Rubin, 1980），以及建构主义的观点（Piget, 1951）。其他在维果茨基和厄尔克尼的著作中有所提及的游戏理论，例如，将游戏看作一种本能的行为，现在大多成为了古迹（Elkonin, 2005）。

维果茨基学派体系中的游戏

维果茨基认为，游戏促进认知、情绪和社会性的发展。与其他只研究游戏的某一方面对发展的促进作用的理论家相比，维果茨基对游戏的看法则更加综合。在其著作中，维果茨基将游戏的定义限定在学龄前阶段和小学时期儿童所进行的角色扮演游戏或假装游戏。维果茨基学派对游戏的界定不包括比赛、运动活动、对物体的操作以及探索等活动，而这些曾经（现在仍）在多数教育工作者和非教育工作者看来，都是游戏。根据维果茨基的观点，真正的游戏有三个成分：

（1）儿童创造出一种想象的情境；

（2）承担并表演角色；

（3）遵从一套由特定角色所决定的规则。

想象情境的创造和角色扮演是普遍接受的假装游戏的特征。在这些特征的基础上，维果茨基增添了新的观点，即游戏不完全是自发的，而是取决于游戏者是否遵守一系列的规则。想象情境和角色扮演是事先计划好的，游戏的参与是有规则的。这是关于游戏的一种独特的观点，从表面上看似乎违反我们的直觉。

维果茨基指出，参与角色扮演游戏的儿童，是按照他们扮演的角色所对应的特定方式来行动的。正如维果茨基所写的：

> 只要游戏中有想象情境，就必然有规则存在。这种规则不是事先制定，并在游戏的进程中发生变化的规则，而是源自想象情境的规则。因此，我们无法想象一个儿童能在一个想象情境中没有规则地行事，就如同我们无法想象儿童能在想象情境中不按照他在真实情境中的行为方式行事。如果

儿童正在扮演妈妈的角色，那么她会有母性行为的规则。儿童扮演的角色，以及物体改变其意义时儿童与物体的关系，都始终源自规则，也就是说，想象情境始终包含着规则。在游戏中，儿童是自由的，但这是一种虚幻的自由。（Vygotsky, 1967）

游戏中创造出的想象情境是对儿童独立行为最初的限制，它引导和指挥儿童以特定的方式行动。与那些儿童遵守外部发出的指令的活动不同，在游戏中，儿童会为自己的行为设置限定。这是儿童第一次的自制，也是自我调节的开始。儿童无法产生完全自发的行为，他必须坚持角色所要求的动作。例如，当扮演卡车司机时，儿童必须待在驾驶室里，而不能飞奔出来去追逐朋友，除非他停好卡车，以某种方式将这种追逐融入游戏剧情中。要维持游戏的进行，儿童必须压抑自己想跑去另一个游戏中心看迷人玩具的愿望。

每个想象情境都包含了一系列的角色和自然浮现的规则。角色是儿童扮演的人物，如海盗或教师。规则是角色或假装剧情所允许的一系列行为。随着想象情境主题的变化，角色和规则也会发生改变。例如，玩杂货店游戏的儿童所扮演的角色，肯定与玩《狮子上战场》游戏的儿童所扮演的角色不同。刚开始，规则隐藏在游戏中；随后，这些规则逐渐外显，儿童之间也会彼此协商（如图 10.2 所示）。

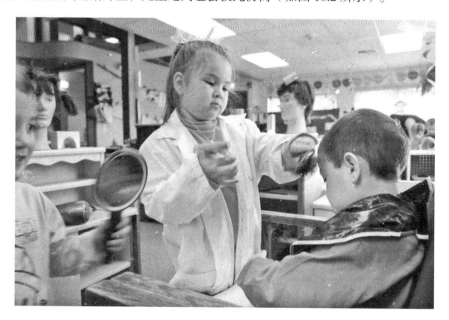

图 10.2　学龄前儿童在玩游戏

因此，游戏涉及一个外显的想象情境，以及有着潜在的或内隐的规则的角色。这种想象情境是儿童创造出的假装情境。尽管这种情境是想象的，但它能被他人观察到，原因在于儿童会将情境的特征外显出来。他们会说："让我们假装这里有一张椅子和一个桌子。我们假装班上有 6 个小孩，我们是教师。"儿童也会通过使用手势和声音让情境变得外显，例如，当卡车离开加油站时会发出的引擎发动踩油门的声音，或是当儿童拉住想象中的马的缰绳时，马发出的嘶叫声。

角色同样也是外显的。孙俪扮演的是妈妈，所以她穿得像妈妈一样，手里抱着个洋娃娃。她的行为也像妈妈，她会喂洋娃娃吃东西，逛街等。她还会向其他儿童解释她是谁，以此来说明自己扮演的角色。实际上，任何看她表演的人都能猜出她所扮演的角色。

另一方面，规则又被认为是内隐的，因为它们无法被轻易观察出来，只能根据行为做出推断。规则可表示为与特定角色相关的行为模式。想象游戏情境中的每个角色都会为儿童的行为设立规则。当儿童违反这些规则时，规则就变得清晰可见了。儿童会区分扮演妈妈和扮演老师的不同。每个角色都有不同的手势、服装，甚至语言。在游戏早期阶段的儿童是觉察不出这些差别的。但大部分 4 岁的儿童已经表现出他们对完成角色时所犯错误的敏感性，他们常常会彼此纠正，"妈妈都会拿着一个公文包！""你是老师时，其他小孩必须坐下来。""老师是这样读书的。"儿童甚至会故意违反角色的规则，而把它当作一个笑话来取乐。3 岁的托比爬进他的餐椅，然后说"现在，我是爸爸"。接着，他突然笑了起来，"爸爸不能坐小孩的餐椅！"

游戏如何影响发展

维果茨基学派认为，游戏是以多种方式来影响发展的。游戏的主要作用有：

（1）游戏为智力发展的众多领域创造了最近发展区；

（2）游戏促进思维与动作以及物体的分离；

（3）游戏促进自我调节的发展；

（4）游戏影响动机；

（5）游戏促进去中心化。

创造最近发展区

维果茨基认为，游戏通过为即将出现的技能提供支持，从而为儿童创设了最近发展区。儿童不仅有更成熟的社交行为，而且也表现出更好的认知技能——更高水平的自我调节，更能有意地参与和有意记忆。

> 儿童在游戏中的行为表现通常会超出他的年龄水平，优于他日常生活的行为表现。也就是说，儿童在游戏中是超越自身水平的。游戏以更集中的方式，就像是在放大镜的焦点上，包含了所有的发展趋势。儿童好像试图要超越他平常的水平。游戏与发展的关系可以类比于教学与发展的关系。游戏是发展的源泉，创造了最近发展区。（Vygotsky, 1978）

不只是游戏的内容界定了最近发展区。儿童为进行游戏而必须使用的心理过程也为即将出现的技能提供了支持。想象情境所提供的角色、规则以及激励性支持，为儿童表现出最近发展区的高水平提供了必要的协助。

维果茨基学派考查了游戏影响发展的机制。例如，马奈连科（Manujlenko）（Elkonin, 1978）和艾斯顿米娜（Istomina, 1977）发现，与其他活动相比，儿童在游戏中能更成熟地使用心理技能，因而是在维果茨基所识别出的最近发展区的高水平上进行操作。马奈连科还发现，与一天中的其他时间相比，儿童在游戏中有更高水平的自我调节。例如，当男孩被要求作为一名守望者时，他会坚守在自己的岗位上，注意力集中的时间远比老师要求他专心在课堂上的某一事物上的时间要长。

艾斯顿米娜对比了儿童在两种情境中有意记忆事物的数量。一种情境是关于杂货店的角色扮演游戏，另一种情境则是典型的实验室实验情境。在前一种情境中，儿童会得到一张清单，列出了他们玩杂货店游戏时可以购买的物品。而在实验室实验情境中，儿童会得到一张相同的清单。艾斯顿米娜发现，儿童在角色扮演游戏的情境中能记住更多的项目。

如果对比儿童在游戏和非游戏情境中的行为，我们将看到最近发展区高水平和低水平的例子。在非游戏情境或真实生活中，例如，在杂货店中，路易斯想要糖果，但妈妈不给他，他就哭了。他没办法控制自己的行为。他想要糖果并且自动做出反应，甚至说："我无法停止哭泣。"而在玩游戏时，路易斯能控制自己的行为。他能假装去杂货店，并且不哭。他能假装哭，然后自己止住。与实际情境中的表现相比，游戏能使儿童以更高的水平行动。

课堂上的例子是，在围圈圈坐的时间里，5岁的杰西卡没办法安静地坐着。她会靠在其他儿童的身上，跟她的邻座说话。尽管有教师的言语提示和支持，她还是没办法安静地坐着超过 3 分钟。相反，当她跟一些朋友玩上学的游戏时，在假装的围圈圈坐的时间里她能安静地坐着。为了假装成一名好学生，她可以专心并且很有兴趣地学习 10 分钟。游戏提供了角色、规则以及剧情，使她能超越没有这些支架时的能力，以更高的水平集中注意力和参与到活动中。

儿童如果没有任何游戏的经验，那么他的认知发展和社会性—情绪发展都可能会遭受损害。维果茨基的学生厄尔克尼（Elkonin）和列昂节夫（Leont'ev）建议，将游戏作为 3—6 岁儿童的主导活动（Elkonin, 1972; Leont'ev, 1978）。列昂节夫和厄尔克尼认为，对这一年龄群的儿童来说，游戏有着独特的作用，无法被其他任何活动所替代，即使儿童在这一期间也从其他不同的经验中获益。他们关于游戏作为儿童早期主导活动的研究，将在本章后面的部分进行介绍。

前面引文中所提到的"放大镜的焦点"，维果茨基指的是与其他活动相比，尤其是更为学术的学习活动，新的发展成就很早就会在游戏中显现。因此，4 岁时的学业类活动，例如，识别字母，无法像游戏那样能有效地预测儿童后期的学业能力。与 4 岁儿童在其他情境中的表现相比，我们会在游戏中看到他们更高水平的能力，如注意、使用符号的能力以及问题解决等。我们实际上是在观察未来的儿童。

促进思维与动作以及物体的分离

在游戏中，儿童依照内在的想法来行动，而不是外在的现实。儿童会看到一个事物，但他做出的行为却与他所看到的无关，例如，儿童会将一块长积木当作电脑键盘。用维果茨基的话来说，出现了这样一种情形，儿童开始不依赖于自己所感知的内容来行动（Vygotsky 1978）。

由于游戏要求用一个物品替代另一个物品，儿童开始将物体的意义或观念与物体本身分离开来（Berk, 1994）。当儿童将一块积木当作船来使用时，"船"的观念就与实际的船分离开来了。如果积木被拿来当作一艘船，那么它就代表那艘船。随着学龄前儿童的成长，他们使用替代品的能力变得更加灵活。最终，一个简单的手势或说"让我们假装……"就能象征某个物品。

这种意义与物体的分离为抽象概念和抽象思维的发展做好了准备（Berk,1994）。在抽象思维中，我们评估、操作和监控思维和观念，而不以现实世界为参照。这种将物体与观念分离的动作也为过渡到写作做好了准备。在写作中，词汇完全不像它所代表的物体。当行为不再是由物体界定时，它就不再是反应性的。物体可以被当成工具来使用，以理解其他的观念。儿童不再将积木当作积木来使用，而是开始用它们来解决问题，例如，将它们当作操作物用以解决数学问题。

在想象情境中进行角色扮演，这要求儿童同时完成两种动作——外在的和内在的。在游戏中，这些内在的动作——对意义的操作，仍依赖于对物体外在的操作。儿童将他们内在的观念表现在实际的物体上，因为他们还不能完全在内在层面上进行操作。但内在动作的出现标志着儿童开始摆脱早期的思维过程，即思维没有发生在内部，就如同感觉运动思维和视觉表征思维一样。这种内在动作的使用是迈向更高级的抽象思维的第一步：

> 儿童学会有意识地识别自己的动作，开始意识到每个物体都有意义。从发展的角度来看，想象情境的创造可以被看作是一种发展抽象思维的方法。（Vygotsky, 1967）

例如，当马塞拉将玩具积木当作电话来订购饭店的比萨时，她意识到积木是被当作假装的电话在使用，她将它递到耳边，然后开始说话。通过这样的方式使用积木，她用自己的行为为这个物体赋予了另一种意义。

促进自我调节的发展

在游戏中，自我调节的发展成为可能，原因在于儿童需要遵守游戏的规则，而游戏伙伴始终在监督彼此服从这些规则的情况（也就是参与他人调节）。维果茨基写道：

> 在每个阶段，儿童都会面临一种冲突，一边是游戏的规则，一边是他如果能突然地自发行动时他会做的事情。在游戏中，他所做的和他想要的往往相反……[达到]意志力的最高表现是在以糖果为道具的游戏中能放弃即时的诱惑，根据游戏的规则，儿童是不能吃糖果的，因为它代表了其他不能吃的东西。通常儿童在放弃掉某样他想要的东西时，他会体验到对规则的从属关系，但在这里，从属于某个规则，不依照一时的冲动而行动，是获得最大乐趣的方法。（Vygotsky, 1967）

起初，儿童萌芽的自我调节能力会被应用到身体动作（例如，扮演猫时，儿童会四肢着地移动；或扮演警卫时，会站直不动）、社会行为（扮演学生时，等着自己的名字被老师叫到）以及使用语言时改变言语的音域（扮演爸爸时会用更低沉的声音）。之后，自我调节扩展到记忆和注意等心理过程上。

影响儿童的动机

在游戏中，儿童形成了一个由近期目标与长期目标构成的复杂的层级系统。在这一系统中，有时为达到长期目标会放弃近期目标。通过协调这些短期目标和长期目标的过程，儿童开始意识到自己的行为，这使得他们有可能从反应性行为移向有意图的行为。为了玩飞机游戏，儿童必须先制作机票和护照，设立安全警戒线。为了制造道具和设立游戏环境，他们不得不延迟玩飞机游戏。

促进认知的"去中心化"

采择他人观点的能力对协调多个角色、协商游戏剧情来说，有着至关重要的作用。此外，在游戏中，儿童学习从游戏伙伴的视角来看待物体，这是认知去中心化的一种形式。为扮演一个快要被铅笔打一针的病人，文森特必须站在扮演医生的莉莉的立场上去思考。文森特像一个病人一样，对医生的行动做出反应，因为他会通过莉莉的动作来预期这名医生的打算。他必须思考自己的行为以及游戏伙伴的行为。这些去中心化的技能最终会导致反省性思维的发展。

游戏的发展路径

厄尔克尼通过研究和干预实验发现，游戏与年长儿童学习活动的发展有关。他详细说明了列昂节夫所提出的主导活动的概念，并识别出游戏的一些特性，正是这些特性使得游戏成为儿童早期的主导活动。在这一节中，我们将呈现厄尔克尼的研究中对游戏的描述。

学步儿的游戏

厄尔克尼认为，游戏源自1—3岁学步儿的客体导向活动或工具性活动（详见第8章和第9章）。在这些操作活动中，儿童探索物体的物理特性，并且学习如何以常见的方式使用物体。之后，当儿童开始在想象情境中使用日常物体时，游戏就出现了。例如，2岁的利拉拿起一个汤勺，试着喂自己东西。她是以常见的方式使用汤勺，而不只是用来撞击桌子。当18个月大的约翰给他的小熊喂食时，或是假装喂自己吃东西时，游戏的第一个征兆就出现了。游戏是从儿童对常见的日常用品的探索和使用中涌现出来的。

要将某一行为转变成游戏，儿童必须用词汇来标注动作。因此，在行为从操作转变成游戏的过程中，语言起到了重要的作用。学步儿拿起了汤勺，而此时教师说："你要喂你的小熊吃东西吗？"这实际上是帮助儿童从拿起汤勺的行为转变成游戏。2岁的乔迪来回推着玩具卡车，并且听着玩具卡车发出的声音。她的老师说："你为什么不把卡车开到这，给它加点油呢？"乔迪点点头，然后把卡车开到老师面前，接着老师假装给卡车加油。没有老师的语言和互动，乔迪只能继续听着卡车轮子发出的声音，以及探索卡车的移动。老师的行为创造了一个最近发展区，推动着儿童迈向更为复杂的水平，从实际操作到游戏。

在游戏中，儿童可以假装成其他人或以象征的方式使用物体。类似于皮亚杰，厄尔克尼将符号功能（symbolic function）定义为使用物体、动作、词汇以及人来代表其他事物。要成为游戏，对物体的探索必须包含符号表征。儿童在桌子上挤压、撞击软的塑料杯，或将塑料杯扔在桌子上，这是对物体的操作，而非游戏。而当儿童将杯子当作一只鸭子，让它在桌子上游泳，给它喂面包屑吃的时候，这些动作变成了游戏。

幼儿园儿童和学前班儿童的游戏

厄尔克尼认为，幼儿园阶段的游戏最初是客体导向的（object-oriented）（Elkonin, 1969, 1972, 1978）。这种游戏聚焦在物体上，而互动中游戏者的角色是次要的。当3岁的乔安和托马索一起玩过家家时，他们会对彼此说"我们在玩过家家"，但他们并没有扮演家庭中成人的角色。他们的时间都花在洗盘子以及搅拌火炉上的锅子上，彼此之间也没有太多的交谈。

年长的幼儿园儿童和学前班儿童进行的游戏则不同，它们更多是社交导向的。对5岁的儿童来说，搅拌锅子和洗盘子为儿童所扮演的复杂的社会角色提供了情境。物体不再是游戏的焦点。清洗和搅拌的动作甚至刻意简化或只用语言表达出来。在社交导向游戏中，儿童会花很长时间来协商和扮演角色。儿童变成了他所扮演的人物。这种游戏是典型的4—6岁儿童所玩的游戏，但它会以某些形式一直持续到小学阶段。

在维果茨基学派的模式中，社交导向游戏不需要有其他的儿童才能发生。儿童可以参与到导演的游戏（director's play）中，即儿童与假想的玩伴一起玩，或指导并跟玩具表演一个故事情节（Kravtsova, 1996）。艾萨克假装是交响乐团的指挥家，而这个乐团是由毛绒玩具和洋娃娃组成的。玛雅在玩上学的游戏，她一会儿假装是老师，一会儿替自己的泰迪熊学生说话。不同于一些西方研究者（Parten, 1932），维果茨基并不认为，所有儿童独自进行的游戏都是不成熟的。如果儿童独自在玩游戏，但假装有其他人的参与，那么导演的游戏可以视为社会性的假装游戏。

与皮亚杰相反（Piaget, 1951），维果茨基学派并不认为，儿童到了七八岁，社会性的假装游戏就会消失。10 到 11 岁的儿童仍会进行社会性的游戏，但社会性游戏作为主导活动的重要性逐渐消失了。随着儿童逐渐长大，他们为社交导向游戏发展出更外显的规则。6 岁的弗兰克说："这个是坏人，坏人总是想要抓住好人。"玛丽回答说："但他抓不到，因为好人飞得快，他们的飞机更好，所以他们逃走了。"儿童的年纪越大，花在协调角色和动作（规则）上的时间越多，花在表演剧情（想象情境）上的时间越少。实际上，6 岁的儿童通常会花上几分钟来探讨剧本，而只花几秒钟来表演这个情境。

幼儿园／学前班阶段的非游戏活动

尽管不是主导活动，但其他活动也会促进这一时期儿童的发展：

（1）有规则的比赛；

（2）生产性活动（戏剧和讲故事、搭积木、艺术和绘画）；

（3）前学业活动（早期的读写能力和数学能力）；

（4）肌肉运动（大肌肉活动）。

有规则的比赛

比赛游戏是另一种类似于游戏的互动，大约在 5 岁时出现。与假装游戏相似，比赛中的游戏者需要遵守外显的、复杂的规则，但想象情境和角色是隐藏在比赛中的。例如，玩国际象棋会创造出一种想象情境。为什么？因为骑士、国王、王后等只能以特定的方式移动，也因为可走的格数和夺取棋子是独特的国际象棋的概念。尽管国际象棋游戏没有直接替代真实生活中的关系，但它仍然是一种想象的情境（Vygotsky, 1978）。

另一个比赛游戏的例子是足球，一种游戏者不能用手接触球的游戏。足球创造了一种想象情境，因为事实上所有的游戏者都可以用手来移动球。而在足球比赛中，所有游戏者都赞同，不用自己的手来进行游戏。这一现象与儿童在扮演游戏中清楚地说明他们能做什么以及不能做什么，是非常相似的。

比赛与假装游戏不同的地方还在于角色与规则之间的平衡。在假装游戏中，角色是外显的，而规则不是。在社交游戏中，儿童讨论角色以及对角色的期望，但违反规则不会使游戏终止。儿童可以在达成一致的结果外做其他的事情，但这不会在实质上打乱游戏。相反，比赛有着外显的规则，而如果这些规则被打破，比赛将无法继续。

有规则的比赛为一些独特技能的发展提供了最近发展区，是假装游戏的补充。比赛能帮助儿童学会按照强制的规则和规范行事。为了要参与比赛，他们自愿遵守规则。维果茨基学派认为，比赛中暂时的挫折为儿童发展心理弹性提供了机会。当儿童失败时，他们就可以来练习如何处理暂时的失败（Michailenko & Korotkova，2002），例如，学业学习变得困难（如图10.3所示）。

图10.3 学前班儿童在比赛

维果茨基学派认为，玩有规则的比赛为幼儿进行一种特殊的学习活动做好了准备，这种学习活动常被用于学前班和小学阶段，即教学比赛（didactic game）。与其他比赛游戏相同，在教学比赛中，儿童参与到游戏式的互动中。区别在于，教学比赛的内容是关于学业的。通过参与设计得当的教学比赛，学前班儿童学习一些重要的行为，而这些行为是后期儿童参与学习活动（learning activity）所必需的，例如，识别学习任务（learning task）的能力（详见第12章和第13章）。在学前班的课堂上，丽莎和阿里尔在玩字母接龙，将一张鳄鱼（alligator）的卡片与一张蚂蚁（ant）的卡片配对。两个女孩都能告诉你这个比赛游戏的目的，就是找出第一个字母相同的卡片。她们知道自己在玩比赛游戏的时候，能学会什么。下午晚些时候，丽萨试图教她3岁的弟弟雅各布玩这个游戏。但对雅各布来说，这不是一个学习任务。尽管雅各布知道很多单词开头的发音以及字母的名称，但他还是不能集中在比赛游戏的学习任务方面，即将开头发音相同的单词配对。相反，雅各布根据图片的相似程度将卡片进行了分组。比赛游戏要成为一种学习任务，儿童必须能说出他从比赛游戏中学会了什么。

生产性活动

维果茨基学派识别出几种幼儿的生产性活动，它们也有益于发展（Zaporozhets, 1978）。在戏剧改编中，儿童会将熟悉的故事或童话演绎出来，如《三只山羊》的故事。与游戏相同，这些也提供了角色和类似的假想剧情。但戏剧改编与游戏不同的是，戏剧改编有先前创设好的脚本，而假装游戏是儿童自己创作的。然而，有创造力的教师通常会用这些戏剧改编作为真正游戏的起点。通过这样的方式，戏剧改编使得游戏变得更加充实。戏剧改编的另一个好处是，它可以用来教儿童学习故事的潜在结构。它还能促进儿童读写能力的发展，一方面它能促进新词汇的使用，另一方面它为儿童练习记忆技能提供了机会。

搭积木和其他建造活动，尤其是与他人一起完成时，能像游戏一样促进同一种共享活动。当儿童被他人指定角色或自行指定自己的角色，并且被要求在建造过程中以及后续活动中与他人交流时，建造活动就能与游戏一般，对发展起到同样的促进效果（Brofman, 1993）。在建造活动中，例如，用积木或连锁的塑料管搭建建筑物，儿童学会了使用一套新的符号，而这套符号不同于先前在游戏中所学会的，例如，阅读图表或制作地图等。

前学业活动

如同《开启孩子的心灵：课程教学法》（Engaging Children's Minds: The Project Approach）（Katz & Chard, 1989）或《儿童的一百种语言》（Hundred languages of Children）（Edwards, Gandini, & Forman, 1994）的作者们，维果茨基学派认为，前学业技能不应当成为学前课程的重点。此外，维果茨基学派还强调，前学业活动在儿童早期的课堂中是有益的，但前提条件是它们源自儿童的兴趣，并且发生在适合于幼儿的社会情境中，如假装游戏、绘画或搭积木等（Zaporozhets, 1978）。在教师主导的大型群体的情境中呈现学业活动，例如，练习儿童语音或数数，则是不适宜的。它不能促进学前阶段独特的发展成就，实际上它也很难真正地让儿童为进入学校教育做好准备。

另一方面，当前学业活动是儿童与材料互动的一部分时，例如，在建造活动或游戏中，它们就是适宜的。例如，写作应当源自给朋友写信或给爸妈留便条的愿望，而不是来自儿童试图写出完美的信件。在谈到早期读写教学时，维果茨基（1997）强调"教学的安排必须让阅读和写作满足儿童的需求"，教学的目标应当是"教儿童学习书面语言，而不是字母的书写"。类似地，使用数字的理想时机，是儿童参与点心时间分配茶杯，或是按照食谱测量食材的分量等活动的时候。

肌肉运动

肌肉运动，是第三种在这一年龄阶段促进发展的活动。加里培林（Gal'perin, 1992）和列昂节夫（Leort'ev 1978）发现，要求抑制反应性回应的肌肉运动特别有利于注意和自我调节的发展。他们认为，运动控制与后来的心理过程控制必然有一定的联系。对教师来说，这就意味着没办法安静地坐着，无法控制自己扭动身体的儿童，通常在正式教学时也无法集中注意力。要求儿童变成雕塑或静止不动的活动，有助于促进儿童的自我调节（Michailenko & Korotkova, 2002）。

入学准备

维果茨基对入学准备的看法源自他的理论，即认为儿童参与的社会情境的变化推动着儿童的发展。因此，入学准备这一主题有两个方面。首先是社会情境本身，它包含了关于学校教育的特定的文化实践，以及与学生角色相联系的期望。其次是儿童对这些期望的意识以及达到这些期望的能力。为获得这种意识，儿童不得不实际参与到学校活动中，并与教师、其他学生进行特殊的社会互动。因此，维果茨基认为，入学准备是在上小学后的头几个月中，通过在学校情境中的互动而形成的，而不是在入学之前形成的。

但是，学龄前阶段的特定成就会使儿童更容易发展出这种入学准备。这些成就包括掌握一些心理工具、自我调节的发展以及情绪与认知的整合。维果茨基学派认为，技能和概念的数量没有认知过程所处的功能水平来得重要。例如，与能数到一百相比，儿童按规则行事的能力（Elkonin, 1989），或有意学习的能力是更为重要的。遵守规则或记忆等能力，能促进后期的学习。

早期的社会性和情绪成就对儿童后来能否在学校中取得成功，有着极为重要的作用。儿童必须有正式学习的动机，也就是说，在一种"学习结果可能不直接与他们即时的兴趣或愿望有关的情境中"学习。在这些情境中学习的动机需要好奇心，以及学习如何对待新事物和符合学校课堂的期望的愿望。只有当儿童能思考情绪时，这些品质才是可能实现的。当这些社会性—情绪的先决条件准备就绪，学龄前儿童就能完成一个必需的过渡，即从按照儿童自身议程的学习转变为遵守学校议程的学习。

进一步阅读材料

Berk, L. E. (1994). Vygotsky's theory: The importance of make-believe play. *Young Children*, 50(1), 30-39.

Berk, L. E., & Winsler, A. (1995). Scaffolding children's learning: Vygotsky and early childhood education. *NAEYC Research and Practice Series, 7*. Washington, DC: National Association for the Education of Young Children.

Elkonin, D. (1977). Toward the problem of stages in the mental development of the child. In M. Cole (Ed.), *Soviet developmental psychology*. White Plains, NY: M. E. Sharpe. (Original work published in 1971)

Elkonin, D. B. (2005).The psychology of play: Preface. *Journal of Russian & East European Psychology*, 43(1), (Original work published in 1978)

Karpov, Yu. V. (2005). The neo-Vygostkian approach to child development. New York: Cambridge University Press.

Vygotsky, L. S. (1977). Play and its role in the mental development of the child. In J. S. Bruner, A. Jolly, & K. Sylva (Eds.), *Play: Its role in development and evolution* (pp. 537-554). New York: Basic Books. (Original work published in 1966)

第 11 章　促进幼儿园和学前班阶段儿童的发展成就

　　在幼儿园和学前班的课堂上，我们应该做些什么？维果茨基学派认为，它所包含的应该不只是对抽象事实和技能的教学。这并不是说学业技能不重要，或是无法为发展提供支架，而是说，早期的教育应该包含更多的东西，不应该被缩减到只有这些技能的教学。幼儿园和学前班时期教育经验的重点应该是打基础，为小学阶段的学习奠定潜在的基础。早期的教育应该强调，那些能使儿童后来在学校中获得成功的潜在技能。实现这种教育，不是靠下推一年级的课程目标和教学目的，而是要创造学习机会，来促进学前班时期应该出现的独特的发展成就。

　　　　那些旨在缩短童年期的、过早的加速教学是无法为儿童提供达到其潜能以及协调发展的最佳教育机会的，它只是过早地将学步儿变成幼儿，将幼儿变成一年级学生。儿童需要的与这些恰恰相反，他们需要的是延伸和丰富独特的学龄前活动的内容，这些独特的学龄前活动包括游戏、绘画以及与同伴、成人的互动。（Zaporozhets, 1978）

　　这段话描述了扎波罗热茨提出的"扩大"（amplification）概念，即教师应当使用工具和策略来培养处于儿童最近发展区的能力，这会促进儿童的经验，而发展成就可以从这些经验中得以成长（详见第 4 章）。在某一阶段将会发生的所有活动中，最主要的就是这一阶段的主导活动。对幼儿园和学前班的儿童来说，游戏就是他们的主导活动。

　　在本章中，我们将探讨如何为有意的、成熟的游戏提供支架，它是这一年龄阶段的主导活动。此外，我们还会探讨维果茨基的一些观点，即如何为生产性活动、前学业活动以及肌肉运动等其他活动提供支架。

支持假装游戏成为主导活动

成熟游戏的特征

不是所有的游戏都能被看作主导活动，因为并非所有类似游戏的行为都能以同样的水平来促进发展。厄尔克尼用成熟的（mature）、发展的（developed）或高级的（advanced）等术语来形容这种特定的游戏，它能为发展提供最大的益处（Elkonin，2005）。这种游戏有以下特征：

（1）符号表征和象征性动作；

（2）用语言来创造假想的剧情；

（3）错综复杂的主题；

（4）丰富多面的角色；

（5）延伸的时间期限（超过数天）。

部分特征在3岁儿童的游戏中就会出现，到儿童离开学前班时，所有特征都会出现。

1.符号表征和象征性行为。在高级游戏中，儿童象征性地使用物体和动作来代表其他的物体和动作。在这个水平上进行游戏的儿童，不会因为没有确切的玩具或道具而停止游戏。他们会发明这样东西，或用其他的物体代替。甚至他们都同意假装拥有该物体，而不要求一个实体的替代物。在这个水平的儿童也会象征性地对待动作。他们会同意大楼倒塌了，而不需要将这个建筑物弄倒。他们只需要说"让我们假装它倒塌了"。

2.用语言来创造假想的剧情。儿童用语言创造他们表演的剧情。语言是用来交流道具代表了什么以及它们将被如何使用的。

乔纳拿起一块积木，然后说"我们把这个当作电话吧"。游戏剧情被计划好了，并且在游戏进行过程中会被讨论。埃斯特凡对罗莎和卡蒂说："假装我们现在要去墨西哥，我们要搭飞机。首先，我们要打包行李，然后去拿飞机票。"罗莎补充了一句，"好的。那我们要找到我们的孩子，我们必须带他们一起去。"在她们将行李打包好后，实际上是一个手提袋和一个购物袋，他们假装去售票处。埃斯特凡说

"现在我要给你一张票"，于是他从架子上找到的纸上撕下一片，然后在上面胡乱地写些东西。罗莎说："我需要3张票。"卡蒂说："我也需要2张，不是3张。"每个剧情都是用言语来计划的，然后被表演出来。语言使游戏者能够就谁是谁、接下来会发生什么等问题进行交流。

3. 错综复杂的主题。高级游戏有多重主题，彼此交织在一起而形成了一个整体。儿童能轻易地将新的人物、玩具和观念融入游戏中，而不会打断游戏的行进。儿童也能将看似无关的主题整合到一个想象的情境中。例如，他们假装一个修救护车的技工生病了，需要找医生，从而将医院的主题与汽车修理厂的主题整合在一起。

4. 丰富多面的角色。在高级游戏中，儿童同时承担、协调和整合多个角色。在低级游戏中，儿童扮演老套的角色，并且限定在一个主题里。例如，扮妈妈的时候，就喂宝宝吃饭和洗盘子。一旦游戏变得更高级，"妈妈"能离开家去工作，随后带着生病的孩子去医院。到了医院，她可以变成能治愈小孩的医生，接着扮演生病的小孩，最后回到最初扮演的妈妈角色。每个角色都被安排成游戏情节的一部分，通常用声音、手势或道具的变化来加以区分。

5. 延伸的时间期限。高级游戏的延伸的时间期限指的是游戏的两个不同方面。第一个是儿童能维持游戏多长时间。通过灵活地创造所需的角色或情节线索，儿童能使剧情不断往前推进。推进的时间越长，游戏的水平越高级。第二个指的是游戏持续的时间能否超过一天。同样的"战斗"或医院游戏，年长的儿童通常能持续几天。在有协助的情况下，即使4岁的儿童也能维持游戏几天。多数幼儿教师不会考虑将游戏延伸至几天，因为他们通常想到的是单独一天玩的游戏。维果茨基和厄尔克尼认为，持续几天的游戏能将儿童推向他们最近发展区的最高水平，因为它要求儿童有更好的自我调节、计划与记忆能力。

幼儿园 / 学前班课堂中所发现的游戏水平

游戏曾经是儿童在家里学习的东西，后来他们将这些游戏技能带进了课堂。儿童以前会在家附近与不同年龄的儿童玩游戏，这群孩子的年龄大小不一，从3岁到10岁都有，甚至还有更大的。但遗憾的是，现在的儿童不再像以前那样玩游戏了。现在，儿童总是跟同龄人一起玩，彼此的游戏技能都不成熟。与过去相比，如今的儿童在更小的年龄参与到更多以成人主导的活动，如足球练习或舞蹈课。尽管在这些活动中也有其他儿童，但这些活动的目的是教授特定的技能，而甚少涉及扮演游戏。

此外，儿童现在会在更小的年龄看更多的电视和玩电脑。虽然是娱乐，但这些活动无法像假装游戏那样，提供相同的效益。

这些幼儿活动的改变导致多数儿童在进入学龄前阶段时，都没有成熟的游戏技能。如果儿童在幼儿教育的课堂上没有得到相应的帮助，可能他们在离开学前班时仍不知道如何进行游戏。近期一项俄国研究重复了20世纪40年代的研究，对比了幼儿园儿童和学前班儿童在游戏情境和非游戏情境中听从指令的能力（Elkonin，1978）。60年前的学龄前儿童在游戏情境中听从指令的能力好于非游戏情境中的表现。但现在，只有年长的儿童才会表现出这种差异。这曾经是学龄前儿童的一个特性，但如今不存在了（Smirnova & Gudareva, 2004）。此外，与40年代的研究相比，参与所有实验条件的所有不同年龄的儿童，他们服从指令的能力总体上都有所下降。他们发现，现在7岁儿童自我调节的水平只相当于40年代学龄前儿童的水平。研究者将这一现象归咎于幼儿园和学前班阶段游戏的品质与数量的下降。

表11.1对比了两种游戏，一种是不成熟的、只有少量游戏经验的儿童所进行的游戏；另一种则是儿童作为成熟的游戏者所参与的特定游戏，这种游戏在厄尔克尼看来是这一年龄阶段的主导活动。我们使用不成熟（immature）和成熟（mature）等术语来区分两种游戏，一种是年幼的学龄前儿童常进行的游戏，另一种则是成熟的游戏，成熟的游戏技能应该会在学前班阶段结束时出现。

幼儿教师必须找到方法，来帮助游戏技能不成熟的儿童参与到更高水平的游戏中。没有来自教师的协助，这些儿童是无法参与到这些将成为他们主导活动的游戏中的。

表11.1 不成熟和成熟的游戏

不成熟的游戏	成熟的游戏
儿童不断地重复相同的动作，如切菜或洗盘子	儿童创造了一个假想的剧情，并将剧情发展出的情节表演出来
儿童现实地使用物体，不能发明道具	儿童发明道具，以符合自己的角色
游戏没有角色，或根据某个动作或道具设定了一个简单的角色	儿童扮演的角色有特定的特征或行动的规则。儿童可能一次扮演多个角色，通过改变他们的语言和动作来表明新的角色。儿童还可以指派一个角色给某个物体，然后替这个物体说话和行动

续表

不成熟的游戏	成熟的游戏
儿童很少用语言来创造游戏剧情或他们的角色。语言似乎只限于标注某个人物或动作，"我是妈妈"或物体快速移动时所发出的声音"呜嘘"	儿童参与了长时间的对话，讨论游戏剧情是什么、角色是什么，以及剧情是如何展开的。游戏进行的过程中，儿童会密集地使用语言，用于标注道具、解释自己的动作、指导其他游戏者的行为，以及模仿他所扮演的人物的言语
儿童不会协调互动，只是进行平行游戏	游戏与多重角色及主题相协调。所有角色都是游戏剧情的一部分。儿童可能扮演多个角色（饭店里的厨师和顾客）。新的观念被加入游戏中
儿童不会在动作开始前，描述他们将要玩的游戏内容	在游戏开始前，或者游戏剧情发生改变的时候，儿童都会长时间地讨论角色、动作和道具的使用
儿童因道具和角色而争论和吵架	儿童会解决争吵和分歧，发明道具而不是因道具而争吵
在换到另一项活动之前，儿童无法维持游戏超过5—10分钟	儿童变得沉浸在游戏中，为了探索和延伸一个假想的剧情，会将游戏持续到第二天或几天以后

丰富游戏

我们对很多学前班、幼儿园以及开端计划（Head Start）的课堂进行了观察，发现四五岁儿童假装游戏的水平普遍较低，他们通常以一种学步儿才会有的方式进行游戏。这些儿童很少尝试新的主题，而是喜欢表演熟悉的剧情，如家庭、上学和医生。更糟糕的是，一些儿童还会表演暴力电影和电视节目中的情节。在游戏中，这些课堂中的儿童经常依赖于真实的玩具和道具，他们似乎无法利用自己的想象力来创造出一个替代品，用以替代自己所没有的道具。我们所观察到的这种不成熟水平的游戏，是不足以为儿童提供这一重要活动所有潜在的效益的。鉴于成熟游戏对儿童读写能力和其他认知技能发展的促进作用，教师必须要介入儿童的游戏中，以提升游戏的质量（Bodrova & Leong, 2002）。

我们建议教师介入儿童的游戏中，并不是说教师应该与儿童一起玩游戏，或是作为团队中的一员指导游戏。与成人的互动会让儿童处于非常特殊的、从属的角色，无论教师怎么做，儿童始终是"孩子"的角色。如果教师在游戏中主导过多，儿童将没有机会看到自己进行假装游戏时会是什么情形。即使教师让学生指挥自己做事情，他仍然在指导游戏，虽然很微妙，但游戏还是因此成为教师指导的活动。

成人过多的指导还有一个坏处是，教师没办法观察到每个儿童最近发展区内的内容。只有通过退后，观察儿童与同伴的互动，教师才能在一种不同的社会情境中看到儿童的潜力。这种不同的社会情境可能会展现出教师从未知道的儿童的另一面。

尽管如此，教师在协助游戏过程中仍有重要的作用。细心的教师会提供恰当的支架，因而对课堂中的游戏水平有着积极的影响（Berk, 1994; Bodrova & Leong, 2003a; Smilansky & Shefatya, 1990）。在我们关于幼儿园和学前班阶段课堂的研究中，我们发现以下的介入能培育出高水平的游戏：

（1）确保儿童有足够的游戏时间；

（2）为主题提供建议，以扩展儿童的经验和丰富游戏；

（3）选择适宜的道具和玩具；

（4）帮助儿童规划游戏；

（5）监控游戏的进程；

（6）指导需要帮助的个体；

（7）建议或示范如何将主题编织在一起；

（8）示范适当的方式解决争端；

（9）鼓励儿童在游戏中相互指导。

1. 确保儿童有足够的游戏时间。学龄前儿童需要大块的时间，每天有40—60分钟不受干扰的时间，来发展丰富、成熟的游戏所具备的主题和角色特征。在学年刚开始时，教师应该从20分钟开始，缓慢地增加所拨出的时间，直至达到完整的40—60分钟。我们的意思是，在不受干扰的时间里，教师不要将儿童从游戏中拉出来，以进行其他的活动，或改变游戏正在进行的方向。主题和角色的发展是需要时间的。如果儿童被拉入其他的活动，这会打断角色和主题的发展。这一年龄的儿童是无法停止并重新开始游戏的，除非他们已经达到了游戏的最成熟水平。

无论有多吸引人，教师都不应该干扰游戏的流程，而插入学业概念。例如，儿童正在积木区域里扮演汽车维修工，此时教师让他找出所有正方形的积木堆在一起，然后再找出所有长方形的积木堆在一起。在我们看来，教师的行为就是一种干扰。教师还可能说出一些不合适的评论，例如，"你注意到车轮是圆形的吗？你的车子总共有几个车轮？"这些评论会把游戏带往另一个方向，实际上是将游戏变成教师指导的小型课程。教师可以以一种有益于游戏的方式来传播信息，例如，"告诉约翰，你接下来想要什么形状的积木，他才能拿对的积木给你。"（儿童指着一块长方形的积木。）"哦，你要一块长方形的积木。让他给你一块长方形的积木。"教师给儿童提供了形状的信息，这有助于儿童与朋友玩游戏。知道去要求一块长方形的积木，能帮助约翰按照他想要的方式来建造一座塔。

不仅是幼儿园课堂中的游戏需要被支持，而且它也应该成为学前班日程安排中的一部分，原因在于很多学前班儿童还没有达到成熟游戏的水平。对学业的强调，尤其是针对处于危险中的儿童，使得很多小学缩减了游戏的时间，游戏变成了儿童课间休息时进行的活动。我们建议，所有的学前班教师都应该在课堂的日常活动中保留一段游戏的时间。学前班儿童应该成熟到足以利用故事作为游戏的主题。对5岁的儿童来说，游戏主题可以来自书籍和故事，而不是他们的直接经验。童话故事就是一个很好的例子，这些故事可以当作游戏的主题。教师可以给儿童读一个故事的不同版本，这样他们就能用这个故事作为游戏的起点。随着故事的发展，教师应该鼓励儿童润色故事，或为故事增添新的内容。关于太空、海洋、帆船，甚至历史时期的非小说类书籍也可以成为好的游戏主题的来源。

2. 为主题提供建议，以扩展儿童的经验和丰富游戏。埃弗苏先生带着班上的学龄前儿童去参观当地一间儿科诊所。护士带着儿童参观完整个诊所，还为他们讲解了有关营养的知识。儿童回到教室后，教师试着在游戏区布置一间诊所。但结果却令他很失望。因为儿童很容易为了谁当医生、谁拿听诊器和处方笺而争吵。当学龄前教师试图拓展儿童的游戏，让他们玩一些过家家或超级英雄之外的游戏时，这些教师普遍会遇到一个问题，就是儿童无法为游戏创造新的角色。

这个问题看起来就是，除了几个受限制的角色外，儿童不具有角色的全部技能。因此，他们无法创造出自己所需要的新角色，从而使自己的游戏更加丰富和多变。因此我们建议教师，在介绍新的游戏主题时，识别出这一主题中有哪些角色以及这些角色有哪些动作。这会让学生有机会去尝试这些新鲜的角色。有过特定情境的经验，并不代表着儿童会注意到眼前所见到的角色。他可能会关注有意思的物体，而不是特定的角色在做什么和说什么。因此，他能做的仅仅是与物体一起玩游戏，而不是发展丰富的游戏剧情。

例如，在实地考察真正的诊所的过程中，埃弗苏先生识别出有四个不同的角色，可供儿童回到学校后在假装的医院游戏里表演。例如，在埃弗苏先生扮演病人或孩子病了的家长时，他会要求医生、护士和接待员，分别示范他们可能会做什么和说什么。每个角色都在儿童的面前表演出来。扮演某个角色的人会告诉儿童，他在跟谁互动，他在说什么以及他在做什么。这种为游戏的准备过程类似于下面这样：

当儿童站在诊断的接待室时，埃弗苏先生介绍说，这是父母和孩子等着看医生的地方。他解释说，父母必须先跟接待员对话。他说："这是约翰逊太太，她是诊所的接待员。约翰逊太太，请您告诉孩子们您会做些什么事情，麻烦您示范给我们看，当一个生病的孩子来诊所时您会做些什么和说些什么。"约翰逊太太说："我是接待员。当父母进来时，我会跟他们打招呼。我先确定他们已经签到，然后我会去拿孩子的记录单，护士和医生在上面记录了上一次孩子生病时的一些状况。所以，现在让我们假装埃弗苏先生是病人。"埃弗苏先生走到了前台，约翰逊太太说："您好，请您在这签到。"接着她递给埃弗苏先生一张签到表。埃弗苏先生签完后，接着他向孩子们展示自己做了什么。约翰逊太太说："您有预约吗？"埃弗苏先生说："是的，我预约过了。"约翰逊太太说："谁生病了？"埃弗苏先生说："我的孩子乔迪生病了。"约翰逊太太说："请先坐下，护士马上过来看你。我现在去拿乔迪的记录单。"约翰逊太太说："等我拿到记录单，我会把它放在这儿，然后我会去找护士，告诉她乔迪正在等她。"埃弗苏先生说："现在，我跟孩子坐下来。在等护士的时候，我会看看杂志或者陪自己的孩子玩。"

每个角色都以同样的方式被表演出来，角色的扮演者会向孩子们解释他们说些什么和做些什么。接着他们拿起一本带着图片的书，展示他们在跟谁互动。在实地考察的过程中，埃弗苏先生给诊所中的每一个角色都照了照片，而照片中的人物都在做这个角色典型的任务。稍后，当儿童回到学校，这些照片会被用来提醒儿童。

这种提醒儿童注意到不同情境中的动作、语言以及人们之间社会互动的技巧，同样可以与图书或课堂的访客结合使用。对这些示范而言，图书的文字部分描述了在那些情境中人们做些什么和说些什么。如果书上只有笼统的描述，教师就需要虚构出角色间的对话。告诉课堂的访客，请他们从各自所处的情境中，至少挑选并准备四个不同的角色进行讨论。提供给访客一个你可能在游戏中心使用的简单道具，或是要求他们带些具有每个角色某些特征的物品。要求访客将他们在工作场合中办事的程序表演出来。

除了参观诊所外，埃弗苏先生还可以邀请卢皮娜太太来班上，让她在孩子们面前表演几种不同的角色。卢皮娜太太是埃弗苏先生班上学生的家长，也是一个诊所的护士。事先，埃弗苏先生向卢皮娜太太准确地解释了他想要卢皮娜太太所做的事情。

埃弗苏先生告诉卢皮娜太太,如果在她的讲解中,埃弗苏先生有特别想要强调的地方,那么,他可能会要求卢皮娜太太重复剧情的某些片段。他要求卢皮娜太太示范给班上的学生看,爸爸带着发烧的孩子进来时,会发生哪些状况。卢皮娜太太每示范一个角色,她都会用一个不同的道具,展现那个人所做的事情和所说的话,并且解释那个人是在与谁互动。情况可能会像这样:

家长的角色:卢皮娜太太套上一条领带,拿起一个洋娃娃。她对孩子们说:"现在我是爸爸,这是我的孩子。我也可以是妈妈,但是今天我扮演一位爸爸,带着自己生病的小孩去诊所。如果我的孩子生病了而且发烧,或是手臂受伤了,我会带她去诊所。今天我的孩子发烧了,所以我对医生或护士说:'我想我的孩子发烧了,我很担心她。'然后,我会把孩子交给医生或护士去看诊。"

护士的角色:卢皮娜太太放下孩子,拿下领带,然后带上了"护士"名牌。她拿起一张记录单和一个长方形的积木。她说:"现在,我是护士了。我跟孩子的爸爸对话,然后给孩子量体温,好在医生到达之前确定她是否发烧。我说:'你的孩子什么时候生病的?上午吗?是她吃完早饭以后吗?'我记录下孩子爸爸告诉我的内容(卢皮娜太太拿起表,向孩子们展示她写了什么)。我给孩子量了体温(她示范着,拿起积木贴近孩子的耳朵,然后看着它),并说:'嗯,你的小孩发烧了,我们必须告诉医生。'我将孩子的体温写在记录单上(她示范给孩子们看,她写了一个数字在记录单上)。"

指出不同的角色,以及这些角色彼此互动时各自所做的事和所说的话,这就提供了一系列的角色和动作,儿童可以用它们来创造自己的游戏剧情。儿童应该尽可能地使用成人在真实生活中所使用的实际语言。教师可以向儿童解释新的词汇,并展示如何使用这些新的词汇。例如,教师可以鼓励儿童使用"受伤"这个词,而不是"疼痛"。鼓励儿童使用与不同情境中相关的成人使用的特定语言,能使儿童在游戏中有机会拓展自身的词汇量。

到了学前班阶段,儿童应该能在较少的实物支持和教师较少干涉的情况下,创造假装剧情和角色。一旦想到用故事作为游戏主题,学前班儿童会善于将不同的故事放在一起,甚至是书上的图片都能点燃游戏。教师需要做的是,确保儿童所读的故事足够丰富,足以支撑这一年龄所进行的游戏。书中人物会遇到一个以上剧情的章节小说,能以极好的方式提高儿童的读写能力和提供充足的游戏素材。同样,非小说书籍和小说可以交织在一起,为儿童创造游戏提供一些想法。

3. 选择适宜的道具和玩具。游戏道具有多种功能。首先,游戏之所以能成为儿童在心理层面操作的情境，道具起到了重要的作用。在游戏中，儿童并不只是在处理实际物体；也在心理上操作它们，就像他们假装积木是电话一样。儿童必须在心理上区分物体的常见意义（如一块建筑积木）与他假装的物体意义。与将玩具电话当作电话相比，儿童决定将积木当作一个电话是更大的认知飞跃。当积木变成了电话，儿童便根据内在的观念来行事，而不是外在的现实，因而将思维与动作分离出来。道具是一种广义的模型，因为这块积木代表了所有对电话所做的动作，包含接电话、拨号码打电话和挂电话。

维果茨基学派认为，教师应当在游戏区域提供具有多种功能的玩具和道具。例如，一些色彩鲜艳的大块布料，是比特定的公主装更好的道具。使用来自不同文化的玩具，例如，给儿童示范扮演妈妈时，如何用婴儿背带来背小孩，系在自己的背上或者放进背巾里。鼓励儿童自己做道具。当儿童找不到他们真正想要的道具时，鼓励他们自己做一个。他们可能会用其他的物品，如积木，又或者他们只是假装有这个物品。他们能为餐厅制作菜单，为机场制作机票，以及为披萨制作配料。

其次，道具也可以作为外在的中介物，帮助儿童记住和自我调节自身的动作。在安太太的课堂上，一群儿童在玩餐厅游戏。托尼是厨师，所以他去了厨房。他拿起了大家前一天做好的菜单，然后忘了自己是厨师。于是，他拿起一个本子和铅笔。他开始扮成服务员，做出服务员才有的动作。而这让米歇尔很生气，因为她才是服务员。安太太走了过来，澄清谁扮演谁。她给了托尼一件厨师的外套，给了米歇尔一件服务员的围裙。现在，托尼和米歇尔一起玩着游戏，不再争吵。托尼说："下一次我来当服务员，可以吗？"

通过帮助儿童记住他们的角色，道具能维持游戏剧情的长度。这些道具应该是简单而具象征性的。尽管装扮成某个角色的样子来表演是很有趣的，但请记住，游戏的重要功能是学习在心理上进行操作。精心制作的服装对于提醒儿童他们的角色来说，不是必需的。角色扮演是游戏的重要方面，而不是服装。

学前班时期，儿童使用的道具变得更加抽象和更具象征性。即使只有非常少的实物道具，学前班儿童应该也能进行游戏。他们应该能在只借助语言的时候就能创造出心理表象。儿童不再需要借助道具来维持角色，也能同时扮演几个角色。学前班儿童还能让物体扮演角色，而不是自己来扮演角色。例如，他们能让洋娃娃走路和说话——围着桌子移动洋娃娃，还会用一种特殊的声音来替洋娃娃说话。他们还能为这些物体创造出想象的道具。

4. 帮助儿童规划游戏。在游戏即将开始之前，询问儿童他们打算做些什么。尽管儿童不需要根据特定的计划来进行游戏，但用言语表述观念能促进相互之间更好的理解，建立共享活动的状态。成熟的游戏涉及多重剧情，以及随后将这些剧情表演出来，因此在游戏过程中儿童需要得到支持以便彼此对话以及规划一起要做的事情。帮助儿童发现新的道具或角色。

　　帮助儿童规划游戏的最佳时机就是在游戏即将开始前。在一些课程里，早上一开始的规划时间是用来描述当天要完成什么。由于多数学龄前儿童还没有有意记忆，因此他们很难记得几个小时前自己所描述的要做的事情。如果在游戏即将开始前，他们没有一个关于计划的提醒，这些儿童是不会将自己的计划与实际的游戏联系起来的。很多课程只在一天结束时要求儿童回顾自己的计划，这样是不足以让幼儿将自己的计划与实际活动恰当地联系起来的。当一天结束时，他们可能不记得原本的计划了，也不记得自己是否完成了计划中的内容。相反，他们会记住自己最后所做的事情，这可能已经发展成了与原本的计划相差甚远的事情。

　　更好的主意是在游戏结束时，立刻让儿童回顾自己的计划。游戏时间结束时，询问儿童是否愿意明天继续这一剧情，鼓励他们发现应该保留哪些道具以便明天继续这个剧情。这一策略将游戏延伸至一天以上。第二天开始游戏前，重温前一天的计划和活动。记住，使用这一策略的目的不是让儿童执行规划，而只是帮助儿童发现自身动作连续性的一种方式。

　　学前班时期，游戏的规划更加详细。儿童可能不只扮演一个角色，因此不只规划一个角色。儿童能以小组的形式一起规划、讨论可能会发生的剧情。与实际表演游戏相比，儿童可能会花更多的时间来规划游戏。

　　我们鼓励儿童在游戏中心开始游戏之前，写出书面的计划。儿童应该画出一幅自画像，还要画出自己打算去哪或是会玩哪些物体（如图11.1所示）。如果教师愿意，可以记录儿童的口述，他们打算去做什么以及扮演什么角色。与容易遗忘的口头计划相比，这些书面的计划更能帮助儿童记住他们要做的事情。当儿童去游戏中心时，说一些有关自己所扮演角色的事情，这点是很重要的。如果教师了解到有几个儿童打算扮演同一个角色，这种冲突应该要在儿童去游戏中心之前就先讨论。记住这些观点，将会促进更好的社会互动。在教师的支持和建议下，这些更好的社会互动是会发生的。安布高达小姐知道，扮演游戏区域只有一件芭蕾舞衣，而托米塔和维罗妮卡都想当芭蕾舞演员。安布高达小姐说："这里只有一件芭蕾舞衣，你们打算怎么解决这个问题？"通过这样的方式，安布高达小姐来促进他们游戏的规划。

　　5. 监控游戏的进程。儿童进行游戏时，观察他们做了些什么。思考成熟游戏的

特征，以及你怎样建议能在这段游戏时间里促进他们的技能。不要太过打扰他们，
或是给太多建议。

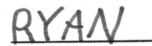

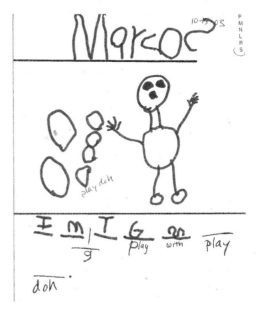

图 11.1　儿童游戏计划范例

这里有一些建议，适用于处于不同游戏水平的儿童：

（1）所扮角色定位不清晰的儿童。这些儿童将东西从橱子里拿进拿出，或是漫不经心地操作道具。用儿童扮演的角色来描述他们正在做的事情，例如，"你是兽医还是病人？""我看到马蒂正要去上班。"

（2）无法维持一个角色的儿童。帮助儿童回想起他们的角色以及伴随角色的动作。例如，"你是谁？你是医生吗？你打算做什么和说什么？"确保儿童拥有一个小的道具，能提醒他/她所扮演的角色。

（3）在游戏中彼此不说话的儿童。帮助儿童发展出一个游戏剧情。"你们在玩什么？你是谁？（询问每个儿童）接下来会发生什么？"推荐角色或可能发生的新动作。建议剧情中的意外转折。

（4）玩得很好但似乎失去了游戏头绪的儿童。询问儿童接下来会发生什么。暂时性的介入，通过进入游戏足够长的时间来让儿童彼此互动起来。例如，当儿童在玩餐厅游戏时，假装给他们打电话订外卖。帮助他们规划下一个剧情，并表演出来，然后再帮助他们规划另一个剧情，但这次你给予较少的意见。

6. 指导需要帮助的个体。观察那些回避游戏区域的儿童。这些儿童可能在加入团体、接受新观点或接纳新伙伴等方面需要支持。

观察儿童的游戏水平。如果他主要是玩物体，那么提供下一发展水平的支持将是有益的。教师可以通过增添儿童还不能口头表达的想象情境来帮助他。教师可以问一个正在做泥团的儿童，"你是在为一个聚会做泥团呢，还是打算在店里卖这些泥团？"有时，这样的问话足以激发想象游戏。

7. 建议或示范如何将主题编织在一起。阅读和表演同一主题的故事，但每次都有些变化。例如，阅读有关动物园里的熊的故事以及在野外的熊的故事，以此来展示同一个熊的主题能以不同的方式来使用。你可以用"假如……将会怎么样"的意见，将看似不同但能融合的主题组合在一起。例如，玛拉想玩上学游戏，托尼想玩汽车游戏，教师可以建议说："假如玛拉的班级要去校外考察旅行，将会怎么样？托尼怎样可以帮助玛拉呢？"

8. 示范适当的方式解决争端。在游戏中，儿童学习如何解决社交争端。教师不能期望他们总能自己解决这些问题。社交技能薄弱的儿童需要额外的协助。教师可以示范说话的方式，以此来帮助儿童解决分歧，如"我觉得……"，"当……的时候，我不喜欢"，"假如我们不……而是……，将会怎么样？"正如第5章中所讨论的，外在中介物的使用也是有帮助的。教师可以设置一个"争论袋"，里面装了一个硬币、骰子、长短不一的吸管、陀螺、可转箭头，以及有押韵文字的卡片（如一个土豆，两个土豆）等物品，来帮助儿童解决争端。

9. 鼓励儿童在游戏中相互指导。如果你有幸带一个混龄班级，或是高年级的学生来班上参观，那么你就拥有了现成的游戏辅导者的资源。鼓励来访的哥哥姐姐帮助幼儿进行游戏。已经发展出更为成熟的游戏技能的儿童，能提升所有其他儿童的游戏水平，原因在于他们能在识别道具、描述剧情以及为发展水平较低的儿童定义角色等方面承担更多的责任。我们已经发现，随着较不成熟的游戏者逐渐成熟，他／她会在剧情中确立与穿插更多的想法。此时，游戏辅导者会使主题间的交织变得简单，并考虑年幼儿童想要扮演的角色。其他儿童是比教师更有效的游戏辅导者，因为儿童是儿童，他们参与游戏时是不会将游戏变成教师主导的活动的。

为幼儿园／学前班课堂的其他活动提供支架

尽管游戏是这一阶段的主导活动，教师的主要精力也应该放在游戏上，但大量以维果茨基学派的视角进行的研究发现，其他活动也具有重要价值。回顾一下，这些活动是：

（1）有规则的比赛；

（2）生产性活动（戏剧和讲故事、搭积木、艺术和绘画）；

（3）前学业活动（早期的读写能力和数学能力）；

（4）肌肉运动（大肌肉活动）。

有规则的比赛

与皮亚杰学派相同，维果茨基学派认为在5岁左右，儿童有能力参与到比赛中。但维果茨基学派认为，比赛是游戏的直接产物，原因在于比赛也有想象情境和规则。比赛不同于想象游戏的地方在于，比赛的想象情境是隐藏的（不像在假装游戏中那么外显），规则也变得外显和详细，而不是隐藏的或内隐的。

例如，玩国际象棋会创造出一种想象情境。为什么？因为骑士、国王和王后等只能以特定的方式移动，也因为可走的格数和夺取棋子是独特的国际象棋的概念。尽管国际象棋游戏没有直接替代真实生活中的关系，但它仍然是一种想象的情境。（Vygotsky, 1978）

另一个例子是玩动作游戏。在动作游戏中，儿童同意遵守一些规则，而这些规则使得儿童假装自己不能执行某些动作，即使事实上他们能做出这些动作。例如，儿童同意，当捉迷藏被抓住时，自己"静止不动"；或是在玩跳房子游戏时，只跳到某一个特定的方格中。在这两个游戏中，虽然不像假装游戏那样明显，但有着一种基本的想象情境。

　　与规则内隐的游戏相比，比赛的规则变成了这种互动最明显的特征。游戏中的规则始终是隐藏的，只有在游戏者违反规则的时候它才会显现出来。比赛的规则则不同，它是游戏者彼此互动的方式，并演变成游戏者彼此达成一致的规则。在许多情况中，规则是以书面形式记录下来，因此代表了一种儿童可以将其动作与之对比的标准。正因为如此，当儿童玩一种新的棋盘游戏时，成人需要协助他们学会这些规则，直至儿童能内化这些规则，并能独立地或在同伴的协助下遵守这些规则。这种将自身动作与和他人共享的一套清晰的标准进行比较的学习，有助于学前班学生为参与之后几年的学习活动（learning activity）（详见第 12 章和第 13 章）做好准备。

　　有规则的比赛为儿童提供了情绪方面的经验，而这种经验是儿童在小学正式学习活动中将会遭遇到的（Michailenko & Korotkova, 2002）。失败是比赛游戏中一个不可避免的部分，能够帮助儿童去接受学习过程中的挫折以及无法避免的短暂失败。在学习某些困难事物的过程中，人们通常都容易一直犯错。学习者多次面对无法解决问题的状况。比赛能帮助儿童练习处理短暂失败，因为它们能提供再次游戏的机会，而下一次游戏儿童可能会成功。

　　与内在激励儿童的假装游戏不同，有规则的比赛是通过为儿童提供成功的机会来激励他们。然而，成功通常是与是否熟悉掌握游戏有关，而这就涉及练习。与熟悉地玩游戏相比，最初掌握游戏的几步对儿童来说，可就没那么有趣了。游戏与比赛的不同在于，游戏提供的是即时的满足，而比赛最初则要求时间和努力来进行学习，而这为儿童准备好过渡到学习活动中起了重要的作用。比赛游戏搭建了一座桥梁，帮助儿童获得追求延迟目标的能力，而这是儿童进行正式学习所必需的能力。

　　由于比赛是一种合作的、共享的活动，因此它也能通过为儿童提供更多一起工作的机会，来促进学业学习。教学比赛，实际上是为教授内容而设计的比赛，它能促进特定概念和技能的学习。学前班教师有所有类型的教学比赛，从煎饼数学到单词宾戈游戏，这些都是用比赛的形式来进行学业内容的教学。

生产性活动

维果茨基学派认为，生产性活动（productive activities）包含了讲故事、搭积木、艺术以及绘画等活动（详见第 10 章）。扎波罗热茨（Zaporozhets, 1978）将这些活动描述为扩大了幼儿园及学前班阶段儿童的发展。

讲故事

讲故事有益于语言发展和创造力。维果茨基学派认为，讲故事还有助于促进有意记忆、逻辑思维和自我调节的发展。当儿童复述故事或创造新的故事，他们并不能完全随性地选择故事情节，故事必须对其他人而言是有意义的。这样看来，讲故事与游戏相似，都会引导儿童从无意识的行为转变成有意行为。

通过复述熟悉的故事和创造他们自己的故事，儿童学习所有故事通用的一般模式。这些模式的使用，也被称作"故事语法"，涉及将事件按照一定的逻辑顺序排列以及识别出为什么一个特定的顺序是适宜的。故事语法（story grammar）为故事的内容设定了限制。例如，儿童学会了，如果一个主要人物消失了，那他就不能再做任何什么事情了，除非奇迹发生，再度介绍主角出场。对故事语法观念的熟悉，能帮助儿童掌握一些基本的逻辑概念，如原因与结果、互斥事件等。

仅靠听老师讲故事，儿童是无法学会故事的逻辑的。听故事可以使儿童理解相对简单的故事内容。更为复杂的故事则需要更多的情境支持，如外在中介物和儿童使用语言。在学年刚开始时，三四岁的儿童需要协助才能复述简单的故事。简单的外在中介物能帮助他们记住事件的顺序。这些中介物一开始可以是由教师制作的，随后由儿童自己来制作。儿童学会使用自己的符号来维持故事情节，这点非常重要。图画或涂鸦只需要对儿童而言是有意义的，可以与书里面的不同。让儿童清晰地了解中介物的目的，例如，告诉学生"这些图画能帮助你记住故事"。

在复述故事足够多的次数后，儿童已经非常熟悉故事情节了，此时教师可以鼓励他们去探索，图画的顺序改变后故事会发生什么变化。例如，教师可以重新排列《小女孩和三只小熊》的故事图片，让小女孩在到小熊家之前就吃掉小熊的麦片。询问儿童这样的顺序，图片是否还有意义。

年长的儿童能在心理上操作这些故事元素，而不需要太多的外在支持。教师可以提供同一个故事的不同版本，供儿童进行比较，如《三只小猪》的传统版本和乔恩·查斯卡所写的《三只小猪的真实故事》。在给予一个故事情节的开头后，年长的儿童还能创造新的情节，或是为一个故事选择不同的结尾，就像在《选择你自己的冒险》系列里那样。为帮助儿童从复述熟悉的故事过渡到创造自己的故事，我们推荐使用詹尼·罗达里（Gianni Rodari）发展出的技术（Rodari, 1996）。罗达里提出了一些创造新故事的方式，包括将不同故事的两个情节或人物组合在一起（看来越不相容的越好），并将这种组合看作新故事的起点。以《睡美人》为例，教师可以问儿童，如果不是王子，而是大灰狼唤醒了睡美人，那会发生什么呢？

为评估儿童的心理能力是否从讲故事的活动中发展出来，我们可以问：

（1）儿童复述熟悉故事的能力提高了吗？儿童能使用故事的主要元素吗？故事情节是按照逻辑顺序进行的吗？

（2）儿童记故事的能力提高了吗？当儿童复述一个熟悉的故事时，是否有漏掉的情节或与原先的情节有所不同？儿童在复述故事时，需要哪种协助或外在的支持（如外在中介物，同伴提供的道具，或教师所给的暗示）。

（3）儿童理解故事的能力提高了吗？对比不同的故事时，儿童关注哪些故事元素？这些元素是理解故事所必需的还是很表面的？

（4）儿童能改变故事的元素，但仍创造出有意义的故事情节吗？

搭积木

对年幼的幼儿园儿童来说，搭积木能培养自我调节、计划和对角色的协调。此外，搭积木还能促进学前班儿童在符号表征（绘画）和实物操作之间来回移动的能力。为促进儿童的心理发展，搭积木必须是一个共享活动（Brofman, 1933）。搭积木必须不是单独一个儿童的游戏，才能在讨论如何搭积木时，引发儿童使用语言。维果茨基学派认为，搭积木的目的与游戏相同，是为了创造共享经验。建筑物的建造是这一共享经验的副产品。当儿童相互挨着搭积木，但彼此不说话或一起合作搭积木，那么搭积木就不能看作一种有效促进心理发展的活动。

为帮助儿童参与到搭积木活动中，教师应该帮助儿童清晰地表达他们打算一起完成的计划。例如，儿童可能会说他们打算修一条路或者为农场的动物建一栋房子。即便年幼的儿童还不能从头到尾地完成一个特定的计划，教师都应当鼓励所有的儿童在开始使用积木之前，描述自己打算搭建的建筑物。随着建造的进行以及儿童协商想要搭建的东西，计划可以被改变或放弃。鼓励独自搭积木的儿童加入其他儿童的活动中，一起合作。

这会迫使儿童修改原先的计划，以便涵盖新加入儿童的贡献。玛吉在为自己的洋娃娃搭建一栋房子，而在她的旁边正有一群男孩在搭建机场。老师提议，玛吉的建筑可以成为飞行员的房子或一个旅客的房子。教师还建议，男孩们搭建的道路需要延长到玛吉的建筑。不久后，男孩们开始询问玛吉一些问题，他们还给玛吉一辆车，以便玛吉能到达机场。

在学前班阶段，搭积木可以被设定为一种共享活动，其中的角色可以由儿童来进行分配，或是由教师建议。鼓励儿童一起完成建筑物。通过这种共享的建造活动，儿童学习彼此调节、自我调节和谈论自己的想法。一旦搭积木的合作本质被建立起来，教师就可以通过要求儿童建造满足特定外在标准的建筑物来促进认知技能的进一步发展，如"大到能容纳一只玩具大象"或"大到能够成为六只动物的家"。这种类型的建造活动需要更高水平的计划和共享／他人调节。

此外，搭积木活动可以被设计成在具象的绘画和对积木的实物操作中交替变化。通过在这两种活动间的来回移动，儿童加强了这两者间的联系，并移向更高水平的抽象与规划。3 岁大的儿童就能规划他们的建筑物，他们用积木形状的、有着不同颜色的纸片在纸上进行规划（如图 11.2 所示）。一旦他们完成了规划，他们就会自己去搭积木，更好的情况是，他们与其他的同学一起来搭积木。接着他们对比实际的建筑物和计划。5 到 8 岁的儿童会用样板、自己画的画或电脑程序来创造出自己的计划。对于年长的儿童来说，建筑物变得更加复杂，可以分配的角色也更加精细，如建筑师、建筑工人和建筑检查员。

图 11.2　一名儿童正在描摹积木的形状

如果积木建筑物被很好地搭建出来，教师会看到儿童在以下几方面的进步：

（1）清晰表达建造计划（将要建造什么）的能力。表达得有多详细？

（2）与他人合作一起计划建筑物的特征以及协商角色的能力。需要教师多大的支持才能维持 5 分钟的互动？

（3）儿童在纸上所规划的建筑物的复杂性。

（4）承担规划、完成计划以及检查计划等不同角色的能力。

艺术和绘画

列昂节夫（1931, 1981）、鲁利亚（1979）以及一群更现代的后维果茨基学派的研究者（文格尔, 1996）都认为，绘画除了对美学发展有重要作用外，在记忆和书面语言的发展上也有重要作用（Stetsenko, 1995）。列昂节夫（1931）研究了绘画对儿童记忆能力的辅助作用，结果发现，即使是一些简单的记号也能促进记忆。文格尔认为，之所以会出现这种效果，是因为绘画是一种抽象的东西，是创造一种心理模型的过程（详见第 10 章）。

鲁利亚指出，起初儿童并不会区分书写和绘画（Luria, 1983）。他们实际上是在写画。绘画是早期无意识地尝试写字的不可或缺的一部分。因此，绘画是书写和概念化的一种辅助。而当儿童还没有充足的音—形对应技能去真正写字时，绘画对他们来说是极为重要的。绘画不只是跟他人进行交流，还能跟书写一样，帮助儿童记忆。

在维果茨基学派看来，绘画是富有智慧的活动。大多数学龄前课堂中都有很多让绘画变成这种活动的机会，但遗憾的是，很多机会都被错失了。绘画通常会被归为艺术中心或艺术活动，而不是将其整合到一种经验中，记忆则在这种经验中有着重要作用。教师很少让儿童将校外参观考察的经验用绘画的形式记录下来，又或者用绘画将刚听到的故事描述出来。当教师让儿童口述他们刚经历的烹饪经验的食谱时，教师更可能会在一个表格上记录相关活动的叙述。然而，想要帮助儿童记住这次经验并与读写活动建立联结，一个更为有效的方式是要求儿童自己画出食谱，并写出一些与食谱有关的东西。

前学业活动

如同生产性活动，维果茨基学派对如何介绍读写、数学和科学的内容也进行了大量的研究（Venger, 1986）。维果茨基学派教学法有几个独有的特征，可以促进前学业技能的发展。首先，前学业内容是用来帮助儿童发展潜在的认知技能的，如集中注意力、有意记忆和自我调节。其次，适当的时候，前学业内容是用来帮助儿童为下一阶段的主导活动——学习活动（learning activities）（详见第 12 章）做准备的。

儿童需要学会，一些特定的活动为他们的表现设定了标准。以数学为例，5+5 必然等于 10；如果你把这些数字加起来，算出的答案不是 10，那你必须重新再算一遍，因为 10 是正确答案。在幼儿园和学前班阶段，儿童参与的很多活动，都是没有标准的。当教师问你喜欢故事的哪一部分时，并没有什么正确答案。游戏中，也没有一个当妈妈的正确方式。在不违反"当妈妈"的内隐规则的前提下，儿童能做些什么是有相当大的自主权的。因此，前学业活动，如学习辨认和书写自己的名字或学习数十个物品，都很适合用来帮助儿童了解学业区域中标准的存在。

通过参与精心规划的前学业活动，儿童开始内化一种观念，即朝着一个标准努力工作。在以维果茨基学派理论为基础的前学业活动中，支架是被规划到活动中的，并根据儿童的发展水平以不同的方式提供给他们。很多支持是以共享活动的形式提供的，在共享活动中儿童彼此帮助，或以成对、组群的方式一起工作来解决问题。在其他情况下，特定的操作物和中介物将被用来当作支架。这种支持是被设计用来帮助特定的儿童学习某个特定的概念或技能，之后一旦儿童能独立进行操作，这种支持就会被移除掉。

最后，儿童学习内容的情境是很重要的。活动必须是有意义的，这样儿童在学习如何做某件事的时候才能看到做这件事的原因。例如，将名字写在一个清单上，这样儿童接下来可以使用电脑，这比要求他们在写名字活动中在纸上写几遍名字来得更为有效。以小组进行教学时，所有儿童都能够一起参与和互动。这样的方式与以大班教学相比，能确保更多的心理参与和语言的交流。尤其是当教师点名个别学生来回答问题时，大班教学常常遗漏掉一些儿童，这些儿童对其他儿童不得不说的东西不感兴趣，也只会在被点到名回答问题时才会行动。当其他儿童问问题时，年长儿童可能会在心理上回答这些问题，而多数学龄前儿童则开始走神。因此，教师应该计划一对一的互动，将儿童配成一对，或将 8 名及更少的儿童组成小组，来进行前学业技能的教学。

我们对这些观念进行了调整，并将它们应用于美国课堂（Bodrova & Leong, 2001, 2005; Bodrova et al., 2001）。由于俄语和英语的差异，我们做了大量的改变，并发明了新的教学方式，以便将维果茨基学派教学法应用到新的情境中。在这一部分内容中，我们将给出一些早期读写、数学等活动的范例，它们均由我们发展出来，用以促进幼儿园和学前班儿童的认知发展。

学习辨认和书写自己的姓名

学会写自己的姓名是对幼儿园和学前班儿童一种典型的期望，但这些儿童来到学校时所具备的完成这一期望的能力各不相同。在学习辨认和书写自己的姓名的过程中，儿童学会将注意力集中在文字的特定方面，他们会练习有意记忆。活动是关联的、有意义的，原因在于活动是在一种情境中完成的，而在这种情境中书写自己的姓名是很重要的，例如，它能帮助儿童找到自己的手指画。儿童学会了书写的姓名需要达到一定的标准，因为如果字迹不清楚，其他人是无法阅读的。

与我们一起合作的教师通常会创造一个外在中介物，它能帮助儿童记忆，还能作为一种标准。我们会用一种小的薄卡片，一面写着儿童的姓，另一面写着儿童的名。

教师创造了一些活动，在这些活动中辨认和书写自己的姓名是有意义并且重要的。例如，为促进班级里的社会互动，你会在点心时间拿出名牌，这样儿童每次都会坐在不同孩子的旁边。找到自己的名字是有意义的，尤其是当点心是披萨的时候。书写名字是标注他们的所有物、艺术作品或者游戏计划（如图11.1所示）的有效方式。书写名字来报名某样东西，如玩计算机的次序，或是来表达自己的观点（我爱西兰花），这些例子都是在创造一种情境，而在其中书写姓名是很重要的。此外，字迹清楚得能达到一定的标准，在这些情境中也是有意义的，因此如果有人以任何一种过去的方式来书写字母，其他人可能没办法阅读它们。

下面列举了一些例子，用来说明教师如何在上面所描述的有意义的活动中为不同发展水平的儿童提供特定的帮助。更多关于如何为儿童书写自己的姓名提供支架的例子，请详见第14章。

（1）没有帮助就没办法辨认自己姓名的儿童。杰里米想要找到自己的姓名，这样他才能坐下。其他儿童常常会帮他解决这个困难，他们会告诉杰里米他坐错位子了。教师可以帮助这名儿童注意自己姓名的特殊细节，而这些细节能让他更容易地找到自己的姓名。例如，你可以对这名儿童说"你的名字是字母 J 开头的。J 的下面有一个挂钩。"如果有其他儿童的名字也是以 J 开头的，那你可以说："你和詹森的名字都是 J 开头的，但詹森的名字是'Ja'，而你的名字是'Je'。"这样儿童能自己检查。教师也可以将儿童的照片贴在他名牌的后面，这样他能把名牌翻过来检查是不是自己的。一旦儿童能辨认出自己的名字，教师则将照片拿掉。

（2）无法写出姓名中任何一个字母的儿童。教师可以提供语言协助，来帮助儿童学会写自己姓名的第一个字母。在姓名的第一个字母下面画上一条有颜色的线，这样也能帮助儿童注意到这个特定的字母。例如，针对杰里米的情况，教师可以发出字母 J 的读音 juh。教师也可以说"写出下面有个挂钩的字母 J。"教师可以示范如何写出字母 J，并在书写的过程中跟儿童对话。此刻教师使用的词汇，稍后会变成儿童尝试写字母时所使用的词汇。如果儿童没写正确，教师可以指出不同的地方，"你的钩是向那边，而这个钩是向这边。"如果儿童仍不会写这个字母，教师可以通过手把手地教他来提供帮助。

（3）从右到左写姓名的儿童。教师应该在名牌上姓名的第一个字母下方画一个绿色的圆点，并用一个绿色的箭头指向左边，即名牌上姓名中其他字母的下方。如果在这样的帮助下，儿童仍不能正确地写出姓名。教师可以在儿童写姓名的纸上增添一个相似的圆点和箭头。如果儿童记得如何在自己的纸上写名字时，教师就不会再在纸上放置圆点和箭头。而当儿童始终能从左到右地写自己的姓名时，教师可以将中介物从儿童的名牌上移除掉。

（4）正确写出名字的儿童。教师将名牌翻过来，并始帮助儿童写出自己的姓。

（5）正确写出姓氏和名字的儿童。在儿童写姓名的书写活动中，教师不再给儿童提供名牌，因为他们已经能独立书写自己的姓名了。

模式

模式是幼儿园和学前班阶段一种常见的数学活动，教师可以对其进行调整以符合维果茨基学派的目标。理解模式是美国幼儿数学标准之一（美国数学教师委员会 National Council of Teachers of Mathematics, 2000）。这些模式包含了针对幼儿的简单重复模式（AB AB AB），更多项目的重复模式（ABC ABC ABC），项目内部重复的重复模式（AABC AABC 或 ABBBC ABBBC），或增长模式（ABC AABRCC AAABBBCCC）。模式的制作可以被用来当作潜在认知能力的教学情境，这些认知技能包括有意记忆、集中注意，甚至还有自我调节。通过参与模式活动，儿童还能学习符号替代以及标准的观念，即儿童在游戏中试图以不同的方式制作出相同的模式（标准）。下面是一些如何使用模式活动的范例：

（1）儿童将模式转化为动作。这些动作重复2—3次就变换。儿童"阅读"模式，按照模式中要素的数量做相同次数的动作。例如，使用一个特定模式的卡片，上面画有一个圆形和一个正方形。儿童被告知，当教师指向圆形时，他们需要摸摸自己的鼻子，而当教师指向正方形时，他们需要摸摸自己的肩膀。在进行了几次这样的动作后，儿童和教师决定变换动作，所以现在指向圆形的时候儿童要鼓掌，指向正方形时儿童要动动手指。接着他们又将模式变换成踩脚和单脚跳。

（2）儿童将模式转化为其他物品。儿童用单个的模式卡片玩游戏。教师给儿童一些操作物，这些操作物分别对应着模式中的要素。儿童需要依照卡片，做出相同的模式，其中蓝色小熊代表着圆形，红色小熊代表着正方形。同样地，代表模式的物品会被替换成不同的操作物，如玩具恐龙和海洋贝壳。

（3）儿童在纸上记录模式。要求儿童画一幅画，用来代表他们所看到的模式。这可以是将动作模式转化成书面模式。教师用屏幕后面的两个乐器来演奏一个模式，例如，打三下鼓和敲一次钹。儿童需要画出这个模式，或者更简单，从教师呈现的两张模式卡片中挑出正确的一张。教师也可以要求儿童将情境中看到的模式转化为画在纸上的模式。例如，儿童可能注意到，园艺工人在通过学校的路上种了一棵大树，然后种了一棵小树，再种一棵大树，再种一棵小树。要求儿童画一幅画来代表这种模式，然后将这种模式转化为正方形和长方形，并用图画的方式表示出来。

肌肉运动

正如在第 10 章中所讨论的，肌肉运动对于帮助儿童发展自我调节是很重要的。最有帮助的游戏是那些儿童在游戏中需要多次根据提示停止和开始的游戏。像"我说你做"（Simon Says）、一二三木头人（Freeze）、跟随领队（Follow the leader）、丢手绢（Duck, Duck, Goose）之类的游戏都要求儿童等到有了口头指令才能有所行动。这些指令是由其他儿童或教师发出的。

一些要求儿童必须随着歌词做出特定动作的歌曲、手指游戏以及表演故事这些也都要求抑制动作反应。跳房子、跳绳、随着节拍拍手和单脚跳等活动都要求特定的动作反应。与"我说你做"之类的游戏相比，这些游戏更为困难，原因在于儿童必须在一个特定的地方跳起来，或以特定的方式拍手。

有特定规则的比赛也能很好地促进年长儿童的动作控制。这些游戏可以很简单，如突破敌阵（Red Rover）；也可以很复杂，如足球或篮球。

教师可以对儿童轮流进行的游戏进行一些调整，通过传递球或棍子等外在中介物的方式表示"轮到我了"。已有教师将这种技术应用到围圈圈坐一起的时间，以帮助儿童轮流发言。有一位教师创作了一首欢迎歌，在这首歌中所有儿童都反复唱着他们的名字。这位教师使用了豆子袋，让儿童一个个地传递，豆子袋传到手上的时候儿童就必须说出自己的名字。

为入学准备提供支架

今天的学前班教师面临着一种压力，这种压力使得他们的课堂变成了缩小版的一年级课堂，里面充满了作业单和练习。一些专家认为，这是一种确保儿童为一年级做好准备的方式。正如我们在第 10 章中所提到的，这种类型的学前班课堂并不能保障儿童的最佳利益，因为它无法提供一些潜在的技能，而从长远的角度，这些技能能使学习变得更有效率和效益。当儿童能正确回答教师的问题时，看起来他们在大班教学中的行为表现是妥当的。但这样的学习情境并没有教会儿童真正的自我调节的技能。取而代之的，儿童学会了我们所说的"教师调节"，也就是说当教师在场时他们能控制自己，而一旦教师不在场，他们就控制不了自己了。一旦教师离开，儿童就无法再集中注意力了。另外，许多大班教学中的儿童看似专心，但实际上他们的心思早就不知道跑到哪里去了。自我调节意味着无论成人是否在场，儿童都能主动地执行动作。如果学前班教师帮助儿童发展自我调节技能，维果茨基学派认为儿童将能有效地学习认知技能和概念，并为下一发展阶段的主导活动——学习活动（learning activities）做好准备。

进一步阅读材料

Berk, L. E. (1994). Vygotsky's theory: The importance of make-believe play. *Young Children*, 50(1), 30-39.

Berk, L. E., & Winsler, A. (1995). Scaffolding children's learning. Vygotsky and early childhood education. *NAEYC Research and Practice Series*, 7. Washington, DC: National Association for the Education of Young Children.

Elkonin, D. (1977). Toward the problem of stages in the mental development of the child. In M. Cole (Ed.), *Soviet developmental psychology*. White Plains, NY: M. E. Sharpe. (Original work published in 1971)

Elkonin, D. B. (2005). Chapter1: The subject of our research: The developed form of play. *Journal of Russian & East European Psychology*, 43(1), 22-48.

Vygotsky, L. S. (1977). Play and its role in the mental development of the child. In J. S. Bruner, A. Jolly, & K. Sylva (Eds.), *Play: Its role in development and evolution* (pp. 537-554). New York: Basic Books. (Original work published in 1966)

第 12 章　小学低年级儿童的发展成就和主导活动

维果茨基学派认为，很多文化改变了它们对六七岁儿童的期望。这些文化认为，六七岁的儿童已经准备好开始接受正式教学，去学习那些对他们的文化而言很重要的技能和认知。强调学校教育作为六七岁儿童发展的主要情境的重要性，这种观点并不新鲜。很多心理学家和社会学家都认同这一事实（Cole, 2005）。儿童进入小学低年级，会期望遇到不同于幼儿园和学前班阶段的，比这些阶段更困难和更严肃的事情。所有学校，无论是公立的还是私立的，宗教学校还是世俗学校，都有一种特定的社会组织和特定形式的活动。

维果茨基学派将正式教学和非正式教学进行了区分，如学徒制，儿童跟在大人旁边工作，例如，妈妈教自己的孩子缝纫。他们并没有贬低学徒制中的学习，但他们认为学习发生在这一情境中的方式是不同的。与教师相比，家长提供了不同的互动，因为家长只对一个儿童进行教学，并且是在完成自身任务的过程中进行教学的。由于维果茨基学派主要关心的是正式教学，因此从 6 岁开始儿童的发展成就和主导活动都是与学校教育有关，是由儿童对学习的探索所支配和推动的。

小学低年级只涵盖了特定年龄阶段的第一部分，儿童在这一年龄阶段的发展成就得以成熟，而学习活动则是发展的主导活动。因此，为理解这些概念如何应用到小学低年级的儿童，我们首先描述维果茨基学派对正式学校教育的看法，接着讨论小学六年级之前儿童的发展成就，最后探讨在整个小学阶段都在进行的学习活动（learning activities）。本章的结尾，我们将讨论如何将上述内容应用到小学低年级。

正式学校教育和小学低年级的发展

维果茨基学派认为，西方社会中学校的功能随时间已经发生了变化。在过去的几个世纪，学校的功能主要强调让儿童具备能立刻应用到现实生活中的特定技能和知识。维果茨基学派开始认为，学校应该让儿童"具备文化工具"，从而使他们能适应不断演变的职场所提出的千变万化的要求。如今，很多后工业化社会对一名学校毕业生应该知道什么和能做什么有着相同的期望，计划、监控和控制自身认知过程的能力都是这些期望的一部分（Gellatly, 1987; Ivic, 1994; Scribner, 1977）。

世界各地的学校有着相似的特征，这些特征使它们区别于家庭、同伴群体和个别化的学徒制等社会情境，尽管学习也会在这些情境中发生。例如，在学校情境中，教师同时与很多儿童一起工作。教师使用书本进行教学，儿童使用书本进行学习。教学内容是按照特定的方式依次排列的。儿童学习抽象与科学的概念，也因此学习用抽象、逻辑和系统的方式进行思维，并应用这些逻辑思维来解决不同学科的许多问题。整个过程可能长达 12 年，小学低年级是儿童朝这个方向迈出的第一步。

一些儿童在进入小学时，已经具备了幼儿园和学前班阶段的发展成就（详见第 10 章），因此这种过渡对他们而言是很容易的。另一些儿童进入小学时则缺乏顺利过渡到小学的必要技能，因此他们在适应上会出现问题。要在学校中取得成功，儿童需要具备认知、语言、社会性和情绪等方面的能力，理解社会对学生的期望，并愿望承担这一角色（Carlton & Winsler, 1999）。所有能力和态度在儿童进入学校的头一年里持续发展。因此，恰当设计的教学过程能帮助那些尚未获得幼儿园和学前班阶段发展成就的儿童。

小学一到三年级，教师的主要角色是帮助儿童学会如何成为学生；小学四到五年级，教师的角色是帮助儿童行为举止像个学生；小学六年级，教师则是帮助儿童做好准备，以学习初中、高中和更高水平教育所教授的正式学科。在每个年级阶段，儿童必须学习适应与教师之间不同的关系，额外的和不同的认知和社会性要求，以及不同的学习方式。因此，教师的角色不只是教授内容。教师还要帮助儿童学会以一种更有效的方式进行学习，从而成为更有效率的学生，以及能够掌握困难的、多样化的知识库。儿童必须获得这些知识库才能在科技社会中成为具有生产力的成人。

小学阶段儿童的发展成就

随着儿童在小学结束前成功地参与到语言、数学、科学、艺术以及其他科学的学习中，他们获得了这一时期的发展成就：理论推理的开始、高级心理功能的萌芽和学习动机（Davyov, 1998; Elkonin, 1972; Kozulin & Presseisen, 1995）。这些都是建立在幼儿园 / 学前班时期的发展成就的基础上，并且只有在小学阶段的学习情境是以某种特定的方式组织的情况下，才会出现。

与前面章节所描述的其他发展成就一样，儿童必须参与这一时期的主导活动，即学习活动。如果不这样，那么儿童就只能部分获得这一阶段的发展成就，也不足以在下一阶段获得成功。在下面的讨论中，我们将描述在小学阶段结束前所出现的发展成就。我们将焦点放在小学一至三年级的发展成就，并单独进行讨论。

理论推理的早期阶段

小学阶段的理论推理

理论推理（theoretical reasoning）这一术语是形容儿童思考数学、科学、历史和其他学科内容的方式。但理论推理并不限于学校所教授的学科，它还能比尝试错误法更有效地解决现实生活中的问题。进行理论推理时，儿童应对的是物体或观念的基本属性，而这些属性可能是感官上可见到的或直观上很明显的，也可能不是，例如，与物体的浮沉有关的密度概念。

理论推理使儿童能更深入地理解科学概念（scientific concepts）。与此同时，在学习科学概念的过程中，理论推理得到了进一步的发展（详见下文关于维果茨基理论中日常概念和科学概念的讨论）。需要注意的是，科学（scientific）一词并不意味着这一概念只与生物或化学有关。科学一词意味着一门学科，包括艺术、历史和经济等，有一个理论基础的核心并由这个核心组织而成。因此，在艺术、历史和经济等学科都有科学概念。例如，在语言艺术课程中学习文学分析中的暗喻和明喻分析，或者学习历史中殖民地的概念，这些都是科学以外的其他领域中科学概念的范例。

小学低年级的理论推理

在 6—10 岁之间，儿童开始学习获得理论推理。这一发展过程直到 18 岁甚至更晚才会完成。但小学低年级是基本读写能力，内容领域最基本的单元或概念的形成时期，而这些会促进理论推理的发展。例如，数字作为计算数量的组织方式，是数学的基本概念，数学教学的内容应该以此为中心。为理解这些读写能力的发展，我们必须区分日常概念和科学概念的不同。

在日常概念中，意义是通过儿童自身的直接经验于情境中建构的（Vygotsky，1987）。儿童从这些意义中概括出关于自己所看到的现象的观念。这些观念通常是非系统性的、经验性的和无意识的（Karpov & Bransford, 1995）。儿童是以毫无计划性的方式形成了这些概括：完全取决于经验是如何发生的，而且没有计划或监控这些经验的情况。对比物体，发现所观察到的共同特性，并创造出关于这类物体的一般概念，经验学习就是以上述过程为基础的。例如，儿童观察到很多东西会沉下去和浮起来，他们根据自己注意到的什么会沉下去，什么会浮起来以及为什么特定的东西会浮沉，概括出规律或概念。由于受限于他们能直接观察到的特性，儿童得出的结论一些与密度、排水量等科学概念相符（例如，轻的东西会浮起来），一些则不相符（例如，认为金属物体会沉下去）。无论日常概念在日常生活中多有用，也无论它对科学概念的后期发展有多重要，日常概念都与科学概念不同。

科学概念的基本属性是被特定的科学学科所确定的，不一定是日常经验的产物。科学概念是在一个概念系统中被教授和呈现出来的，这一概念系统使得儿童能使用他们无法看到的或直观上不明显的观念。每个科学领域都有自己的基本假设和语言。这些都被当作定义来介绍，儿童必须学习这些才能理解这一科学领域的概念。只有当儿童了解基本假设和定义时，这些概念才有意义。例如，哺乳动物是有意义的，因为它是界、门、纲、目、科、属、种分类法的一部分。

与日常概念不同，多数科学概念是在特定学科的历史中形成的，并由此产生了一个一致同意的决定某个特例是否符合这一概念的标准的程序。这些程序可以是一系列经过特殊设计、精心控制条件的实验，也可以是一系列规定的逻辑步骤。与日常概念不同，科学概念是以物体的基本属性或某一特定类别的事件为基础的，这些属性或事件可能是可见的，也可能是不可见的。科学概念是以符号和图表模型的形式，或是通过一系列特殊的程序呈现的。在学习这些概念时，学生学习某一特定学科所独有的特殊分析方法。不同于日常概念，科学概念能促进问题的解决，因为它们从内部已经提炼出普遍的和最佳的方法来解决特定类别的问题。因此与只能依靠自己的经验不同，学生还可以应用前人的知识和经验。例如，巴西街头上的儿童没有接受过正式的学校教育，也能学会多个数字的加法（Saxe, 1991）。每天，他们通过买卖来谋生时，都在运用这种知识。但这种加法和减法的能力不同于正式的数学教学，而正式的数学教学能使儿童理解代数和微积分。为使儿童理解数学原理和解决这些更为抽象的问题，他们必须通过正式教学经历数学学习过程。儿童是无法独自发现代数和微积分的。

为学习科学概念，儿童必须不只学习一套定义。他们必须学习与这个定义有关的规则和一套程序。了解角度的定义是不够的，儿童必须能识别和使用角度的定义以创造出角度、分析几何图形和解决问题。定义与使用定义的程序 / 过程密切结合，这样儿童的理解不只是表面层次的知识，而是在一种生产性的、更深的意义层面上的理解。

维果茨基说，科学概念"向下扎根"到已有的日常概念中，日常概念"向上生长"为科学概念（Karpov & Bransford, 1995）。一旦儿童学习科学概念，他们的日常概念就具有了新的意义，它们的使用也开始变得更准确和系统。例如，学习地球的自转会导致儿童对黑夜与白天的概念有了不同的理解，而原先这些概念是在儿童自身经验的基础上形成的日常概念。类似地，学习恒星、行星和卫星之间的不同，这给占星学赋予了不同的意义。说话时能建构出句子，不同于能用图表示句子的成分。但如果儿童缺乏背景知识，或者他的日常概念与传统意义不相符，那么儿童在科学概念的获得上会遇到困难。例如，如果儿童没有"更多"和"更少"的日常概念，那么当"大于（＞）""小于（＜）"等观念应用到数字上时，儿童将无法理解这些观念的意义。

在约翰斯顿先生的二年级课堂中，我们能看到日常概念和科学概念间的差异。在课堂上，约翰斯顿先生让学生将他们对雨林的理解列出一个清单。结果，这个清单变成了儿童关于雨林的日常概念的目录。儿童写了一些话，像是"它有树"，"我们砍伐树木，然后毁掉那片林地"，"小鸟死了，因为它们没地方生存了"，"我喜欢雨林"。约翰斯顿先生以相关科学概念的形式呈现了有关雨林的信息。他详细阐述了雨林是一种有着特殊属性的生态系统，正是这些特殊属性使它不同于其他生态系统。他还解释了栖息地的破坏对动植物生存的影响。在一个课程中学习了雨林之后，儿童被要求写下他们现在知道的内容。约翰斯顿先生能看到科学概念融入日常概念里，因为儿童在写作中开始使用科学语言。现在，他们所写的内容像是这样，"它是有着茂密树木的栖息地，还下很多的雨""它不是沙漠"以及"有很多种不同的植物和动物生活在那里，因为它们需要雨水才能生存"。科学概念改变了儿童思考雨林观念的方式。同时，儿童的直观概念也被用来当作科学概念的起点。

科学概念形成了理论推理的基础，科学概念的教学推动了它的发展。只有儿童参与到能促进科学概念的活动中，否则这一发展成就将不会出现。

高级心理功能的萌芽

小学阶段的高级心理功能

第二个发展成就是高级心理功能的出现 (emergence of higher mental functions，缩写为 HMF)，我们在第 2 章中介绍过。与其他一些心理学家相同，维果茨基认为高级心理功能是与抽象的、反省的、逻辑的思维联系在一起的。高级心理功能是有目的的、随意的和间接的。它们与心理功能的内化联系在一起，发生在相互联系的高级心理功能的系统中，是从共享的功能过渡到个人的功能才得以出现的。

小学阶段的儿童刚刚开始发展高级心理功能，一直到 18 岁左右高级心理功能才得以发展完全。但要在小学阶段取得成功，儿童必须在高级心理功能的某些水平上操作。例如，儿童必须能根据要求进行学习，并根据教师制定的能在小学低年级取得成功的计划进行学习。他们必须能集中注意力和有意地记忆。他们必须开始能自我调节心理过程，这样他们才能将自己的学习与教师期望他们了解的内容进行比较。没有部分获得高级心理功能，即使是在小学低年级，儿童也无法在学校中获得成功。

以小学低年级所需的集中注意的类型为例。学龄前阶段，教师使用"注意力集中"表示儿童必须忽视干扰物，注意力集中在教师所做的和所说的。它涉及安静地坐着，不跟其他人说话，眼睛看着教师。这些词汇的意义到了小学阶段发生了改变。现在儿童必须透过教师看到他示范的技能、概念和过程，而不只是专注在教师的动作上。儿童必须看透教师所使用的词汇和动作的表面，来理解教师所教授的特定事物。儿童必须从教师所呈现的内容中推断自己所要学习的内容。

有意思的是，我们会跟没做好或犯错误的儿童说他们要集中注意力，就好像这是一种神奇的能力，它能带来十足的意志力让人能够忍受状况，因而能进行"学习"。事实常常是儿童并不是没有集中注意力，而是将注意力放在错误的事物上。更为确切的说法应该是"将注意力集中在这个属性上，而不是那个属性。"迪莉娅必须找到黑板上句子中的语法错误。这个句子是"We wents to the store to buys a apple."迪莉娅读了这个句子，觉得里面没有错误，因为昨天她们班的确去了商店买苹果，好用来做苹果派。这种情况不是因为迪莉娅不专心，或她没有读句子，又或是没有参与到活动中，而是因为她专注在错误的事情上。她留意的是句子的意义，而非语法。

小学低年级的高级心理功能

在小学低年级的早期，高级心理功能刚刚开始萌芽，因此儿童能执行一些策略，但需要情境性支持或协助才能有效地使用它们。这些协助可以是与同伴或教师的共享活动。由于他们刚刚开始计划、监控和评价自身的思维，因此儿童可能还无法完全意识到自己的思维过程，他们需要共享活动才能在最近发展区的高水平上有所表现（Zuckerman, 2003）。维果茨基的同事所进行的研究发现，小学低年级儿童能从视觉辅助、操作物以及第 5 章所描述的学习帮助中获得最大的受益。在给予这些中介物的情况下，儿童能在记忆、注意和问题解决上有更多的收获。此外，参与协作 / 共享活动能促进高级心理功能在思维中的运用。来自教师或同伴的口语提醒与提示也是有帮助的。写作和绘画为反省思维提供了额外的支持。随着儿童在小学阶段获得进步，他们越来越多地依赖写作，将其作为学习主要的支持。因此，书面语言成为帮助高级心理功能发展的主要心理工具。在高中和更高水平的教育中，学习依赖书本和书面文字的程度不断提高，而越来越少地依赖口语交流。持续的学习活动经验能强化和培育儿童求学阶段高级心理功能的进一步发展。

学习动机

小学阶段的学习动机

这一时期最后一个发展成就是学习动机（motivation to learn）。学习动机包括接受学生的角色、内化成绩的标准以及探索动机（求知欲）。正如我们在前面所讨论的，儿童意识到小学阶段的学习要比幼儿园和学前班阶段严肃得多。有关儿童对学校的态度的研究（Elkonin & Venger, 1988）表明，儿童认为小学阶段的学习更为重要，并且觉得幼儿园和学前班阶段他们就是在玩，因此没那么严肃和重要。这种对"真实的学校"认真的态度，使儿童准备好投入心理努力，忍受挫折以及认真地看待成就，而这些都是成功所必需的品质。不具有这种对学校重要性的态度的儿童，将无法维持学习的积极性。维果茨基学派认为，儿童能否发展出学习动机，取决于他们的学校经验是如何展开的。通过在学习上取得成功，儿童能发展出更多的学习动机。动机不是一成不变的人格特征，而是一种易受外界影响的东西。很多其他的心理学家也赞同这一观点（Stipek, 2002）。

维果茨基学派为学习动机的观念增添了另一个方面，将它定义为不仅仅是对学习的渴望，也包括对成绩表现的逐渐内化。这些需要理解活动的目标以及必须达到的掌握水平。起初，这一知识是在儿童的外部，教师一般会告诉儿童她在教什么以及儿童的反应是否正确。最终，儿童内化了这一标准，并开始能在教师评分或反馈之前预测自己做得怎么样。这种标准的内化并不会消极地降低儿童对学习的渴望，相反，它是发展一种内在指南针的方法，而这种内在指南针会帮助儿童避免潜在的失败和挫折。

如果我们将标准看作告诉儿童他们离熟练掌握还有多远距离的指示牌，那么很明显，设定一个模糊的或不准确的标准必然会使他们丧失学习动机。例如，下面两个儿童，谁会更挫败？一个儿童知道一段文章有五个要素，她已经写了其中三个，但还缺少另外两个；另一个儿童则只知道自己"写得不够好"。很明显，准确知道自己欠缺了什么以及如何修补的儿童会有更强的动机，在下一次写作做到更好。而只知道"写得不够好"的儿童则变得很沮丧，因为他不知道什么才是"写得足够好"。他是应该多写两页还是详细阐述某一特定主题？下次他需要做什么才能得到更好的成绩？

儿童之所以学习，有很多原因。一些儿童学习是为了取悦父母，一些是为了吸引朋友的注意，还有一些是为了取悦教师。有着探索动机（enquiry motivation）或求知欲的儿童，有一种普遍的好奇心和坚定的决心。他们会将这些品质应用到学习的很多领域，而不只限于成人所教导的部分（Davydov, Slobodchikov, & Tsukerman, 2003）。这一发展阶段的目标是让儿童建立探索动机，这样他们开始对学习感兴趣，并且无须他人的要求就会进行学习。而被要求学习某事物时，儿童也能从中发现自己感兴趣的东西。这些儿童有着非实用主义的好奇心（Bogoyavlenskaya, 1983; Poddyakov, 1977），即使没有有形的报酬，儿童的兴趣依旧存在。凯文读了有关本杰明·富兰克林（Berjamin Franklin）电学实验的书籍中的一章，因此他写了两段文字的总结。他想知道富兰克林是否还有其他的发明，因此他去图书馆查阅其他有关富兰克林发明的书籍。而这激发了他对电的好奇心，很快，他又去查阅有关电的书籍。凯文的好奇心将他引向很多不同的领域，而在这个过程中凯文表现出了探索动机。达维多夫指出，没有探索动机的儿童，他们学习的动力主要来自成绩或教师的表扬。探索一词是俄文中 poznavatel'naya 一词翻译而来，尽管它与西方社会中内在动机的观念比较相似，但两者在对学习和求知欲的强调上存在差异。

维果茨基学派认为，缺乏探索动机（求知欲）的原因在于，儿童与其社会情境之间互动的失败（Elkonin, 2001a; Leont'ev, 1978）。可能是社会情境不支持或重视学习，也可能是儿童不能区分学习与非学习的努力，如玩或社会互动。社会情境必须传递一系列与学习的本质有关的期望，从而促进标准的内化。如果每天上学前，杰西卡的父母都会告诉她"老师叫你做什么，你就做什么。不要惹麻烦"，那么杰西卡很

难会发展出探索动机。但如果父母说"今天要记得学习一些东西"，那么她更可能
会发展出探索动机。课堂也要传递有关学习期望的信息。如果多数课堂活动包含了
对特定事实的训练，但很少有时间去集思广益以及讨论观点，那么这种课堂给儿童
传递的信息是，记忆远比好奇心重要。一些儿童进入学校时，还尚未理解学习与社
会互动间的差别。他们不会注意教师，而是与其他儿童交谈和聊天。如果教师强调儿
童必须专心学习，那么教师处理这种混淆的方式能带来积极的结果。

小学低年级的学习动机

正式学习的动机开始发展于小学低年级。很多儿童没有获得这种动机，尤其是
那些幼儿园或学前班经验未能使他们获得自我调节技能的儿童，而这些技能是在小
学课堂这种新的、根据要求进行学习的情境中取得成功所必需的。教师需要为动机
的每个方面都提供大量的支持。例如，教师需要将儿童需要内化的学习标准清晰地
表达出来。同伴也可以帮助儿童使用标准以及维持动机。获得成功对动机的发展有
着至关重要的作用。

主导活动：学习活动

厄尔尼克（1972）和后来的达维多夫（1988）将小学阶段的主导活动定义为学
习活动。学习活动（Learning activities）是由探索动机（求知欲）推动的儿童自发的
活动。它开始是一种成人示范和引导特定内容的过程，这一特定内容是正式的、结
构化的，并由文化所决定的，例如，学习词性、数字运算以及如何识乐谱等。在早
期阶段，学习活动不是由某个儿童单独完成的，而是展现为多名儿童参与的群体活动。
到了成熟时期，学习是儿童在各种情境和状况下都可以参与的活动，而不只限于课
堂情境。

学习活动的目标不只是学习事实和技能，还有通过掌握 sposoby deyatel'nosty，
也就是俄语中的自身行为的"方法和手段"或"方式和手段"来改变学习者的思维
（Elkonin, 2001b）。儿童创造出与教师相同的产物或正确答案，是不够的。答案必
须是正确的心理过程内化的结果。

相反，如今多数教学都想当然地认为，儿童创造出了与教师的范例相似的东西，
也就意味着儿童是通过与教师相同的过程而获得这一结果的。以抄写黑板上的例句
这一简单的事情为例。一些儿童只是模仿例句，将每个字母看作孤立的"图片"并
将它们复制到纸上。另一些儿童则是阅读例句，并试图记住它，然后将它写出来，

并用黑板上的例句来检查自己是否拼写正确。尽管所有儿童都会创造出与教师的范例相似的结果，但儿童如何写出句子的过程是非常迥异的。在学习活动中，学习过程被设计成教师能看出儿童是否使用了自己希望他们学习的过程。创造出的结果与教师的范例相似只是儿童学习正确过程的副产物，而不只是单纯的模仿。

在儿童看来，参与学习活动感觉很像是探索过程和观点。与发现学习相同，学习活动也有"啊哈，我知道了"的时刻，但差别在于学习活动是由教师引导的。例如，在一则俄国课堂使用学习活动的转录文字中，教师询问儿童如何用图形来表示"a + 4a"。儿童想出了两个答案，其中一个是不正确的，因为"a"部分的大小跟"4a"部分相同。接着教师要求儿童展示给她看，为什么一个是正确的，而另一个是错误的。儿童提出了正反两方面的观点。教师继续提问，从而揭示她想要教授的过程。在儿童看来，这是一次发现之旅。课程的第一部分结束时，黑板上呈现了正确的图示。课程继续进行，而教师则呈现更多的范例，以便让儿童使用不同的数字组合来检查这一图解模型（Berlyand & Kurganov, 1993）。教师通过提问来引导儿童找到正确答案。然而教师并没告诉儿童正确答案是什么。

学习活动的定义

同游戏一样，维果茨基学派对学习活动的构成部分进行了严格的定义（Davydov & Markova, 1983; Elkonin, 2001a）。要成为学习活动，一个活动必须有以下几个部分：

（1）学习任务（learning task）作为行为的概括性方式，这是学生需要学会的；

（2）学习动作（learning actions），这会导致所要学习的动作的一个初步的表象的形成；

（3）控制动作或反馈（control actions or feedback），这是将动作与标准进行比较；

（4）动作的评估或自我反省（assessment of self-reflection），表明学习者能意识到自己所学的内容；

（5）动机（motivation）或对学习和参与学习任务的渴望；求知欲成为活动的组成部分，这样儿童会将任务看作值得学习的、有趣和有用的事情。

学习任务

学习活动的目标不是获得事实，而是获得儿童被期望去学习的概括性动作。事实是具体案例或范例，用于练习这种概括性动作。维果茨基学派区分了手边的特定任务和学习任务。只有当手边特定任务的解决能引发儿童使用概括性动作，它才是有用的。因此，学习摒弃了获得正确答案的目标，而转向获得正确答案这一过程，因为正是运用这一特定过程，儿童才能获得答案。因为拼写测验跑去记词汇可以看作一种手边的任务；学习建构一种特定类型词汇的规则，则是一般原理。维果茨基学派认为，应该强调后者。

厄尔尼克举了一个例子，教导儿童如何分解数字从而能在头脑中进行加法运算（Elkonin, 2001a）。教师引导儿童去发现 7 + 8 和 6 + 7 等数字的求和中的一般模式。学习任务是发现如何将小于 10 的数字进行分解，从而使用数字 10 作为策略来促进加法运算。在这个例子中，教学重点是教授概括性原理，而不是具体的案例。儿童不是简单地记住从 11 到 20 的数字事实，而是将它们当作概括性规则的范例来进行学习。

学习动作

要解决学习任务，儿童必须实施某些学习动作。下列是学习动作的一些范例：

（1）改变学习任务以发现一般原理；

（2）使用图片、图式、符号等来示范识别出的一般原理；

（3）操作一个或多个模型以阐明和改善一般原理；

（4）将一般原理应用到不同的特定问题上。

每个被内化的学习动作起初必然是以序列的、外显的形式存在的。当儿童最初学习这一过程时，她必须一步一步地进行，还需要使用中介物和操作物来让这些步骤变得具体和可辨识。这些学习动作帮助儿童形成了一种所要学习的概念和过程的视觉的、概括性的表象。随着儿童内化学习动作，每一步所需的有形操作物就变得不必要了，她开始使用动作的符号表征。最终，这些步骤变得自动化和折叠的，这就意味着学习者不再意识到每个单独的步骤，而是将整个过程视为一个统一的整体。

在前面使用数字 10 来促进加法运算的例子中，学习动作涉及以非常特别的方式呈现每个求和中的一个数字。这个数字将被分解为两个数字，其中一个与原先加法运算中的另一个数字加起来等于 10。例如，8 + 7 将被呈现为（5 + 3）+ 7，等同于 5 +（3 + 7），也等同于 5 +（10）。类似地，6 + 7 也可以被呈现为 6 + 4 + 3。分解数字可能会涉及计算器、方块积木（unifix cubes）或方格纸的使用。另一个学习动作涉及将加法的一般模式运用到新的范例中，如 4 + 8。

厄尔尼克箱的使用是另一个例子，它是给刚学习音位意识的儿童使用的（如图

12.1 所示）。厄尔尼克箱最初的用途已经被西方的一些读写活动课程所改变，以用于其他的目的，例如，帮助儿童学习音—形对应（Clay, 1993）。在其最初的版本中，厄尔尼克箱是学习动作这一概念很好的例证。厄尔尼克箱被设计用来向儿童教授"音位"的概念。向儿童呈现一张带有图画的卡片，图片的下面有一组连在一起的箱子，用来代表音位。儿童在切分单词的音位时，会将筹码推进箱子里（如图12.1 所示）。例如，单词 fish 是由三个箱子表示。儿童一边说"f""i""sh"，一边将三个筹码一个一个地推进对应的箱子中。在说出语音的同时，将每个筹码推进箱子的行为能帮助儿童形成该单词中音位的心理表象。这一表象有动觉的、听觉的和发音的特征与之联系在一起。这种学习动作对于建立"单词是由音位组成的"的观念是极为有效的。几周内，儿童很容易就能按要求说出三音位或四音位的单词，并且无论教师给出的单词是否能用图片表示，儿童也能很轻松地将它分解为对应的音位。因此，通过分解然后组合单词中的音位，学习动作使儿童发展出音位意识。

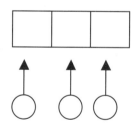

图 12.1　厄尔尼克箱

　　学习动作涉及模型及其特性的探索，以及通过具体问题来检验模型。例如，在前面的例子中，教师给予儿童很多有着厄尔尼克箱的图片，这样儿童就能探索模型。他们尝试识别出很多不同单词的音位。他们能理解"单词是由这些成分组成的"这一观念。接着，一旦儿童看似理解了模型，教师将呈现不同的单词，并要求儿童试着识别这些单词中音位的数量。儿童可能仍在使用操作物，或有着三四个箱子的图片，用来提醒自己该做些什么。儿童被要求说出有着不同音位数量的单词。这一学习动作不仅涉及探索特定单词的音位，还包括最终在新的单词上检验这一新发现的知识。

将这一新知识迁移到新的情境中也被规划为学习动作的一部分。

　　一旦儿童学会了一般原理，部分学习动作是要将一般原理作为分析其他需要更深入理解的问题的基础。教师提供给儿童的范例将与学习最初阶段所提供的有很大的不同。这些规划好的变化是教师设计用来迫使儿童决定如何应用最初的原理。如果在这些更为复杂的案例中儿童犯错了，那么教师要鼓励他们重新审视最初的模型。

控制动作或反馈

　　学习活动的第三个特征是内置的控制动作或反馈。一个特定的学习活动应该有反馈包含其中，这样儿童才能知道自己是正确的还是错误的。有时，反馈很简单，它会立即告诉儿童他们是否正确。回到厄尔尼克箱的例子，儿童知道自己是否拼出了正确数量的语音，因为他们只有正确数量的筹码和箱子。如果他们说的是"fi"、"sh"或"f"、"ish"，他们会知道自己是错误的，因为还剩下一个筹码和箱子。他们知道自己在切分单词的时候，没有说出足够的语音。这会导致他们检查自己的错误。接着，儿童不需要等待教师的反馈就能自我纠正。

　　反馈的另一个方面是让儿童能将自己的表现与标准或基准进行比较，而这会显示出儿童离熟练掌握还有多远的距离。这点是非常重要的，因为通过这一动作，儿童开始内化特定任务的标准。有关学习的研究表明，优秀学生和较差学生之间的一个区别就是知道自己懂得某件事情的能力（Zimmerman & Risenberg, 1997）。优秀的学生能估计自己的表现离熟练掌握还有多远的距离，而较差的学生通常不知道自己的答案是否准确。在恰当设计的学习经验中，内化标准这一行为是内置于活动中的。儿童开始学习如何判断他们现有的表现与熟练掌握之间的差距。这有助于学习动机，因为它让接下来所需要的步骤变得清晰。接着儿童就能提前思考，因此自我纠正对未来的表现是有意义的。不同于只是继续猜测，儿童重新审视自己的工作，并做出改变，而这些改变使学习过程有更大机会获得进一步发展。

　　学习活动涉及探索模型的多个循环，要求儿童将概念或过程应用到某个概念越来越多样化的范例中。因此，儿童必须继续评估自己的掌握程度。重新审视自己对最初的概念或过程的理解成了学习活动的组成部分，儿童以此建立自信和更深入的理解。当发生错误时，分析这些错误的原因的方式也成为学习过程的一部分，揭示了误解和对概念不清楚的方面。这些错误有助于加深学习和理解。

　　维果茨基学派认为，学习以及随后的练习通常都建构得不够仔细。因此，错误除了能说明儿童错误以外，无法为学习过程产生很多信息。学习者只能自己去发现为什么他得出了错误答案。错误没有让儿童了解他不理解什么，相反它常常会让儿童变得更加困惑。

达维多夫及其同事强调，成绩与学习活动中的反馈有着巨大的差别。成绩趋于总结表现，但不能为儿童指明达到熟练程度所必需的步骤。它们容易使儿童的焦点离开过程，而转向结果。另外，成绩是教师给予的，因此它们将教师放在控制学习过程的角色上，而不是将责任与儿童共享。为在学校中取得成功，儿童需要能自我评估。

这种控制动作或反馈的能力是多数幼儿在缺乏帮助的情况下无法完成的。由于这个原因，维果茨基学派提倡教师精心的指导连同同伴群体的使用，来帮助儿童互相练习这一动作。这种他人调节的例子像是，将儿童配对，让他们利用厄尔尼克箱来进行语音分析的活动。一个儿童完成一个动作（例如，一个音一个音地说出单词），同伴则来检查这一表现是否和指定标准相同（例如，将筹码推进箱子里）。与单独工作相比，一起工作的状况下儿童能更准确地拼读出单词。因此，在小学低年级，控制动作不仅涉及自我纠正的材料或发现自己是否正确的机制，而且还包括同伴的支持（Zuckerman, 2003）。

自我反省

在学习活动中，儿童被要求反省，并对自己所学习的内容进行自我评估。达维多夫认为，儿童必须能退一步思考，并开始意识到，参与这一活动使得他们能做到哪些之前不知道或不能完成的事情。能独立地理解和表达学习的结果是年长儿童的发展目标。这种自我反省要到小学结束，甚至到初中和高中，才会在儿童身上出现。

小学低年级的学习活动

达维多夫、厄尔尼克和其他人已经将这种学习活动方法应用到俄国小学一年级的很多学科领域中（Davydov, 1988; Davydov, Slobodchikov, & Tsukerman, 2003; Elkonin, 2001a, 2001b）。这些应用的一个主要教训就是，小学低年级的儿童在没有大量支持的情况下，尚未准备好参与控制动作/反馈和学习活动的自我调节方面。因此，维果茨基学派提倡，使用同伴群体来帮助儿童吸收学习的这一重要方面。他们认为，他人调节与儿童成熟时最终对自己所做的事情是类似的。他能进行学习动作，并同时参与自我反馈。他人调节是动作的控制处于共享的状态，即儿童参与到针对另一个儿童的控制动作和反馈。最终，经过很多次练习后，儿童能自我批判。一个例子就是儿童配对完成编辑他们作品的活动。一个儿童写故事，另一个儿童则用一个常用单词表来检查错误。编辑用下画线标出拼写错误的单词，然后就哪些单词没有拼写正确给作者提供反馈。一个儿童完成活动，另一个儿童提供反馈。他人调节内置其中的活动为儿童提供了很多他们所需的反馈技能（Zuckerman, 2003）。

另一个例子是采用特定的方式在课堂上呈现信息，使得同伴群体不断地彼此互动来发现难题或疑问的解决方法。这与现今要求儿童各自给出答案的教学实践有很大的不同。教师可以在小组或大群体中呈现问题，但鼓励儿童彼此交谈以提出问题的解决方案。以这种方式，教师更像是观念的中介物，来帮助儿童整理出重复的或错误的解决方案。教师鼓励儿童交换观点。这可以是一种教师指导的头脑风暴的环节，儿童先提出大量的观点，接着运用教师教授的原理、概念或过程来评估群体所提出的观点。

此时，儿童的自我反省开始发展。学习目标必须在学习活动结束时重新陈述，以提醒儿童他们在活动中尝试做了些什么。教师必须为儿童提供机会，让他们自我反省学习过程。有关如何支持自我反省的建议，将在第 13 章中讨论。

进一步阅读材料

Davydov, V. V. (1988). Problems of developmental teaching: The experience of theoretical and experimental psychological research. *Soviet Education*, 30, 66–79.

Elkonin, D. (1972). Toward the problem of stages in the mental development of the child. *Soviet Psychology*, 10, 225–251.

Karpov. Y. V., & Bransford, J. D. (1995). L. S. Vygotsky and the doctrine of empirical and theoretical reasoning. *Educational Psychologist*, 30(2), 61–66.

Zuckerman, G. (2003). The learning activity in the first years of schooling: The developmental path toward reflection. In A. Kozulin, B. Gindis, V. S. Ageev, & S. M. Miller (Eds.), *Vygotsky's educational theory in cultural context* (pp. 177–199). Cambridge: Cambridge University Press.

第 13 章　促进小学低年级儿童的发展成就

正如第 12 章中所提到的，小学低年级的儿童是在发展一些智能的要素，而这些智能将会在高年级出现。小学阶段的头几年是儿童基本读写能力的形成期，而基本读写能力是理论推理的基石。在这一阶段，儿童了解到数学的基本单元以及对读写能力的理解，如"词汇"的概念和元语言意识。儿童获得了书面语言，这是一种极为重要的文化工具。随着儿童掌握的书面语言越来越多，他们的学习能力也逐渐提高。

高级心理功能也在这一年龄阶段出现。多数儿童能有意地记忆、集中注意力和自我调节心理行为的部分方面。记忆、注意和自我调节发展到一定水平，儿童才可能在高年级时获得成功。但此时，这些心理功能的水平离在高年级获得成功所需的水平还有很长的一段距离。以正式的形式进行学习的动机刚刚开始发展，儿童不再将游戏作为主导活动，而是开始承担学生的角色以及发展探索动机（求知欲）。

理想状态是，儿童进入小学低年级时，已经获得了幼儿园和学前班阶段的发展成就。但遗憾的是，事实并非如此。很多小学低年级的教师发现，他们的儿童实际上仍是"学龄前儿童"。教师常常面临的问题是，必须在教授小学低年级学生该具备的技能的同时，还必须帮助他们建立有效学习的能力基础。

在本章中，我们将探讨小学低年级（一至三年级）教师经常遇到的两个与支架有关的挑战。第一个是提供课堂情境，使学习活动适合这一年龄阶段儿童正在发展的技能。此时，儿童还无法自己参与成熟的学习活动。儿童需要支持来促进已纳入到所有课堂经验中的学习活动的发展。教师必须调整自己的教学策略以创造条件，使六年级时所需的发展成就都能出现。但这些学习活动也必须适合一、二年级学生的技能和学习水平。小学低年级的焦点是帮助儿童学习如何成为一名学习者——如何以最大生产性的方式参与学习活动和其他发生在课堂中的活动。

小学低年级教师的第二个挑战是帮助那些没有获得幼儿园／学前班阶段发展成

就的儿童，以及因未获得这些发展成就而无法应对正式学校教育要求的儿童。教师如何才能帮助这些儿童，使他们避免更加落后于那些准备好的同学？到了小学低年级末，儿童应该成长为有能力的学习者，可以面对高年级以及更高水平教育的学业挑战。

在第 12 章中，我们描述了学习活动完全形成时的结构。在发展学习活动前，小学低年级的儿童仍有一段很长的路要走。根据特定课程的内容和特定教师的方法，此时儿童只能参与学习活动的要素。例如，数学因其序列结构和明确的程序，可以被用来提供识别特定学习任务的练习。通过让儿童比较自己的作品与范本，拼写为儿童提供了练习控制和自我评估的要素。到了高年级，学习活动的所有方面都会在同一活动中得到练习。但在小学低年级期间，特定的科目为学习活动的不同方面提供了支持。

为确保儿童获得和发展学习活动的要素，课堂练习必须进行设计，从而能以特定的方式促进学习。我们将从达维多夫（Davydov, 1988）、厄尔尼克（Elkonin, 2001）以及朱克曼（Zuckerman, 2003）的著作中总结出一些建议。这些建议都强调明确的学习任务、学习标准以及自我反省等要素。接着，我们将根据加里培林（Gavperin, 1969）的工作，为如何促进学习动作的发展提供一些方针。

促进学习活动的关键要素

教师在教学时可以通过调整课堂练习，以涵盖学习活动的特定要素，从而促进学习活动。这些学习活动的要素分别是：

（1）使用模型来帮助儿童理解概括性动作；

（2）帮助儿童"透过"活动理解学习目标；

（3）帮助儿童理解标准的概念和学习如何使用标准来指导学习；

（4）设计一些方法来促进反省。

使用模型来帮助儿童理解概括性动作

儿童在开始学习概念和概括性动作时，特定的外在中介物能促进这些重要的过程。外在中介物的使用是极为有效的，尤其是当这些外在中介物本身是儿童需要学习的基本原理的模型时。例如，经过特殊设计，操作物可以体现出所要学习的概念，例如，古氏积木中不同长度的积木能说明个位数和十位数之间的关系。图示法也能帮助儿童内化所学习的原理。为理解故事的开头、中间和结尾，儿童可以制作三个故事情节的串连图板，分别代表故事的一个部分。操作物和图示法都能帮助儿童学习位于概念和概括性动作中心的各种关系。

要使用操作物和图示法来促进概念的发展，教师必须小心关注在儿童使用这些外在中介物的方式上，而非儿童使用这一过程所创造出的产品上。关注在产品上可能会误导教师，因为两个儿童创造出的产品相似，但他们用来创造这些产品的心理过程却是不同的。舒老师班上的学生正在用不同颜色的方块积木（unifix cubes）表示数字 8。她想让儿童明白，如果用两种颜色的积木来表示数字 8，可以有不同的组合，它们加起来都是 8。她示范了下面几种组合：1 蓝 + 7 红，2 蓝 + 6 红，3 蓝 + 5 红以及 4 蓝 + 4 红等。她把积木展示给儿童看，并解释自己所做的事情。一些儿童做了相同的模式。当她问克妮莎老师做了什么时，克妮莎说："每增加一个蓝色的积木，就要减少一个红色的。"当她问达伦时，达伦说："老师做了一个很酷的楼梯。我要做的就是，把这些蓝色的积木变成一步步的楼梯。"舒老师立即发现，只有克妮莎理解了她试图教会学生的一般原理。事实上，整个教室里所有儿童中只有克妮莎一个人理解了原理。剩下的学生都正确地搭建出积木的形状，但却不理解背后的原理。如果仅从表面来看学生做出的成果，会以为所有儿童都理解了原理。

厄尔尼克强调，儿童必须要有充足的时间进行实际操作，才能真正掌握操作物这些模型所蕴含的概念。如果操作物太快被移除，或完全没得到使用，儿童将会错失学习的一个关键（时期）。让儿童充分地体验操作物所提供的概念模型，这一观点也得到了加里培林的支持。我们将在下面的内容中详细讨论这一观点。需要注意的是，维果茨基学派并不认为，计算器在学习加、减、乘、除等运算的早期阶段是非常有帮助的。它能计算出答案，但无法让儿童参与到仿效加、减、乘、除等过程的动作中。

帮助儿童"透过"活动理解学习目标

儿童必须理解练习的目的，或是被要求完成的活动背后的意义。他们倾向于将产品看作是目的，并且认为只要自己做出的产品与老师的相似，那就够了。他们无法理解，不仅产品重要，而且他们创造产品的过程也是重要的。教师必须向儿童解释清楚，之所以这样指派练习，是希望儿童能准确地重复他们学习的过程。在一个一年级的课堂上，儿童正在学习如何书写字母 a，为今后写草书做准备。一些儿童写了整页的 c，然后将图形闭合起来，变成字母 a。当询问这些儿童他们为什么这么做时，儿童说这样做更快。他们完全没有理解练习的目的是以特定的方式写出字母 a，只有这样，当他们以后写草书的字母时才能书写正确。练习写出字母 c，然后闭合图形，这种方式无法教会儿童正确的书写动作。教师没有向儿童解释清楚，为什么他们要以这种特定的方式书写字母。

帮助儿童理解标准的概念和学习如何使用标准来指导学习

与了解特定活动的学习目的这一观念有关的是，学习将个人的表现与标准进行比较。标准描述了掌握或顺利执行某项活动的可接受的表现水平。它让你了解到自己学习了什么。理解了标准，学生应该持续努力，直至自己的表现达到这一标准。当学生内化了标准后，他们能越来越独立地工作，因为他不仅知道自己应该学习什么，而且还了解成熟掌握的标准。

在大部分学校，学生在交完作业的很多天后才知道自己的表现是否达到了教师的标准。维果茨基学派认为，就作业给学生反馈，其目的是促进他们自我纠正的能力。如果儿童必须等一段时间才能获得特定的反馈，那么这段等待反馈的时间会使儿童很难重构自己在完成作业时所进行的思维。（即使是成人，在经过一段时间后也很难重构自己的思维。）反馈得越及时，儿童越有可能进行自我纠正，从而提高自身的表现。

多数教师并没有向儿童展示，如何利用标准来分析自身的表现，也没有向他们解释，如何利用标准来分析自身所犯的错误。下面是一些指导方针，供教师参考：

（1）事先提供标准。确保儿童了解什么是可接受的表现。

（2）为儿童提供答案书，方便他们自己检查作业。制订一系列答案书的使用规则，避免儿童错误使用答案书。例如，只提供前 5 个问题的答案，并提供说明，以指导学生答错时该怎么做；或提供奇数题或偶数题的答案。

（3）当儿童犯错时，与儿童一起重复她的思维过程，以便理解她所犯的错误。

（4）在给予特定任务有关的反馈时，应强调"你知道什么"和"你不知道什么"，而不是一些笼统的反馈，例如，说"做得不错"，给难看的脸色，或直接给 C 的成绩。笼统的反馈对那些犯错的儿童毫无帮助。这些儿童通常不明白自己做错了什么，因为如果他们明白，他们也就不会犯这些错误了。

设计一些方法来促进反省

反省能力在小学低年级逐步发展。维果茨基学派认为，反省与其他所有智能相同，在被儿童个体内化前，最初以一种共享状态的形式存在。反省开始于教师帮助儿童思考他们的心理动作，同伴则能提供额外的帮助。如何在小学低年级促进反省，下面给出了一些建议：

（1）举行学习会议，帮助儿童思考他们是如何研究、练习和学习的。与儿童一起回顾作业和测验，发现儿童所犯错误的模式，或帮助儿童意识到自己是如何学习的。正如错误能说明儿童不知道什么，正确答案的模式能说明儿童知道了什么。

（2）设定学习目标，帮助儿童意识到自己该做些什么才能使学习更有效率。

（3）让儿童有学习伙伴或搭档一起工作。让一名儿童完成活动，另一名儿童则检查任务或答案是否正确。这种方式能让儿童练习如何完成活动，同时也能练习如何反省。

分阶段形成作为一种促进学习动作发展的方式

外在知识如何内化，并以心理动作而非实际的身体动作的形式进行表征，加里培林对这一过程非常感兴趣（Gal'perin, 1969, 1992）。他认为，这一过程的发生可以分为不同的阶段。在获得新技能或新概念的起始阶段，学习应该涉及具体的动作，这种动作是外化的，并以序列的步骤存在。例如，当刚开始学习如何清点物品时，儿童依次触摸每一个具体的物品，然后说出数字。这些动作是按照一个顺序不断重复的：首先触摸第一个物品，然后说出它的数字"1"；接着触摸第二个物品，然后说出它的数字"2"，以此类推。

一旦学习者了解如何完成某件事情时，加里培林认为，他们的动作将以内在的形式进行。这些动作也变得简化、自动化以及折叠的，也就是说，很多步骤都是无意识的。儿童不再是通过触摸来进行清点物品，他们能在头脑中进行。事实上，这一过程可能简化到儿童不再需要一个一个地清点物品，而只是看了五个物品，然后就知道这里共有五个物品。当动作变得自动化了，清点物品的步骤不再是有意识的，而是自动地被完成了。这种情况同样发生在阅读中。对熟练阅读者而言，阅读过程的很多部分都是自动化的，因此有时他们甚至没有意识到词汇的存在，而只是看到了观点。

加里培林及其同事、学生进行了很多研究，以确定哪些步骤是新手达到内化水平所必需的，通过这些步骤，新手能够流畅地在心理层面上行动（Arievitch & Stetsenko, 2000）。他的这些观点已经应用在很多领域的教学中，与他一起工作的儿童都表现得比人们对同龄儿童的期望水平要好。下面我们将对加里培林的一些主要概念进行总结，这些概念都能帮助教师的教学变得更有效率：

（1）动作的定向基础（orienting basis of action）的重要性；

（2）"物质化"动作的必要性；

（3）自动化的重要性；

（4）自然错误与可避免的错误之间的差别。

动作的定向基础的重要性

加里培林对传统的教学方法进行了分析，结果发现，在这种传统的教学方法中，教师会先对整体的部分进行教学，然后根据这些部分建构技能。而学生呢，通常会被丢给一些设备，他们只能依靠这些设备去发现部分如何组装在一起。儿童形成了自己的、朴素的关于部分与整体之间关系的理论。例如，教师示范如何使用直尺测量物品。接着儿童会得到一个直尺，开始测量自己的物品。但如何进行测量，儿童只有一些模糊的概念。他们当中有很多人不明白，当物品的长度超出了直尺的范围，他们需要在物品的末端做一个标记，这样当他们继续测量这个比较大的物品时，可以接着这个记号继续用直尺进行测量。因此，同一个物品，班上不同儿童得出了不同的长度。

加里培林的建议是，发现使这些经验中各个单独的部分都变得有意义的基本原理。他推断，儿童不仅需要学习这一原理概念，而且还需要学习影响这一原理应用的主要因素。这些东西交织在一起，才会使得儿童实际的行为对她来说是有意义的。因此，教师应该为儿童提供他们所要学习的内容的指南，指出主要原理及其主要特征与应用。例如，在测量物品的教学中，教师需要清楚地说明，长度是连续的，因此测量的动作也应该是连续的。

"物质化"动作的必要性

加里培林认为，心理动作刚开始时是物质的（material）或物质化的（materialized）。在物质的动作中，儿童处理的是实际的物体；在物质化的动作中，儿童使用是物体的表征。例如，儿童学习了个位和十位后，他们开始从入学的第一天一直数到第100天。他们一边数着，一边将单个的棍子摆成几束，每10根棍子一束，然后将它们绑在一起（物质动作）。他们也可以用计数记号来代表每一个上学的日子，然后清点这些计数记号。在后面的案例中，儿童执行的是物质化动作，因为他们清点的是物体的象征，而不是实际的物体。

加里培林认为，身体动作不只是先于心理动作；实际上，身体动作塑造着心理动作。

儿童使用古式积木搭建数字的方式影响了他们清点物品时的思维过程。积木传递了单位的概念，以及不同大小的单位如何彼此联系，从而使难懂的观念变得具体。儿童利用积木创造出数字的表征，因而执行了物质化动作。在儿童理解位值之前，方格纸能帮助他们正确地使用个位、十位和百位，因而他们能正确地进行加法运算。方格纸让数字中每位数字的位值变得具体。当儿童利用方格纸写东西和解决加法问题时，他们是在进行物质化动作。物质化动作的另一个例子则是"单词窗口"的使用，儿童阅读时会用一个硬纸框盖住每个单词。这个窗口强调了"单词"是独立实体的观念，每次盖住的具体单词都是一个独立实体。儿童将硬纸框从一个单词移向另一个单词，这个动作塑造了她关于"单词是不同实体"的观念。

加里培林指出，心理动作的形成是一个过程：它是从物质的或物质化的（具体的和有形的），发展到以语言为基础，再到内化的。刚开始，儿童实际地执行物质的或物质化的动作，例如，排列古式积木以加出一个数字，或依着一行字移动一个单词窗口。这种物质化的动作是与自我言语联系在一起的。自我言语不仅指导了儿童的动作，而且也开启了外在动作变成内在图式的过程。语言将物质化动作转变成心理概念。接着儿童可能不再使用操作物和外在的动作，但仍需要自我言语来完成心理动作。最后，自我言语变成内化的，并转变成内在言语，最终成为言语思维，而言语思维引导着心理动作。

回到古式积木的例子，儿童通过将 10 个一单位的积木放在一起来表示数字 10，他一边放一边数着 1、2、3、4、5、6、7、8、9、10。在使用操作物时说出数字，这种自我言语促进了身体动作向以语言为基础的概念的转换。最终，儿童内化了一种观念，即较大的单位（10）是由 10 个较小的单位组成的。

省略这一历程的任何部分，都会造成问题。在对年长的学生进行教学时，从语言阶段开始有时会造成问题，因为他们前面的构成要素还没有准备好。加里培林（1959）告诫教师不要省略物质的或物质化的阶段。他认为，省略物质的或物质化的阶段，学生可能会发展出一个"空洞的"概念或技能，这些概念或技能都缺乏自身真实的内容。那些发展出"空洞的"概念的学生倾向于告诉你他们应该执行的动作，而不是实际执行这个动作。例如，一个学生告诉你，计算两位数的加法运算时，需要先将十位数相加，然后再将个位数相加，然后将这两个数值加在一起。但当你要求她将 47 和 38 相加时，她却不能完成这个运算，或无法用言语将运算中所涉及的具体步骤表述出来。针对这些学生，教师可能必须回到物质的或物质化动作的阶段。

物质化动作要内化成心理动作，它必须伴随着自我言语，因为自我言语能将物质化动作带入思维中。教师不仅需要规划操作物的使用及其使用程序，而且还必须规划儿童在使用操作物时应该说些什么。阅读时仍然指着单词的儿童，可能需要这样的自我言语：在他们指出单词的时候说出每个单词。强迫他们安静地阅读可能会减缓心理动作的发展。

心理动作的自动化

加里培林认为，任何新的概念、技能或策略在被内化前，在一段时间内都是以一种有外在支持的形式存在的。它能通过儿童的言语表达或儿童操作物品的方式观察到。通过这些观察，教师能理解儿童学习新的技能到达什么程度，并能提供帮助以促进儿童的学习。一旦技能内化了，变成自动化的（automatized）和折叠的（folded），连续步骤中的一些部分就能同时执行了。这意味着，概念不是轻易能被纠正的。当一项技能变成内化的，或自动化的，教师很难去纠正这项技能中所缺失的或有缺陷的部分。这种内化的形式开始变得像一种习惯，如同以一种特定的顺序轮班。例如，如果你每天下班，都是从停车场出去右转回家，那么当你需要从停车场出去左转去超市时，你可能会忘记左转。这种下班后右转的行为是如此根深蒂固，原因在于它已经自动化了。

自动化解释了为什么我们很难纠正自己学过的错误的事情，即使我们知道自己错了。例如，错误的拼写、特定单词错误的发音以及记错的数学事实。在这些例子中，我们其实重复了错误后，意识到了这个错误，并希望事先能阻止自己再犯错误（但却没能阻止）。

传统纠正这类错误的方式，是在犯错之后指出错误。正如多数教师告诉你的，事后指出错误对于避免下次犯错，收效甚微。一年级学生卡蒂在写6时，会将6颠倒写。她不会颠倒那些容易被颠倒的字母，只会颠倒数字6。她的老师尝试了很多不同的策略，包括让她在单独一页纸上正确地写出6，或让她抄写含有数字6的数学问题。但无论老师尝试什么方法，卡蒂就是没办法记住正确书写数字6的方法，还是依旧写反。即使是威胁她会得到较低的分数也没有用。

使用加里培林的方法来解决这一问题，必须通过打断动作以将这一动作"去自动化"，然后让儿童重新学习书写6的方式，直至达到自动化的水平。卡蒂在写6时需要阻止自己，然后一步步地学习正确书写6的方式。为打断她的动作，卡蒂的老师让她用铅笔写数学问题，而当她要写6时，她需要停下来，将铅笔换成蓝色的钢笔。当她使用钢笔时，卡蒂看着外在中介物——一张正确写着数字6的卡片，然后一边用蓝色钢笔写，一边对自己说"6是这样写的"。然后，她又换回铅笔，完成剩下的数字问题。几天后，卡蒂就能很容易地不再写错了。

自然的错误与可避免的错误之间的差别

维果茨基学派意识到，存在不同类型的错误。一些错误需要介入，一些则是自然的甚至是有益的。如果错误只在一段较短的时间内出现，随后就不再出现，那么这种错误是学习过程中一个自然的部分。这样的例子就如同学步儿用婴儿的方式说话，学前儿童画人物时会没有手指或耳朵，又或是学前班儿童发明的拼写。

一些错误有利于学习过程，因为它们能为儿童提供自身表现的反馈。通过纠正这些错误，儿童能提高自己的表现。儿童将单词"hat"读成"hit"，此时句子就不再有意义了。这种错误使儿童仔细研究这个单词，并试图正确地读出来。儿童能思考错误及其发生的原因。这种类型的错误创造了认知失调，甚至可能会激发儿童的好奇心。

另一些错误则并非有益的。有一些错误是，即使儿童得到了教师的反馈或社会情境的支持，但仍不能理解或无法纠正。对一些儿童来说，自然的错误，如颠倒字母，在一段合理的时间内并没有消失，最终会变成一个问题。在学习了从左到右地阅读和写作后，一些儿童在需要进行两位数和三位数的减法运算时，没办法打破之前形成的这个习惯。他们会按从左到右的顺序进行减法运算，而不是从个位数开始。这样的错误是令人极其沮丧的，会对儿童的学习动机造成消极的影响。这种反复的错误（repeated errors）是非常难以改变的，会变成课堂上一个主要的问题。

加里培林（1969）撰写了无错误学习（errorless learning）的好处，来帮助教师避免反复的错误和帮助学生纠正这些错误。首先，他鼓励教师在规划学习经验时，记住学生过去所犯的错误。例如，如果教师知道学生混淆了橙色和红色，那么当她呈现这些颜色时，她应该立即指出这两个颜色的差异之处。如果她知道儿童的第一反应将会是混淆两个概念，那么在她开始教学时就应该指出这两个概念的差别。因此，教师预先想到了学生可能会混淆的要素。

加里培林指出，教师不应该将发现基本概念的关键要素这一任务留给儿童。他认为，尝试错误的学习在学校中是没有帮助的。在学校中，尝试错误的学习会导致反复的错误，同时这也是令人非常沮丧的，因为儿童无法猜测教师的意思是什么。

一旦教师解释了一个概念或技能的所有必需的要素后，他必须监控这个概念或技能的习得过程；提供不同类型的协助，如共享经验和外在中介物；以及鼓励自我言语的使用。教师必须确保儿童的理解反映了所有必需的成分，以及学生能在不扭曲概念或技能的情况下，将它们应用到新的问题上。

二年级学生犯的一个典型错误是错误地使用大写格式。使用无错误学习的观念，教师和学生列出一张表，上面包含了所有使用大写字母的情况。这张表将放在每个儿童课桌的卡片上（外在中介物）。儿童使用自我言语和外在中介物来完成大写格式的练习作业。当他们一一浏览词汇表上的单词时，他们会问自己"这个单词需要大写吗？"在练习了一些句子后，儿童会跟一名搭档讨论他们的结果，然后教师在旁边监控他们的过程。几周内，多数儿童不再需要课桌上的卡片了，也不再使用自我言语。但一些儿童可能需要更长一段时间的外在支持。

加里培林认为，当反复的错误出现时，需要回顾之前的学习过程，发现导致误解的原因。所有必需的要素都清楚地传达给儿童了吗？还是儿童漏掉了其中一个要素？儿童有足够的练习吗？还是儿童在没准备好的前提下就被鼓励独立地完成任务？是否为儿童提供了充足的支持，使他们能掌握技能或概念的所有要素？

一旦发现了犯错的原因，教师必须补偿错过的经验或帮助儿童重新学习信息。例如，儿童可能错过了一个规则，而它能帮助儿童澄清误解。有时候，儿童需要更多的练习，这些练习会强调，或者甚至在视觉上突出儿童错过的规则。例如，用不同颜色的笔，就像前面例子中的卡蒂，她必须用蓝色的笔写所有的6。在其他情况下，如果儿童学习了错误地拼写某个单词，她需要特定规则的视觉象征，并且当她书写单词时她还需要对自己说出这个规则。例如，让儿童列出一页的视觉提醒物。图片和单词都可以用来代表大写字母最常见的用途，例如，一张地球的图片表示地理名称。然后，鼓励儿童大声地说出来，问题中的每个单词是否属于这页纸上的某一类别。

支架式书写——分阶段形成在书写中的应用

支架式书写（Bodrova & Leong, 1998, 2001, 2003, 2005）是加里培林的理念在美国一个独特的应用。在俄国，人们通常不会期望儿童在知道如何阅读大段文字之前就能写出句子和完整的故事。但在美国，情况恰恰相反。因此，很多美国儿童会从事书写活动，如日记或作者工作坊，即使他们尚未完全发展出对单词的概念的理解。

很多儿童从使用涂鸦和类似字母的书写方式逐渐升级到使用字母时，通常不会在单词间留出空隙，这使得他们在视觉上无法阅读自己写出的信息或"单词"（如图 13.1 所示）。结果，这些儿童便失去了利用书写过程来练习音位意识、字母知识以及字母—语音对应规则的机会。

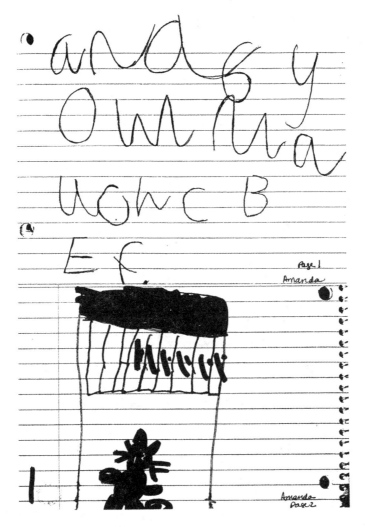

图 13.1　在使用支架式书写技术前儿童的书写作品

　　加里培林认为，新的心理动作的形成涉及不同的阶段。这种观念正是支架式书写方法的基础，而这一方法是我们在 1995 年发展出来的（Bodrova & Leong, 1995）。在支架式书写环节中，教师帮助儿童计划自己的信息，即用画线的方式代表她要表达的单词，一条线代表一个单词。接着，儿童重复自己的信息，说出单词的同时指着每一条线。最后，儿童在线上写出自己的信息，试着用一些字母或符号来代表每个词汇（如图 13.2 所示）。在刚开始的几个环节中，儿童可能需要教师的一些协助和提示。随着她对单词的概念的理解日益增长，儿童开始能独立地完成整个过程，包括画线和在线上写单词（如图 13.3 所示）。

图 13.2　使用支架式书写技术一周后儿童的书写作品

在为前书写设计分阶段的流程时，我们首先确定了这项任务中最为重要的几个方面，它的定向基础（orienting basis）应该是由一种特定的工具所支持的。尽管书写活动涉及很多任务，而开始进行书写的个体可能无法执行任何一项任务，但我们聚焦在单词的概念（concept of a word）上，将它作为这一阶段书写发展最为重要的方面。大量对前书写儿童的研究表明，单词的概念的发展会显著影响儿童其他能力的学习，而与单词的概念相同，这些能力也是读写能力发展的先决条件。因此，书写动作的定向基础必须明确地将儿童的注意力集中在书面信息中单个单词的存在上。

单词的概念对学会书写是极为重要的，但在书写最初的几个阶段，幼儿很难理解什么是单词。要为正在萌芽的单词的概念提供支架，我们需要创造出一种外在的中介物来进行教学，这种外在中介物必须不同于书面文字，但仍然保留了书面文字

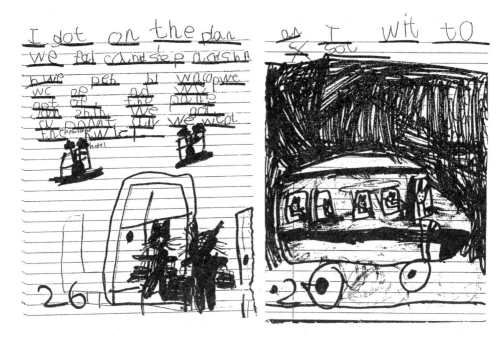

图 13.3　使用支架式书写技术两个月后儿童的独立书写作品

的某些特性。我们发现，用画出的线条表示口语信息中的每个单词，这种线条就是这样一种中介物。线条间留有空隙，每个线条代表着单个单词的存在，而线条的顺序也代表着单词在句子中的顺序。同时，与书写单词相比，画线对儿童的正字法知识和精细动作能力都没有那么高的要求，因此，画线代表了书写信息中单词的物质化动作（materialized action）。

在支架式书写中鼓励儿童使用自我言语(private speech)，至少能从三个方面促进刚开始书写的儿童。首先，书写时自言自语，它有助于儿童记住更多初始信息中的单词。其次，儿童一边画线一边重复单词，他实际上是练习声音及其相对应的文字，这会强化单词的概念。最后，由于线条会提醒儿童信息中的其他单词，因此当儿童需要想出某些音位表征时，他可以无数次专心重复着任何单词。

支架式书写最初是一种共享活动，儿童在其中负责提供信息，教师则写出线条，然后用字母组成的单词来代表这些语音。随后，儿童能独立地规划句子，能一边说单词一边画出相应的线条。等到为每个单词画线后，儿童再返回去，将字母写在线条上用来表示相应单词中的语音。最终，儿童掌握了规划句子以及写字时用空格把单词分开等观念。当单词的概念得以内化，儿童将不再使用线条，原因在于他们已经能在没有外在线索的情况下完成动作。我们已经发现，支架式书写的使用能使儿童书写的数量与品质均有显著的提高，这表明加里培林的教学方法适用于美国小学低年级的课堂。

帮助缺乏幼儿园和学前班阶段发展
成就的小学低年级儿童

很多儿童进入小学低年级时缺乏一些发展成就，以至于在小学低年级无法有效地进行学习。然而，小学教师无法为了要弥补这些儿童在发展上的差距，而使儿童从事游戏。游戏是学龄前儿童的主导活动。维果茨基学派（Michailenko & Korotkova, 2002; Smirnova, 1998; Smirnova & Gudareva, 2004）强调有规则的比赛是假装游戏与学习活动间的过渡，因此他们提倡使用不同的比赛来补偿儿童缺失的发展成就。这些比赛具有一些特性，能帮助小学阶段的儿童发展出自我调节、符号思维以及遵守规则的能力。这些比赛游戏有着一个假装的情节，因此儿童能进行角色扮演和规划。这两个方面也是假装游戏的成分，因此能促进自我调节技能的发展。学习比赛同样能帮助儿童内化概念、参与他人调节（检查其他儿童是否正确地玩游戏了）以及自我评估。

教学比赛是幼儿课堂一个普遍的特征，它们通常是供儿童在自由时间或部分活动时间中使用的。多数教育性比赛最初是设计成一种比赛游戏，其次才是一种帮助儿童学习技能的方式。它们通常被当作课程结束后的项目来使用，而非一种事先计划好的方法，用以帮助儿童在其他情境中练习技能。使用教育性比赛是针对这一年龄阶段儿童设置的、以维果茨基理论为基础的课堂共同拥有的一个特征，这些教育性比赛的主要目的是缩小幼儿园/学前班阶段的主导活动与学习活动间的差距（Venger & Dyachenko, 1989）。这些研究者指出，比赛提供了共享活动的支持，因而能提高儿童的动机，并为需要额外帮助的儿童提供了协助。比赛能为学习新的概念和技能提供真正的支架，但这种潜能在现今美国幼儿课堂上并没有完全被开发出来。

要使比赛变得更有效，并使它们发生转变从而帮助儿童过渡到学习活动，教师可以调整已有的班级比赛游戏，设计新的比赛游戏。但在这些过程中，教师必须牢记下列事项：

（1）参加练习的儿童才会赢；

（2）比赛应该是能自我纠正的；

（3）学习过程初期的比赛应该不同于儿童已经非常熟悉技能时所玩的比赛。

参加练习的儿童才会赢

很多教学比赛的设计会使得儿童即使没有练习过所学的技能或概念，只要足够幸运获得特定的卡片，就能赢得比赛。比赛应当设计成儿童只有使用恰当的概念或技能才能赢的方式。以乐透游戏为例，儿童应该发现自己卡片上的图片与目标卡片有着相同的首音。如果比赛游戏被安排成只有一个儿童拿着正确读音的卡片，那么只有一个儿童能说出正确答案。其他儿童应该检查自己的卡片，看看能否找到目标读音。但很多儿童，尤其是那些对自己的技能没把握的儿童，他们只是被动地坐着，等着教师或其他儿童指出他们卡片上的信息。事实上，一些儿童可能连卡片都没看就赢得了比赛。

最好能重新设计这个乐透游戏，这样每个儿童的卡片上都有目标读音，但每个儿童卡片上的图片都是不同的。例如，每个儿童都有一张首音为"t"的图片，但一个儿童的图片是桌子（table），另一个儿童的图片是老虎（tigere），还有一个儿童的图片是火鸡（turkey）。在这种情况下，儿童没办法只靠彼此抄袭来赢得比赛，他们必须在自己的卡片上找到正确的图片。他们都知道，只要去找一定能找到答案。这为那些对自己的技能没把握的儿童提供了更多的动力和练习，去找到正确匹配的图片。教师也能监测每个儿童掌握的情况，因为他们都能在卡片上找到答案。这是更为有效的比赛游戏，因为它使所有儿童更有可能从心理上参与到比赛中。

比赛应该是能自我纠正的

儿童能根据标准来检查自己的表现，因此比赛游戏中使用的答案应该是正确的或自我纠正的。在一个加法比赛游戏中，儿童轮流掷骰子，然后将掷到的点数与一个常数相加。游戏会提供一张卡片，确保儿童能检查自己的答案。只有检查了答案并且答案是正确的情况下，儿童才能在游戏板上向前移动。提供检查的手段，这样所有儿童都能知道什么是正确的。

比赛应随儿童技能的变化而改变

到了儿童技能学习的后期，他们所玩的比赛游戏应该提供较少的支持，并且依赖儿童自己去相互纠正错误。它还应该要求儿童更快、更流畅地使用技能。在首音比赛游戏中，儿童试图找到一些物品的图片，这些物品的首音与目标图片相同。起初，儿童按照自己的节奏玩比赛游戏。当他们开始熟悉比赛游戏后，他们会给自己计时，看他们能否刷新小组中个人最高纪录。这与国际象棋比赛中的情形类似，棋手会记录自己走一步棋的时间。一旦儿童掌握了技能的基本原理，这种技术就能用来鼓励儿童作出更快的表现。随后，比赛能促进技能自动化和流畅性的发展，而不仅仅是对技能的练习。

进一步阅读材料

Davydov, V. V. (1988). Problems of developmental teaching: The experience of theoretical and experimental psychological research. Soviet Education, 30, 66–79.

Gal'perin, P. Y. (1992). Organization of mental activity and the effectiveness of learning. Journal of Russian and East European Psychology, 30(4), 65–82.

Zuckerman, G. (2003). The learning activity in the first years of schooling: The developmental path toward reflection. In A. Kozulin, B. Gindis, V. S. Ageev, & S. M. Miller (Eds.), Vygotsky's educational theory in cultural context (pp. 177–199). Cambridge: Cambridge University Press.

第 14 章　动态评估：最近发展区的应用

在《社会中的心理》（Mind in Society）一书中，维果茨基提议以一种不同的方式来看待评估以及对能力的测量，从儿童表现的静态测量转向动态的、揭示儿童如何学习的测量方式（Vygotsky, 1978）。最近发展区（ZPD）是这种评估的组织原则，它的焦点是测量学习与发展的动态过程，包括确定儿童现有的成就水平和获得更高水平的潜力。维果茨基学派认为，发展不能被定义为随儿童成熟而普遍出现的能力，它应该被定义为介于儿童的能力与支持性环境之间所出现的技能。因此，评估应当承认学习发生在这一社会情境中，也应该包括给予儿童的支持和协助所带来的影响。根据上述原则，后维果茨基学派发展出教学实验的概念，也就是目前西方社会所熟悉的动态评估的概念。动态评估的目标是帮助教师理解特定儿童知道了什么，以及要鼓励儿童进一步学习所需的教学步骤。

传统评估与动态评估

维果茨基学派认为，传统测验范式的一些假设减低了其评估发展中课堂学习的有效性。这些假设包括（Guthke & Wigenfeld, 1992; Lidz & Gindis, 2003）：

1. 只有完全发展的能力才应该被测量，也就是儿童在没有支持和协助的情况下所表现出的能力。

2. 评估所揭示的运行水平准确地反映了儿童的内在能力，即儿童现在知道什么以及能做什么。

3. 评估的目的是预测儿童未来的学习情况以及 / 或根据某一类别将儿童进行分类，如"准备好上学"或"表现出感觉运动整合的问题"。

维果茨基学派认为，只检查完全发展的能力会低估儿童的能力，因为这种测验所获得的信息只与最近发展区的最低水平有关。了解儿童能独立做些什么，这种方式没有测量出任何正在发展过程中的能力。只有了解了最近发展区的两种水平，即儿童能独自做什么以及在得到支持的情况下能做什么，这样才能确认儿童的各种能力。最近发展区揭示了正在发展边缘的能力。

西方心理学通常会将发展成就以及学习结果，与儿童能独立做什么联系在一起。这种思维模式影响了所有层次教育机构中的个体，从禁止儿童在测验上相互帮助的教师到联邦和州立标准的撰写者，他们用儿童的个人成就来描述对不同年级水平的期望。因此，所有传统评估手段都被设计成尽可能地减低儿童与测验管理者（不管是教师还是其他专业人员）之间的互动。教师接受特别的培训，以确保他们对儿童的答案不表露出任何看法，更不能以任何方式协助儿童，即便是用自己的言语重述测验项目或向儿童解释应该做什么。因此，传统评估手段收集到的所有信息实际上都只是反映了儿童在没有协助的情况下能做什么。这种独立表现（independent performance）代表了儿童现有成就的一个重要指标，即儿童能独立做些什么；但对维果茨基学派来说，这不是唯一的指标。

维果茨基认为，独立表现水平不足以全面描述发展。根据他的文化—历史理论，儿童的发展涉及通过社会互动掌握文化工具（Vygotsky, 1978）。在这一模式中，儿童在学习新的工具时所表现出的能力水平与他使用已经掌握的工具的熟练水平，对发展有着同等的重要性。由于社会支持是儿童获得新工具所必需的，因此儿童使用支持的程度也应该进行评估。因此，为捕获儿童能力所有的细微差异，维果茨基建议在评估儿童的表现时评估受协助的表现水平（level of assisted performance）。受协助的表现水平代表了当环境给予最大程度的帮助时，儿童能做什么。这种帮助包括，但不只限于，教师所提供的教学支持。通过评估儿童成功完成任务所需帮助的数量，这种受协助的表现水平测量了儿童掌握新的策略、概念以及技能的潜能。

对传统测验的反应可能无法揭示儿童在执行任务时的思维，因此可能无法准确地揭示其运行水平。对标准化测验的很多评价表明，儿童的答案可能无法反映出他真实的理解，而且他们可能错误地理解了问题（McAfee & Leong, 2003）。儿童也可能使用一个错误的过程而得到正确答案，正如我们在第 12 章和第 13 章中所讨论的。只根据儿童对一、两道特定问题的答案来推断其内在能力的真正潜能，这种做法是非常危险的。更全面地测查儿童理解的评估所产生的反应，能更多地揭示出儿童知晓的信息。

传统测验的目的是以一般的方式来预测未来的运行情况。儿童是否准备好上学？他的阅读能力达到了年级水平，跟同伴处于相同水平吗？关于儿童在学习上有哪些特定的问题，只有更专业的测验才能给出相应的诊断信息。这些专业的测验提供了范围很窄的信息，因此通常对教师做出日常教学的决定没什么帮助。传统诊断测验倾向于测量静态能力，是在指定时刻及时产生能力的简要描述。就如何帮助特定的儿童而言，这些测验通常没办法给教师提供较多的指导。

动态评估是传统评估之外的另一种选择。在传统评估中，只有儿童完全发展的能力才会被测量，并且测验管理者的任何介入都会立即导致测验结果无效。另一方面，在动态评估中，儿童与测验者之间的互动，如同儿童的个人表现一样，是一种有价值的信息来源。动态评估揭示了"全局"中一些通常被传统评估所遗忘的部分。这些部分包括儿童在受协助的情况下执行任务的水平，以及儿童将这种受协助的表现迁移到不同任务或测验上的程度。另外，动态评估为教师提供了关于哪些支持性介入能改变儿童的信息。这能帮助教师在课堂上决定如何教授概念或技能。

什么是动态评估？

在一个典型的动态评估中，儿童首先进行个别前测，以确定儿童无法再独立完成任务的水平；接着会再让他进行一次测试，但这次他不再被期望独立完成任务。成人会通过提供线索、暗示、提示或策略，来指导和支持儿童。这种支持也可以以新的学习情境的方式出现，在这种新的学习情境中，特殊的材料或与同伴的互动能促进儿童表现出更高的水平。最后，儿童在一个类似的任务中被评估，在这个类似的任务中，儿童将使用相同的技能或概念（Ivanova, 1976）。

一些测验提供给儿童的任务是他们应该已经掌握的东西，动态评估则不同，它选择的项目是在儿童的最近发展区内但却尚未掌握的。前测是用来揭示儿童不理解什么。然后，在评估的过程中，儿童需要去学习正在评估的任务。动态评估所使用的任务选自课堂任务，这些都是课程的一部分。不同水平的儿童，可以进行相同的测验。如果儿童在前测中表现出对概念的掌握，他会被给予一个不同的、更加困难的后续测验，用以评估接下来他可以接受什么样的学习。

一旦进行了前测，教师可以开始评估的第二阶段，在这一阶段内，儿童将得到特定的标准化的提示、暗示和线索。这些支持是以教师的知识为基础，这些知识是关于特定技能或概念是如何发展的——这些技能或概念的发展连续体、教学策略的使用——中介、自我言语和共享活动，以及关于新手学习者通常会犯的错误类型的知识。这些介入必须经过精心地规划，并且被设计用来揭示儿童理解什么以及不理解什么，尤其是当概念很复杂的时候。教师应该依照儿童的答案来规划多种支持。可以预料，这些支持不可能对所有的儿童都有帮助，但会跟特定的儿童产生共鸣，这取决于他们自己特定的理解水平或错误模式。在评估期间，教师不仅要记录儿童所说的内容，而且也要记录他对特定提示或线索的反应，即哪些是有用的，哪些是没用的。如果儿童不需要特定水平的支持，那么教师可以越过它们。

在完成评估以及儿童成功地完成任务后，教师将引入一个类似的任务，这个任务与先前儿童需要帮助才能完成的任务有着相同的元素。教师将观察儿童的表现。儿童是否吸收了刚刚学过的策略？儿童能否独立地完成任务？如果儿童无法独立完成任务，重新介绍一些暗示和线索是否能引导儿童成功地学习？

后维果茨基学派对动态评估的应用

与最近发展区的概念相同，动态评估的观念首先应用在特殊教育领域。这种评估在被用来判断儿童心理功能的运行水平较低是由发展延迟还是教育缺陷所导致的时候，是极为有效的。在俄国，这种方法最初是用于诊断智力障碍的临界个案（Ivanova, 1976; Rogoff & Lave, 1984; Rubinshteinm 1979）。后来，随着动态评估在西方社会变得日趋流行，它的用途也得以扩展到包含更为广泛的情境。这些情境包括使用标准化诊断工具，但无法准确地区分低智力功能或缓慢的学业进步是源自神经方面的原因还是环境因素。一提到动态评估，人们最常想到的是费厄斯坦（R. Feuerstein）及其同事；他们将动态评估的方法应用到儿童日益增加的认知与语言能力（Feuerstein, Feuerstein, & Gross, 1997; Tzuriel, 2001; Tzuriel & Feuerstein, 1992）。

除了特殊教育领域，动态评估较少应用到其他领域。但一些研究发现，与更传统的静态测验相比，动态评估能更好地预测儿童的学业进步。尤其是，这些研究多数是聚焦在阅读与书写的发展上。例如，斯佩克特（Spector）使用动态评估来评估儿童的音位意识。在她的研究中，无法将一个单词分割成单个音位的儿童，将得到一系列的线索（Spector, 1992）。这些线索包括缓慢地读出目标单词，要求儿童识别出单词中的第一个语音，提示儿童单词共有几个语音，使用厄尔尼克箱来为儿童示范单词的分割，以及分割单词时与另一个儿童共同使用厄尔尼克箱。儿童在这个评估上的得分反映了提示的数量以及每个提示所提供的支持水平。例如，与跟另一个儿童一起将筹码放进厄尔尼克箱相比，对儿童缓慢地说出一个单词只需要较少的成人协助。在传统的静态评估中，儿童是在没有成人协助的情况下进行测验。斯佩克特则发现，与传统的静态评估相比，儿童通过动态评估程序所获得的分数能更好地预测他们未来的阅读进步。

阿博特（Abbot）、里德（Reed）、阿博特（Abbott）和贝尔宁格（Berninger）（1997）针对下列问题进行了研究：首先，阅读与书写的动态评估对儿童后期的发展有何影响？其次，这种评估方法是否能为识别患有语言障碍的儿童提供有用的信息？吉勒姆（Gillam）、佩纳（Pena）和米勒（Miller）（1999）使用动态评估来评估儿童叙事语篇和说明语篇的能力。根迪斯（Gindis）和卡尔波夫（Karpov）（2000）建议，将动态评估用于跨维度的问题解决。柯祖林（Kozulin）和加布（Garb）（2002）发展出用于语篇理解的动态评估。

多数使用动态评估方法所进行的研究，它们得出的结果都与维果茨基的观点一致，即要准确地、预测性地评估儿童的发展，需要两种测量：儿童的独立表现以及受协助的表现。然而，动态评估测量的进一步发展及其在不同发展领域中的应用，都面临了重大的挑战。究其原因，这是由动态评估的本质所决定的（Grigorenko & Sternberg, 1998）。

一个挑战是其结果与更传统的静态评估的结果的兼容性。另一个则是测验程序的标准化，不同被试所得到的协助之间，以及不同测试者所提供的协助之间都存在着显著的差异。此外，动态评估程序所测量的是领域特定的过程，例如，儿童如何学会加法中的进位或拼读不发音的字母，还是一个单一的特征，它反映了学生从成人协助中获益的能力，这是与领域无关的。这点尚不清楚。俄国特殊教育学家使用"obuchaemost"（可教育性，educability）来描述这一领域无关的特性；费厄斯坦使用的是认知灵活性（cognitive modifiability）这一术语。

当上述问题尚未解决时，针对教育性测试目的的新的动态评估工具的发展仍将会很缓慢，尽管以过程为导向或受协助的测验等观念已经在教育工作者中获得认同。这种新的认同可以归因于人们对传统评估方法的日益不满，尤其是应用于幼儿时（Shepard, 2000），以及意识到这些静态的测验无法与日趋流行的主动学习与知识建构等教育理念相兼容。

到目前为止，我们已经讨论了动态评估作为一种正式评估来使用。正式评估共同的特征是它们对每个儿童都使用相同的评估方案，评估所使用的提示和线索都是事先规定好的，并且用于所有的儿童。现在，我们来看看，动态评估作为一种非正式评估，如何供教师在课堂中使用。每天，教师所做的决定通常是以儿童的非正式信息为依据的。在非正式的动态评估中，教师尝试不同程度的支持，以发现支持能否推动儿童在学习上的进步。评估的状况可能因人而异，或依每天状况的不同而有所差异。这种标准化的缺乏，对日常决定来说并不重要。原因在于，这些日常决定经常会被重新审视，而儿童的实际表现相较于其他学生的情况也不是教师关心的问题。

在非正式的动态评估中，重点在于找到在特定时间对某个儿童有效的支持的类型。教师可能尝试多种方法，以试图找出哪种是最有效的。在下面的例子中，儿童试图写出自己的名字，教师则通过使用非正式动态评估来提供支架式支持。

课堂中动态评估的例子

幼儿园和学前班阶段的教师通常会要求儿童写出自己的名字，通过这一程序以便快速评估这名幼儿多种与读写能力相关的能力。幼儿最初能识别出的字母都来自他们的名字。在这一程序上添加一个动态成分，能使教师更准确地评估这些能力，以及更有效地规划个别化教学。

要进行一个动态评估，必须要有一个发展顺序，以帮助教师识别出有哪些关键要素要评估，以及为随后的支架式教学提供框架。关于幼儿名字书写的发展，有很多描述。大致来说，这些描述遵循了下列顺序：

（1）儿童能从一系列名字中找出自己的名字；

（2）儿童涂鸦或画画，这些符号被称为儿童的名字；

（3）儿童制造了一套可识别的符号，将它们称作自己的名字；

（4）儿童制造出一些类似于字母的符号（字母样的形式）；

（5）名字是清晰的，部分字母中间穿插着字母样的形式；

（6）几个字母可能代表了名字，这些字母有些写对了，但有些写反了，或写成了镜像；

（7）儿童写出了名字中的所有字母，多数都写对了，但有些字母写反了，或写成了镜像；

（8）儿童准确写出了名字中的所有字母。

为儿童达到高水平的名字书写提供支架，可供使用的暗示和线索包含模仿以及维果茨基学派所提出的策略的使用：中介（使用示范字母或使用彩笔以便让儿童注意到字母中特定的要素），自我言语（用"往下—往上—往下—往上"之类的语言来描述书写 W 的动作）以及共享活动（当老师手把手地指导儿童或让儿童只写出名字中的部分字母）。

接下来，我们来看幼儿园课堂上动态评估的一个实例。

安东尼：评估 1

教师要求安东尼写出自己的名字。在没有支持的情况下，安东尼写出了下面的内容。这代表了他的独立表现水平。教师指着他所写出的内容，问安东尼这是他的名字吗？安东尼说："是的。"

教师拿出一堆写有班上同学名字的名牌给安东尼看。只要其他人的名字不是以字母 A 开头的，安东尼就能找出自己的名字。教师注意到，当看到安东尼（Anthony）和阿伦（Aaron）时，安东尼变得很困惑。

教师将安东尼的名牌放在他的面前，鼓励他试着写出一个字母。教师向安东尼示范着如何写出字母 A，她一边写一边说着"往下——往下——从这边到那边"，以便为安东尼提供自我言语来帮助他。安东尼没有任何反应。教师将手放在安东尼的手上，帮助他写出字母 A。在他们共同完成字母 A 的过程中，教师说着"往下——往下——从这边到那边"。然后，教师放开安东尼的手，安东尼在纸上写着字母 A，嘴里说着"往下——往下——从这边到那边"。在教师的支持下，安东尼自己写出了下面的内容。

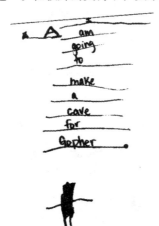

从这些例子中可以看出，在提供协助的情况下对安东尼进行评估，与评估他的独立表现相比，能显示出更高的书写水平。安东尼对教师支持的回应，表明虽然他书写字母的能力还处于"萌芽阶段"，但他已经具备了一定的控制书写工具和遵从指示的能力，因此他能从教师的示范中获益。

安东尼：评估2

几周后，安东尼试图独立写出自己的名字。他只写了一部分字母，名字也写反了。尽管字母是正确的，但它们的顺序反了，并且安东尼是从右往左来写的。

教师向安东尼指出应该从哪里开始写，并且在起始处的下方放置了一个点。在名牌上，教师放置了一个带有箭头的点，用来表示书写的方向。

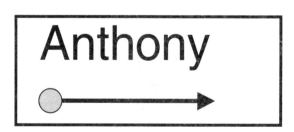

教师通过说"从这个绿点的地方开始写你的名字"，从语言上带着安东尼完成了整个过程。教师说完后，她会这样做一次。接着她会等着看，安东尼会怎么写。安东尼开始按照正确的顺序写出他所知道的字母，从A开始自左向右写。当写到字母n的时候，安东尼有些犹豫，这时教师跟他说了一遍写n的动作。在得到"支架"后，安东尼写出了下面的内容。

在比较了安东尼在有示范和没有示范的情况下的书写水平后，教师意识到在书写的方向上以及特定字母的书写上，安东尼需要帮助。于是，每当安东尼书写自己的名字时，教师都会拿出他的名牌。在接下来的几周时间里，教师会确保安东尼的纸上，都有一条线，而线的下方还有一个点。通过这样的符号，教师帮助安东尼知道该从哪里开始写自己的名字。

安东尼：评估 3

距上一次动态评估，已经过去几周了。教师看着安东尼写自己的名字。安东尼现在已经知道要包括自己名字中的大多数字母。他的名字有 7 个字母，他写出了 5 个。其中 4 个是正确的，但字母 y 是错误的。

教师决定，与正确书写每个字母相比，让安东尼从头到尾完整地写出自己的名字，这点更为重要。因此，她修改了之前提供给安东尼的名牌，移除了之前的支持，并在安东尼漏写的字母下面画线。

Anthony

教师向安东尼指出他所漏写的字母，鼓励安东尼记得写出这些字母。下面的内容显示了这些支架的效果。安东尼写出了其他的字母，但他写得太多了。

接着，教师将名牌放在安东尼所写的名字正上方，向他指出他所写出的字母要和名牌上的字母一一对应。同时，教师也鼓励安东尼仔细地察看字母 y，向他指出字母 y 有 2 个手臂悬在空中。

在这些提示之后，安东尼写出了下面的内容。

在随后的几周里，安东尼越来越不需要名牌这一中介物，因此教师鼓励他在不使用名牌的情况下写出自己的名字。在这次评估的两周内，安东尼可以在没有任何来自教师或中介物的支持下写出自己的名字。

教师的支持是为安东尼的个人需要而量身定做的。对那些与安东尼有着不同起点的儿童来说，教师不会为他们提供与安东尼相同的支持，尽管使用的策略可能会有部分重复。

这些动态评估的例子并不是一次完成的，教师允许儿童有时间自己去练习，以及吸收所给予的支持。

动态评估：一种教学工具

动态评估为教师提供了另一种工具，以帮助他们在如何支持儿童的学习上做出决定。教师发现有意义的暗示和线索以帮助某个特定的儿童。只要儿童需要，教师都会使用这些支持。一旦儿童在没有某个特定支持的情况下能完成任务，他就应该接受另一次动态评估，以判断他需要什么其他的支持。如果儿童可以在没有支持的情况下仍有很好的表现，那么教师应该完全地移除之前提供的支持。

要谨记，成人所提供的直接协助并不是唯一能用于动态评估以及后续教学中的教学协助。其他类型的协助包括外在中介物、自我言语或写作等工具，以及各种支持性的社会情境，如适合幼儿园和学前班阶段儿童的假装游戏。例如，儿童在跟成人对话时只会使用两个词的句子，但当他们进行角色扮演时，他们会使用语法结构上更成熟的语句。了解这一知识，将有助于教师决定哪些方式能有效地促进儿童的语言发展。

同时也要记住，为促进教学必须妥善地设计和实施动态评估，而在儿童尚未完全掌握某个任务之前，教师不应该对儿童在动态评估中能完美地执行该任务抱有期望。事实上，在动态评估中，一项任务的完美执行，代表着这个评估不能为教学提供任何有用的信息，儿童已经掌握了这一任务。当儿童能独立完成某些任务，需要中等水平的协助才能完成相对更难的任务，而只有在给予最大程度的协助时才能完成最具挑战性的任务时，在这样的情形下，动态评估能提供最有用的信息。儿童在具有挑战性的任务上的表现，能帮助教师决定儿童的最近发展区以及适合该儿童的最近发展区的个别化教学。

最后，动态评估的概念能为教师提供另一种形式来与家长的沟通。教师不再往学生家里寄成绩单，或是在口头上用"熟练的"、"有待提高"等单词来向家长说明儿童的学习成绩，取而代之的是，教师用"独立表现"、"在中等程度的支持下的表现"和"在最限度的支持下的表现"等术语来描述儿童在一系列技能上的进步。这些描述适用于很多不同的任务，从遵从指示到解决应用题。这样的语言将教师与家长的对话的焦点从强调儿童的成就与缺点，重新聚集到建立课堂与家庭的连续性，以便分层次为儿童提供他们向前发展所需的协助。

进一步阅读材料

Gindis, B., & Karpov, Y. V. (2000). Dynamic assessment of the level of internalization of elementary school children's problem-solving activity. In C. S. Lidz & J. G. Elliot (Eds.), *Dynamic assessment: Prevailing models and applications*. Amsterdam, Netherlands: JAI, Elsevier Science.

Grigorenko, E. L., & Sternberg, R. J. (1998). Dynamic testing. *Psychological Bulletin*, 124, 75–111.

Lidz, C. S., & Gindis, B. (2003). Dynamic assessment of the evolving cognitive functions in children. In A. Kozulin, B. Gindis, V. s. Ageyev, & S. M. Miller (Eds.), *Vygotsky's educational theory in cultural context*. Cambridge, UK: Cambridge University Press.

Tzuriel, D. (2001). *Dynamic assessment of young children*. New York: Kluwer Academic/ Plenum Publishers.

术语表

这一术语表包含了本书中频繁提及的词汇，以及不同于日常用法、在维果茨基学派体系中有新的含义的词汇。

扩大（Amplification） 通过在儿童最近发展区内使用工具和受协助的表现来促进即将出现的行为的一种技术；与加速或过快促使儿童改变相反。

活泼的复合体（Animation complex,"kompleks ozhivleviia"） 婴儿因熟悉的成人出现而产生的一种复杂的反应，包括微笑、做手势和发出声音。

知识的内化（Appropriation of knowledge） 儿童已经内化或学会某一信息或概念，并能独立地使用该知识的阶段。

自动化（Automatization） 在这一过程中，概念、技能、策略或动作变得内化到一个程度，它的执行是很流畅的，而它最初的成分不再能被觉察到。

复合体（Complex） 用于物体分类的一系列没有被区分开的特性。例如，儿童可能会用"大的—圆形的—红的"这一复合体来理解"球"。复合体存在于概念发展之前。

控制动作（Control action） 学生将自己学习动作的结果与一套特定的标准进行比较的过程。

文化—历史理论（Cultural-Historical Theory） 维果茨基学派教学法的名称，它强调学习和发展的文化情境以及人类思维的历史。

有意记忆（Deliberate memory） 当儿童能使用记忆策略和中介物进行有意识地记忆时，他们就拥有了有意记忆。他们不再需要环境的大量提示，而是做出必要的心智努力来记忆。

发展成就（Developmental accomplishments） 在不同的年龄阶段出现的新

的认知和情绪的结构。

导演的游戏（Director's paly） 在没有其他人在场的情况下，儿童与假想的玩伴一起玩，或指导并跟玩具表演一个故事情节。

分布式的（Distributed） 共享的或存在于两个或多个人之间的。

双刺激研究方法/微观发生法（Double stimulation, microgenetic method） 一种研究方法，儿童通过心理工具的使用（如符号、范畴）被教授了一些新的内容，研究者则记录儿童能学习什么以及这些工具是如何被学习的。

动态评估（Dynamic assessment） 一种课堂评估技术，用以测量最近发展区的高水平和低水平。

教育性对话（Educational dialogue） 类似苏格拉底式对话，当教师细心地引导讨论以及学生解释其对信息的理解时，这种交流就发生了。

情感交流（Emotional communication） 婴儿与主要照料者之间的情感性对话，是婴儿期的主导活动。

探索动机（Enquiry motivation） 能激发儿童独立学习的求知欲。

无错误学习（Errorless learning） 使用加里培林的分阶段形成方法而产生的学习。使用这种方法能避免那些导致学生无法将注意力集中在问题的本质特性上或内化无效策略的错误。

日常概念（Everyday concepts） 以直觉和日常经验为基础的概念。它们没有严格的定义，也不会被整合到一个更广泛的结构中。

集中注意（Focused attention） 随意注意以及无视令人分心的事物的能力。

正式教学（Formal instruction） 信息的教学是以一种规定的方式在脱离日常任务的情境中进行的学校教学。

比赛（Games） 规则是外显的，而角色是内隐的一种游戏；最典型的儿童会在六七岁开始玩这种游戏。

高级心理功能（Higher mental functions） 人类所独有的，通过学习与教学获得的认知过程。它们是建立在低级心理功能基础上的随意的、间接的和内化的行为，如间接知觉、集中注意力、有意记忆、自我调节以及其他元认知过程。

非正式教学（Informal instruction） 在一种非正式的环境或学徒制中进行的教学。

内部言语（Inner speech） 完全内在的、无声的、自我导向的，但保留了一些外部言语特征的言语。当人们使用内部言语跟自己对话时，他们会听到词汇，但不会将它们说出来。

工具性活动（**Instrumental activity**） 将物品当作工具或器械来使用。

内化（**Internalization**） "占用"或学习过程发展到一个阶段，此时使用的是心理工具，并且这种使用是他人看不到的。

人际的 / 人与人之间的 / 心理之间共享的（**Interpersonal, interindividual, inter-mental shared**） 用来形容与他人一起使用心理工具或与他人分享心理工具的阶段。

内在的 / 个体的 / 心理内的（**Intrapersonal, individual, intra-mental**） 用来形容心理工具内化并能独立使用的阶段。

主导活动（**Leading activity**） 儿童与社会情境之间一种特定类型的互动，最有益于发展成就的出现。

学习动作（**Learning actions**） 学生用来解决学习任务的动作，范例包括提出问题和解决问题的一般策略和特殊策略、监控、评价结果和自我纠正等。

学习活动（**Learning activities**） 成人引导的，围绕着特定的、结构化的、正式的内容的活动，而这些内容都是由文化所决定的。它是小学低年级的主导活动。学习活动存在于学校中，而在学校儿童开始获得基本的读写能力，如数学、科学和历史中的概念，艺术和文学中的意象，语法规则等。

学习任务（**Learning task**） 用于正式教学情境中一种特定类型的问题。当学生参与解决学习任务时，他们获得了能应用到更广泛的问题上的一般策略。

受协助的表现水平（**Level of assisted performance**） 儿童在有协助的情况下或通过与他人（一个成人或同伴）的互动所能表现出的行为。协助可能是直接的或间接的，例如，选择一本书或选择一份材料。

独立表现水平（**Level of independent performance**） 儿童在没有协助的情况下能独立表现出的行为；最近发展区的最低水平。

低级心理功能（**Lower mental functions**）高等动物和人类所共有的认知过程，发展主要取决于成熟。感觉、反应性注意、自发记忆和感觉运动智力，这些都是低级心理功能的范例。

物质 [化] 动作（**Material[ized] action**） 加里培林分阶段形成方法起初的一个阶段。学生必须参与到针对实际（物质的）物体或该物体的物质化表征（如图示或图片）的身体动作中，以发展出所期望的心理动作。

最大限度的受协助的表现（**Maximally assisted performance**） 当社会情境给

予最大程度的帮助或协助下儿童能表现出的行为；最近发展区的最高水平。这些行为后期将成为儿童能独立完成的事情。

中介（Mediation） 使用一个物体或符号来代表一个特定行为或环境中的其他物品。例如，"红色"一词中介了对颜色的知觉。

中介物（Mediator） 作为儿童与环境之间的中介以及促进某个特定行为的事物。当儿童将中介物整合到自己的活动中时，这些中介物就变成了心理工具，例如，缠绕在手指上的细绳、清单、儿歌和钟面。

心理工具（Mental tools） 能扩展心理能力的内化的工具，帮助我们记忆、注意和解决问题。每个文化中的心理工具都不同，并被教授给后代。心理工具有助于儿童控制自己的行为，如语言和中介物。

微观发生（Microgenetic） 在相对较短的时间内，某个技能或概念发展（发生）的特性。后维果茨基学派扩展了文化—历史理论的范围，在种系发生和个体发生研究的基础上增加了微观发生的研究。

非实用主义的好奇心（Nonpragmatic curiosity） 即使没有有形的或实际的报酬，儿童的兴趣依旧存在；类似于内部动机。

客体导向游戏（Object-oriented play） 这种游戏聚焦在物体上，而角色和社会互动是次要的。

个体发生（Ontogeny or ontogenesis） 从出生到死亡这一时期内单个人类的起源和发展。高级心理功能的个体发生是维果茨基文化—历史理论的一部分。

动作的定向基础（Orienting Basis of Action，缩写为OBA） 加里培林分阶段形成方法的第一阶段。动机的定向基础是发现能让学生理解学习经验的关键基础或核心原则。

他人调节（Other-regulation） 个体调节他人或被他人调节的状态；与自我调节相反。

种系发生（Phylogeny or phylogenesis） 一个物种进化的发展和历史。高级心理功能的种系发生是维果茨基文化—历史理论的一部分。

游戏（Play） 包含外显角色和内隐规则的活动；幼儿园和学前班阶段儿童的主导活动。

自我言语（Private speech） 自我导向的言语，不是用来跟他人交流的。自我言语向内在转变成自我，有自我调节的功能。

生产性活动（Productive activities） 包含一些有形的结果的活动，例如，讲故事，绘画或搭积木。这些活动不同于只关注过程而非产品的假装游戏。

公开言语（Public speech） 是指向他人的语言，具有社交、沟通的功能。这种言语是出声的，指向他人或与他人进行沟通。

反复的错误（Repeated errors） 这些错误不是发展的或学习过程的一部分，通常被学习者认为是错误的，但学习者仍然会重复它们。尽管努力去纠正它们，但反复的错误往往会继续发生。它们通常是不正确地将一个动作自动化的结果。

支架（Scaffolding） 为学习提供外在支持，然后逐渐移除这些支持的过程。在这一过程中，任务本身并没有被改变，但有了协助，学习者最初需要完成的事情变得容易一些。随着学习者在任务表现中承担的责任越来越多，提供给他们的协助会变得越来越少。

科学概念（Scientific concepts） 一个学科中所教授的概念，而这门学科有自己的逻辑结构和词汇。

自我调节（Self-regulation） 儿童能调节或控制自己的行为的状态，与他人调节相反。儿童能计划、监控、评价和选择自己的行为。

感觉运动概念（Sensorimotor concepts） 与物体互动的一种特殊图式，是以感觉和运动动作为基础的。

感觉标准（Sensory standard） 对应于物体知觉特性的社会详细阐述的模式的表征，使我们能更准确地辨别这些特性。"海绿色"或"南瓜橙"是颜色感觉标准的范例，而"柑橘味"或"树林的气息"都是味觉的感觉标准。

共享的（Shared） 存在于两个或多个个体之间的。

社会情境（Social context） 儿童环境中的每一样直接或间接受到文化影响的事物，包括人（如父母、教师和同伴）和材料（如书和视频）。

社会中介的（Socially mediated） 受到当前和过去社会互动的影响。与环境的互动总是被他人所中介。

社交导向游戏（Socially oriented play） 关注角色和规则的游戏。

社会共享认知（Socially shared cognition） 共享的或存在于两个或多个人之间的心理过程，如记忆和注意等。

发展的社会情境（Social situation of development） 社会情境以及儿童与这一情境互动的方式。

分阶段形成（Step-by-Step Formation） 加里培林发展出来的，旨在帮助学生发展新的心理动作的方法。教授儿童如何利用身体动作来内化外在知识。

符号功能（Symbolic function） 用物品、动作、词汇和他人来代表其他东西。例如，用一支铅笔代表一艘宇宙飞船，或用一本书代表洋娃娃的床。

符号替代（Symbolic substitution） 在假装游戏中用一个物体来代表另一个物体。

理论推理（Theoretical reasoning） 不是那些旨在解决一个特定的实际问题的推理，而是关注在揭示最基本的模式、原理和关系的推理。它需要发现一个概念的本质特性，而这些特性主要是被推断出来的，无法观察到。

言语思维（Verbal thinking） 比内部言语更加提炼的一种思维，维果茨基称它为"折叠的"。当思维是折叠的，你能同时思考多件事情，而你可能完全没有意识到你正在思考的内容。

最近发展区（Zone of Proximal Development, 缩写为 ZPD） 即将出现的那些行为。两个水平标明了最近发展区的界限。最低水平是儿童能独立完成的事情，最高水平是儿童在最大程度的协助下能完成的事情。

（按英文字母排序）

参考文献

这份参考文献列表中俄国作者名字的拼写方式多种多样，因此我们采用了最常见的拼写方式。其他的拼写方式如下所示：

常见的拼写方式	其他的拼写方式
Vygotsky	Vygotski, Vigotsky, Vygotiskij
Luria	Lurija, Lur'ia
Elkonin	El'konin
Gal'perin	Galperin
Leont'ev	Leontjev

Abbot, S., Reed, E., Abbot, R., & Berninger, V. (1997). Year-long balanced reading/writing tutorial: A design experiment used for dynamic assessment. *Learning Disability Quarterly*, 20(3), 249–263.

Arievitch, I. M., & Stetsenko, A. (2000). The quality of cultural tools and cognitive development: Gal'perin's perspective and its implications. *Human Development*, 43, 69–92.

Atkinson, R. C., & Shiffrin, R. M. (1968). Human memory: A proposed system and its control processes. In K. W. Spence & J. T. Spence (Eds.), *Advances in the psychology of learning and motivation* (Vol. 2, pp. 90–195). New York: Academic Press.

Beilin, H. (1994). Jean Piaget's enduring contribution to developmental psychology. In R. D. Parke, P. A. Ornstein, J. J. Reiser, & C. Zahn-Waxler (Eds.), *A century of developmental psychology* (pp. 333–356). Washington, DC: American Psychological

Association.

Berk, L. E. (1994). Vygotsky's theory: The importance of make-believe play. *Young Children*, 50(1), 30–39.

Berlyand, I., & Kurganov, S. (1993). *Matematika v shkole dialoga kul'tur* [Mathematics in the school "Cultural Dialog"]. Kemerovo, Russia: ALEF.

Blair, C. (2002). School readiness: Integrating cognition and emotion in a neurobiological conceptualization of children's functioning at school entry. *American Psychologist*, 57(2), 111–127.

Bodrova, E. (2003). Vygotsky and Montessori: One dream, two visions. *Montessori Life*, 15(1), 30–33.

Bodrova, E., & Leong, D. J. (1995). Scaffolding the writing process: The Vygotskian approach. *Colorado Reading Council Journal*, 6, 27–29.

Bodrova, E., & Leong, D. J. (1998). Scaffolding emergent writing in the zone of proximal development. *Literacy Teaching and Learning*, 3(2), 1–18.

Bodrova, E., & Leong, D. J. (2001). *The tools of the mind project*: *A case study of implementing the Vygotskian approach in American early childhood and primary classrooms*. Geneva, Switzerland: International Bureau of Education, UNESCO.

Bodrova, E., & Leong, D. J. (2003a). Chopsticks and counting chips: Do play and foundational skills need to compete for the teacher's attention in an early childhood classroom? Young Children, 58(3), 10–17.

Bodrova, E., & Leong, D. J. (2003b). Learning and development of preschool children from the Vygotskian perspective. In A. Kozulin, B. Gindis, V. Ageyev, & S. Miller (Eds.), *Vygotsky's educational theory in cultural context* (pp. 156–176). NY: Cambridge University Press.

Bodrova, E., & Leong, D. J. (2005). Vygotskian perspectives on teaching and learning early liter-acy. In D. Dickinson & S. Neuman (Eds.), *Handbook of early literacy research* (Vol. 2). New York: Guilford Publications.

Bodrova, E., Leong, D. J., Paynter, D. E., & Hensen, R. (2001). *Scaffolding literacy development in a preschool classroom*. Aurora, CO: McREL.

Bodrova, E., Leong, D. J., Paynter, D. E., & Hughes, C. (2001). *Scaffolding literacy development in a kindergarten classroom*. Aurora, CO: McREL. Communication and cognition: Vygotskian perspectives (pp. 21–34). Cambridge: Cambridge University Press.

Bogoyavlenskaya, D. B. (1983). *Intellektual'naya aktivnost kakkk problema tvorchestva* [Intellectual activity and creativity]. Rostov: Rostov University Publishers.

Bowlby, J. (1969). *Attachment and loss*: *Vol. I. Attachment*. New York: Basic Books.

Bretherton, I. (1992). The origins of attachment theory: John Bowlby and Mary Ainsworth. *Developmental Psychology*, 28, 759–775.

Brofman, V. (1993). Ob oposredovannom reshenii poznavatel'nykh zadach [Mediated problem solving]. *Voprosy Psychologii*, 5, 30–35.

Bronfenbrenner, U. (1997). Toward an experimental ecology of human development. *American Psychologist*, 32, 513–531.

Bruner, J. S. (1968). *Process of cognitive growth*: *Infancy*. Worcester, MA: Clark University Press.

Bruner, J. S. (1973). *The relevance of education*. New York: Norton.

Bruner, J. S. (1983). Vygotsky's zone of proximal development: The hidden agenda. *New Directions for Child Development*, 23, 93–97.

Bruner, J. S. (1985). Vygotsky: A historical and conceptual perspective. In J. Wertsch (Ed.), *Culture, communication and cognition*: *Vygotskian perspectives* (pp. 21–34). Cambridge: Cambridge University Press.

Campione, J. C., & Brown, A. L. (1990). Guided learning and transfer. In N. Fredriksen, R. Glaser, A. Lesgold, & M. Shafto (Eds.), *Diagnostic monitoring of skill and knowledge acquisition* (pp. 141–172). Hillsdale, NJ: Erlbaum.

Carlton, M. P., & Winsler, A. (1999). School readiness: The need for a paradigm shift. *School Psychology Review*, 28(3), 338.

Cazden, C. B. (1981). Performance before competence: Assistance to child discourse in the zone of proximal development. *Quarterly Newsletter of the Laboratory of Comparative Human Cognition*, 3, 5–8.

Cazden, C. B. (1993). Vygotsky, Hymes, and Bakhtin: From word to utterance to voice. In E. A. Formar, N. Minick, & C. A. Stone (Eds.), *Contexts for learning*: *Sociocultural dynamics in chil-dren's development* (pp. 197–212). New York: Oxford University Press.

Ceci, S. J. (1991). How much does schooling influence general intelligence and its cognitive components? A reassessment of the evidence. *Developmental Psychology*, 27(5), 703–722.

Chaiklin, S. (2003). The zone of proximal development in Vygotsky's analysis of learning and instruction. In A. Kozulin, B. Gindis, V. Ageyev, & S. Miller (Eds.), *Vygotsky's educational theory in cultural context*. New York: Cambridge University Press.

Clay, M. (1993). *Reading recovery: A guidebook for teachers in training*. Portsmouth, NH: Heinemann.

Cole, M. (Ed.). (1989). *Sotsialno-istoricheskii podkhod v obuchenii* [A social-historical approach to learning]. Moscow: Pedagogika.

Cole, M. (2005). Cross-cultural and historical perspectives on the developmental consequences of education. *Human Development*, 48, 195–216.

Cole, M., & Scribner, S. (1973). Cognitive consequences of formal and informal education. *Science*, *182*, 553–559.

Cole, M., & Wertsch, J. (2002). *Beyond the individual–social antimony in discussions of Piaget and Vygotsky*. Retrieved January 8, 2006, from http://www.massey.ac.nz/~alock/virtual/colevyg.htm.

Copple, C., & Bredekamp, S. (2005). *Basics of developmentally appropriate practice: An introduction for teachers of children 3–6*. Washington, DC: National Association for the Education of Young Children.

D'Ailly, Hsiao, H. (1992). Asian mathematics superiority: A search for explanations. *Educational Psychologist*, 27(2), 243–261.

Davydov, V. V. (1988). Problems of developmental teaching: The experience of theoretical and experimental psychological research. *Soviet Education*, 30, 66–79. (Original work published in 1989)

Davydov, V. V. (Ed.). (1991). *Psychological abilities of primary school children in learning mathematics: Vol. 6. Soviet studies in mathematics education* (J. Teller, Trans.). Reston, VA: National Council of Teachers of Mathematics. (Original work published in 1969)

Davydov, V. V., & Markova, A. K. (1983). A concept of educational activity for school children. *Journal of Soviet Psychology*, 21(2), 50–76. (Original work published in

1981)

Davydov, V. V., Sloboduchikov, V. I., & Tsukerman, G. A. (2003). The elementary school student as an agent of learning activity. *Journal of Russian & East European Psychology*, 41(5), 63–76.

DeVries, R. (1997). Piaget's social theory. *Educational Researcher*, 26(2), 4–16.

DeVries, R. (2000). Vygotsky, Piaget, and education: A reciprocal assimilation of theories and educational practices. *New Ideas in Psychology*, 18(2–3), 187–213.

Dyachenko, O. M. (1996). *Razvitie voobrazheniya doshkol'nika*. Moscow: PIRAO.

Edwards, C., Gandini, L., & Forman, G. (1994). *Hundred languages of children: The Reggio Emilia approach to early childhood education*. Chicago: Teachers College Press.

Elkonin, D. (1969). Some results of the study of the psychological development of preschoolage children. In M. Cole & I. Maltzman (Eds.), *A handbook of contemporary Soviet psychology*. New York: Basic Books.

Elkonin, D. (1972). Toward the problem of stages in the mental development of the child. *Soviet Psychology*, 10, 225–251.

Elkonin, D. (1977). Toward the problem of stages in the mental development of the child. In M. Cole (Ed.), *Soviet developmental psychology*. White Plains, NY: M. E. Sharpe. (Original work published in 1971)

Elkonin, D. (1978). *Psikhologija igry* [The psychology of play.] Moscow: Pedagogika.

Elkonin, D. (1989). *Izbrannye psychologicheskie trudy* [Selected psychological works]. Moscow: Pedagogika.

Elkonin, D. B. (2001a). O structure uchebnoy deyatel'nosti [On the structure of learning activity]. In *Psychicheskoe razvitie v detskikh vozrastah* [Child development across ages] (pp. 285–295). Moscow: Modek.

Elkonin, D. B. (2001b). Psychologiya obucheniya mladshego shkol'nika [Psychology of education in primary grades]. In *Psychicheskoe razvitie v detskikh vozrastah* [Child development across ages] (pp. 239–284). Moscow: Modek.

Elkonin, D. B. (2005). Chapter 1: The subject of our research: The developed form of play. *Journal of Russian & East European Psychology*, 43(1), 22–48.

Elkonin, D. B. (2005). Chapter 3: Theories of play. *Journal of Russian & East Europe-

an Psychology, 43(2), 3–89.

Elkonin, D. B. (2005). The psychology of play: Preface. *Journal of Russian and East European Psychology, 43*(1), pp. 11–21. (Original work published in 1978)

Elkonin, D. B., & Venger, A. L. (Eds.). (1988). *Osobennosti psychicheskogo razvitiya detey 6–7-letnego vozrasta* [Development of 6- and 7-year-olds: Psychological characteristics]. Moscow: Pedagogika.

Erikson, E. E. (1963). *Childhood and society* (2nd ed.). New York: Norton.

Erikson, E. E. (1977). *Toys and reasons*. New York: Norton.

Ferreiro, E., & Teberosky, A. (1982). *Literacy before schooling*. Exeter, NH: Heinemann Educational Books.

Feuerstein, R., & Feuerstein, S. (1991). Mediated learning experience: A theoretical review. In R. Feuerstein, P. S. Klein, & A. J. Tannenbaum (Eds.), *Mediated learning experience (MLE): Theoretical, psychological and learning implications*. London: Freund.

Feuerstein, R., Feuerstein, R., & Gross, S. (1997). The learning potential assessment device. In D. P. Flanagan, J. L. Genshaft, & P. Harrison (Eds.), *Contemporary intellectual assessment theories, tests, and issues* (pp. 297–313). New York: Guilford Press.

Feuerstein, R., Rand, Y., & Hoffman, M. (1979). *The dynamic assessment of retarded performers: The learning potential assessment device (LPAD)*. Baltimore, MD: University Park Press.

Flavell, J. (1979). Metacognition and cognitive monitoring: New area of cognitive-developmental inquiry. *American Psychologist, 34*, 906–911.

Fletcher, K. L., & Bray, N. W. (1997). Instructional and contextual effects on external memory strategy use in young children. *Journal of Experimental Child Psychology, 67*(2), 204–222.

Frankel, K., & Bates, J. (1990). Mother-toddler problem solving: Antecedents in attachment, home behavior, and temperament. *Child Development, 61*, 810–819.

Frawley, W. (1997). *Vygotsky and cognitive science: Language and the unification of the social and computational mind*. Cambridge: Harvard University Press.

Freud, A. (1966). Introduction to the technique of child analysis. In *The writings of*

Anna Freud (Vol. 1, p. 3069). New York: International Universities Press. (Original work published as *Four lectures on child analysis*, 1927)

Gallimore, R., & Tharp, R. (1990). Teaching mind in society: Teaching, schooling, and literate discourse. In L. Moll (Ed.), *Vygotsky and education: Instructional implications and applications of sociohistorical psychology* (pp. 175–205). Cambridge: Cambridge University Press.

Gal'perin, P. Y. (1959). Razvitie issledovaniy po formirovaniyu umstvennykh dey'stviy [Progress in research on the formation of mental acts]. In *Psickhologicheskaya nauka v SSSR* [Psycho-logical science in the USSR] (Vol. 1, pp. 441–469). Moscow: APN RSFSR.

Gal'perin, P. Y. (1969). Stages of development of mental acts. In M. Cole & I. Maltzman (Eds.), *A handbook of contemporary soviet psychology*. New York: Basic Books.

Gal'perin, P. Y. (1992a). Organization of mental activity and the effectiveness of learning. *Journal of Russian and East European Psychology*, *30*(4), 65–82. (Original work published in 1974)

Gal'perin, P. Y. (1992b). The problem of attention. *Journal of Russian and East European Psychology, 30*(4), 65–91. (Original work published in 1976)

Garvey, C. (1986). Peer relations and the growth of communication. In E. C. Mueller & C. R. Cooper (Eds.), *Process and outcome in peer relationships* (pp. 329–344). San Diego, CA: Academic Press.

Gellatly, A. R. H. (1987). Acquisition of a concept of logical necessity. *Human Development, 30*, 32–47.

Gerber, M., & Johnson, A. (1998). *Your self-confident baby: How to encourage your child's natural abilities—from the very start*. New York: John Wiley & Sons.

Gillam, R. B., Pena, E. D., & Miller, L. (1999). Dynamic assessment of narrative and expository discourse. *Topics in Language Disorders*, *20*(1), 33–37.

Gindis, B. (2003). Remediation through education: Socio/cultural theory and children with special needs. In A. Kozulin, B. Gindis, V. S. Ageyev, & S. M. Miller (Eds.), *Vygotsky's educational theory in cultural context* (pp. 200–222). New York: Cambridge University Press.

Gindis, B. (2005). Cognitive, language, and educational issues of children adopted from over-seas orphanages. *Journal of Cognitive Education and Psychology*, *4*(3), 290–315.

Gindis, B., & Karpov, Y. V. (2000). Dynamic assessment of the level of internalization of elementary school children's problem-solving activity. In C. S. Lidz & J. G. El-liot (Eds.), *Dynamic assessment: Prevailing models and applications*. Amsterdam, Netherlands: JAI, Elsevier Science.

Ginsberg, H. P., & Opper, S. (1988). *Piaget's theory of intellectual development* (3rd ed.) Englewood Cliffs, NJ: Prentice Hall.

Grigorenko, E. L., & Sternberg, R. J. (1998). Dynamic testing. *Psychological Bulletin*, *124*, 75–111.

Grossman K. E., & Grossman, K. (1990). The wider concept of attachment in cross-cultural research. *Human Development*, *13*, 31–47.

Guthke, J., & Wigenfeld, S. (1992). The learning test concept: Origins, state of the art, and trends. In H. C. Haywood & D. Tzuriel (Eds.), *Interactive assessment*. New York: Springer-Verlag.

Horowitz, F. D. (1994). John B. Watson's legacy: Learning and environment. In R. D. Parker, P. A. Ornstein, J. J. Rieser, & C. Zahn-Waxler (Eds.), *A century of developmental psychology*. (pp. 233–252). Washington, DC: American Psychological Association.

Howes, C. (1980). Peer play scale as an index of complexity of peer interaction. *Developmental Psychology*, *16*, 371–379.

Howes, C., & Matheson, C. C. (1992). Sequences in the development of competent play with peer: Social and social pretend play. *Developmental Psychology*, *16*, 371–379.

Istomina, Z. M. (1977). The development of voluntary memory in preschool-age children. In L. Moll (Ed.), *Soviet developmental psychology*. New York: M. E. Sharpe.

Ivanova, A. Y. (1976). *Obuchaemost kak printsip otsenki ymstvennogo pazvitia u detei* [Educability as a diagnostic method of assessing cognitive development of children]. Moscow: MGU Press.

Ivic, I. (1994). Theories of mental development and assessing educational outcomes.

In *Making education count: Developing and using international indicators* (pp. 197–218). Paris: OECD.

Jahoda, G. (1980). Theoretical and systematic approaches in mass-cultural psychology. In H. C. Triandis & W. W. Lambert (Eds.), *Handbook of cross-cultural psychology* (Vol. 1). Boston: Allyn & Bacon.

John-Steiner, V., Panofsky, C., & Blackwell, P. (1990). The development of scientific concepts and discourse. In L. C. Moll (Ed.), *Vygotsky and education: Instructional applications of sociohistorical psychology*. Cambridge, MA: Cambridge University Press.

John-Steiner, V., Panofsky, C. P., & Smith, L. W. (Eds.). (1994). *Sociocultural approaches to language and literacy: An interactionist perspective*. Cambridge: Cambridge University Press.

Johnson, D., & Johnson, R. (1994). *Learning together and alone: Cooperation, competition, and individualization* (4th ed.). Boston: Allyn & Bacon.

Karasavvidis, I. (2002). Distributed cognition and educational practice. *Journal of Interactive Learning Research Special Edition: Distributed Cognition for Learning, Vol 13*(1–2), 11–29.

Karpov, Y. V. (2005). *The neo-Vygotskian approach to child development*. New York: Cambridge University Press.

Karpov, Y. V., & Bransford, J. D. (1995). L. S. Vygotsky and the doctrine of empirical and theoretical reasoning. *Educational Psychologist, 30*(2), 61–66.

Katz, L. G., & Chard, S. C. (1989). *Engaging children's minds: The project approach*. Norwood, NJ: Ablex.

Kozulin, A. (1990). *Vygotsky's psychology: A bibliography of ideas*. Cambridge, MA: Harvard University Press.

Kozulin, A. (1999). Cognitive learning in younger and older immigrant students. *School Psychology International, 20*(2), 177–190.

Kozulin, A., & Garb, E. (2002). Dynamic assessment of EFL text comprehension. *School Psychology International, 23*(1), 112–127.

Kozulin, A., & Presseisen, B. Z. (1995). Mediated learning experience and psychological tools: Vygotsky's and Feuerstein's perspectives in a study of student learning.

Educational Psycho-gist, 30(2), 67–76.

Kravtsova, E. E. (1996). Psychologicheskiye novoobrazovaniya doshkol'nogo vozrasta [Psycho-logical new formations during preschool age]. *Voprosy-Psikhologii, 6*, 64–76.

Kukushkina, O. I. (2002). Korrektsionnaya (special'naya) pedagogika [Corrective (special) pedagogy]. *Almanac 5*. http://www.ise.iip/almanah/5/index.html.

Laboratory of Comparative Human Cognition. (1983). Culture and cognitive development. In P. Mussen (Ed.), *Handbook of child psychology: Vol. I. History, theory, and methods*. New York: John Wiley & Sons.

Leont'ev, A. (1978). *Activity, consciousness, and personality*. Englewood Cliffs, NJ: Prentice Hall. (Original work published in 1977).

Leont'ev, A. (1994). The development of voluntary attention in the child. In R. Van der Veer & J. Valsiner (Eds.), *The Vygotsky Reader* (pp. 279–299). Oxford: Blackwell.

Leont'ev, A. N. (1931). *Razvitie pamyati: Experimental'noe issledovanie vysshikh psikhologicheskikh funktsii* [The development of memory: Experimental study of higher mental functions]. Moscow: GUPI.

Leont'ev, A. N. (1981). *Problems in the development of mind.* Moscow: Progress Publishers.

Lidz, C. S., & Gindis, B. (2003). Dynamic assessment of the evolving cognitive functions in chil-dren. In A. Kozulin, B. Gindis, V. S. Ageyev, & S. M. Miller (Eds.), *Vygotsky's educational the-ory in cultural context*. Cambridge, UK: Cambridge University Press.

Lisina, M. I. (1974). Vliyanie obscheniya so vzroslym na razvitie rebenka pervogo polugodiya zhizni [The influence of communication with adults on the development of children during the first six months of life]. In A. V. Zaporozhets & M. I. Lisina (Eds.), *Razvitie obscheniya u doshkolnikov* [The development of communication in preschoolers]. Moscow: Pedagogika.

Lisina, M. I., (1986). *Problemy ontogeneza obscheniya* [Problems of the ontogenesis of communica-tion]. Moscow: Pedagogika.

Lisina, M. I. & Galiguzova, L. N. (1980). Razvitie u rebenka potrebnosti v obschenii so vzroslym i sverstnikami [The development of a child's need for communication with an adult and with peers]. In *Problemy vozrastnoj i pedagogicheskoj psikhologii*. Moscow: NIIOP APM SSSR.

Luria, A.R. (1969). Speech development and the formation of mental processes. In M. Cole & I. Maltzman (Eds), *A handbook of contemporary Soviet psychology* (pp. 121–162). New York: Basic

Books. Luria, A. R. (1973). *Working brain: An introduction to neuropsychology*. New York: Basic Books.

Luria, A. R. (1976). *Cognitive development: Its cultural and social foundations* (M. Lopez-Morillas & L. Solotaroff, Trans.). Cambridge, MA: Harvard University Press.

Luria, A. R. (1979). *The making of mind: A personal account of Soviet psychology*. (M. Cole & S. Cole, Trans.). Cambridge, MA: Harvard University Press.

Luria, A. R. (1983). The development of writing in the child. In M. Martlew (Ed.), *The psychology of written language* (pp. 237–277). New York: John Wiley & Sons.

Matusov, E., & Hayes, R. (2000). Sociocultural critique of Piaget and Vygotsky. *New Ideas in Psychology, 18*, 215–239.

McAfee, O., & Leong, D. J. (2003). *Assessing and guiding young children's development and learning* (3rd ed.). Boston: Allyn & Bacon.

McAfee, O., & Leong, D. J. (2006). *Assessing and guiding young children's development and learning* (4th ed.). Boston: Allyn & Bacon.

Meshcheryakov, A. (1979). *Awakening to life*. Moscow: Progress.

Michailenko, N. Y., & Korotkova, N. A. (2002). *Igra s pravilami v doshkol'nom vosraste* [Playing games with rules in preschool age]. Moscow: Akademicheskii Proekt.

Moll, L. C. (2001). Through the mediation of others: Vygotskian research on teaching. In V. Richardson (Ed.), *Handbook of research on teaching* (4th ed., pp. 111–129). Washington, DC: American Educational Research Association.

Montessori, M. (1912). *The Montessori method*. New York: Frederick A. Stokes Company.

Montessori, M. (1962). *Dr. Montessori's own handbook: A short guide to her ideas and materials*. New York: Schocken Books.

National Council of Teachers of Mathematics (2000). *Principles and standards for school mathematics*. Reston, VA: National Council of Teachers of Mathematics.

Newman D., Griffin P., & Cole, M. (1989). *The construction zone: Working for cognitive change in school*. Cambridge: Cambridge University Press.

Newman F., & Holzman, L. (1993). *Lev Vygotsky: Revolutionary scientist*. New York: Routledge.

Nicholls, J. G. (1978). The development of concepts of effort and ability, perception of academic attainment, and the understanding that difficult tasks require more ability. *Child Develop-ment*, *49*(3) 800–814.

Novoselova, S. L. (1978). *Razvitie myshleniya v rannem vosraste* [The development of thinking in toddlers]. Moscow: Pedagogika.

Obukhova, L. (1996). *Detskaya psychologiya* [Child psychology]. Moscow: Rospedagenstvo.

Obukhova, L. (1996). Neokonchennye spory: Gal'perin i Piaget [Unfinished discussions: Gal'perin and Piaget]. *Psikhologicheskaya nauka i obrazovanie, 1*.

Ostrosky-Solis, F., Ramirez, M., & Ardila, A. (2004). Effects of culture and education on neuropsy-chological testing: A preliminary study with indigenous and nonindigenous population. *Applied Neuropsychology*, *11*(4), 186–193.

Palincsar, A. S., Brown, A. L., & Campione, J. C. (1993). First-grade dialogues for knowledge acquisition and use. In E. A. Forman, N. Minick, & C. A. Stone (Eds.), *Contexts for learning: Sociocultural dynamics in children's development* (pp. 43–57). New York: Oxford University Press.

Palincsar, A. S., Brown, A. L., & Martin, S. M. (1987). Peer interaction in reading comprehension instruction. *Educational Psychologist*, *22*(3–4), 231.

Paris, S. G., & Winograd P. (1990). How metacognition can promote academic learning and instruction. In B. F. Jones & L. Idol (Eds.), *Dimensions of thinking and cognitive instruction*. Hillsdale, NJ: Lawrence Erlbaum.

Parten, M. B. (1932). Social participation among preschool children. *Journal of Abnormal and Social Psychology*, *27*, 243–269.

Perret-Clermont, A-N., Perret, J-F., & Bell, N. (1991). The social construction of meaning and cognitive activity in elementary school children. In L. B. Resnick, J. M. Levine, & S. D. Teasley (Eds.), *Perspectives on socially shared cognition*. (pp.

41–62). Washington, DC: American Psy-chological Association.

Piaget, J. (1926). *The language and thought of the child* (M. Gabain, Trans.). London: Routledge & Kegan Paul. (Original work published in 1923)

Piaget, J. (1951). *Play, dreams and imitation in childhood.* New York: Norton.

Piaget, J. (1952). *The origins of intelligence in children.* New York: International Universities Press. (Original work published in 1936)

Piaget, J. (1977). The stages of intellectual development in childhood and adolescence. In H. E. Gruber & J. J. Vone'che (Eds.), *The essential Piaget.* New York: Basic Books.

Piaget, J., & Inhelder, B. (1969). *The psychology of the child.* New York: Basic Books.

Pick, H. L. (1980). Perceptual and cognitive development of preschoolers in Soviet psychology. *Contemporary Educational Psychology, 5,* 140–149.

Poddyakov, N. N. (1977). *Myshlenie doshkol'nika* [Preschooler's thought]. Moscow: Pedagogika.

Pressley, M., & Harris, K. R. (In press). Cognitive strategies instruction: From basic research to classroom instruction. In P. A. Alexander & P. Winne (Eds.), *Handbook of educational psychology.* New York: MacMillan.

Rodari, G. (1996). *The grammar of fantasy: An introduction to the art of inventing stories.* New York: Teachers & Writers Collaborative.

Rogoff, B. (1986). Adult assistance of children's learning. In T. E. Raphael (Ed.), *The context of school-based literacy.* New York: Random House.

Rogoff, B. (1990). *Apprenticeship in thinking: Cognitive development in social context.* New York: Oxford University Press.

Rogoff, B. (1991). Social interaction as apprenticeship in thinking: Guided participation in spatial planning. In L. B. Resnick, J. M. Levine, & S. D. Teasley (Eds.), *Perspectives on socially shared cognition* (pp. 349–364). Washington, DC: American Psychological Association.

Rogoff, B., & Lave, J. (Eds.). (1984). *Everyday cognition: Its development in social context.* Cambridge, MA: Harvard University Press.

Rogoff, B., Malkin, C., & Gilbride, K. (1984). Interaction with babies as guidance in development. In B. Rogoff & J. V. Wertsch (Eds.), *Children's Learning in the "Zone of Proximal Development* " (pp. 31–44). San Francisco, CA: Jossey-Bass.

Rogoff, B., Topping, K., Baker-Sennett, J., & Lacasa, P. (2002). Mutual contributions of indi-viduals, partners, and institutions: Planning to remember in Girl Scout cookie sales. *Social Development, 11*(2), 266–289.

Rogoff, B., & Wertsch, J. (Eds.). (1984). *Children's learning in the "zone of proximal development."* San Francisco: Jossey-Bass.

Rubin, K. H. (1980). Fantasy play: Its role in the development of social skills and social cognition. In K. H. Rubin (Ed.), *Children's play* (pp. 69–84). San Francisco: Jossey-Bass.

Rubinshtein, S. Y. (1979). *Psikhologia umstvenno otstalogo snkolnika* [Psychology of a mentally retarded student]. Moscow: Prosveshchenie Press.

Rubstov, V. V. (1981). The role of cooperation in the development of intelligence. *Soviet Psychology, 23*, 65–84.

Salomon, G. (Ed.). (1993). *Distributed cognitions: Psychological and educational considerations.* Cambridge: Cambridge University Press.

Sapir, E. (1921). *Language: An introduction to the study of speech.* New York: Harcourt Brace.

Saran, R., & Neisser, B. (Eds.). (2004). *Enquiring minds: Socratic dialogue in education.* Stokeon-Trent, *England: Trentham.*

Saxe, G. B. (1991). *Culture and cognitive development: Studies in mathematical understanding.* Hills-dale, NJ: Erlbaum.

Schickendanz, J. A. (1982). The acquisition of written language in young children. In B. Spodek (Ed.), *Handbook of research in early childhood education*, (pp. 242–263). New York: Free Press.

Schickedanz, J., & Casbergue, R. M. (2003). *Writing in preschool.* Newark, DE: International Read-ing Association.

Scribner, S. (1977). Modes of thinking and ways of speaking: Culture and logic reconsidered. In P. N. Johnson-Laird & P. S. Wason (Eds.), *Thinking: Reading in cognitive science* (pp. 483–500). Cambridge: Cambridge University Press.

Shepard, L. A. (2000). The role of assessment in a learning culture. *Educational Researcher, 29*(7), 4–14.

Sirotkin, S. A. (1979). The transition from gesture to word. *Soviet Psychology, 17*(3), 46–59.

Slavin, R. (1994). *Practical guide to cooperative learning.* Boston: Allyn & Bacon.

Sloutsky, V. (1991). Sravnenie faktornoj struktury intellekta u semejnych detej i vospitannikov destskogo doma [Comparison of factor structure of intelligence among family-reared and orphanage-reared children]. *Vestnik Moskovskogo Universiteta, 1,* 34–41.

Smilansky, S., & Shefatya, L. (1990). *Facilitating play: A medium for promoting cognitive, socio-emotional, and academic development in young children.* Gaithersburg, MD: Psychosocial and Educational Publications.

Smirnova, E. O. (1998). *Razvitie voli i proizvol'nosti v rannem i doshkol'nom vozraste* [Development of will and intentionality in toddlers and preschool-aged children]. Moscow: Modek.

Smirnova, E. O., & Gudareva, O. V. (2004). Igra i proizvol'nost u sovremennykh doshkol'nikov [Play and intentionality in modern preschoolers]. *Vopprosy Psychologii, 1,* 91–103.

Spector, J. E. (1992). Predicting progress in beginning reading: Dynamic assessment of phone-mic awareness. *Journal of Educational Psychology, 84,* 353–363.

Spitz, R. A. (1946). Anaclitic depression. *Psychoanalytic Study of the Child, 2,* 313–342.

Stetsenko, A. (1995). The psychological function of children's drawing: A Vygotskian perspective. In C. Lange-Kuettner & G. V. Thomas (Eds.), *Drawing and looking: Theoretical approaches to pictorial representation in children.* London, England: Harvester/Wheatsheaf.

Stipek, D. (2002). *Motivation to Learn: Integrating Theory and Practice* (4th ed.). Boston, MA: Allyn & Bacon.

Teale, W. H., & Sulzby, E. (Eds.). (1986) *Emergent literacy: Writing and reading.* Norwood, NJ: Ablex.

Tharp, R. G., & Gallimore, R. (1988). *Rousing minds to life: Teaching, learning and schooling in so-cial context.* Cambridge: Cambridge University Press.

Thomas, R. M. (2000). *Comparing theories of child development* (5th ed.). Belmont,

CA: Wadsworth/ Thomson Learning.

Tronick, E. Z. (1989). Emotions and emotional communication in infants. *American Psychologist, 44*, 115–123.

Tryphon, A., & Voneche, J. J. (1996). Introduction. In A. Tryphon & J. J. Voneche (Eds.), *Piaget-Vygotsky: The social genesis of thought* (pp. 1–10). Hove, UK: Psychology Press.

Tzuriel, D. (2001). *Dynamic assessment of young children.* New York: Kluwer Academic/Plenum Publishers.

Tzuriel, D., & Feuerstein, R. (1992). Dynamic group assessment for prescriptive teaching. In H. C. Haywood & D. Tzuriel (Eds.), *Interactive assessment* (pp. 187–206). New York: Springer-Verlag.

Valsiner, J. (1988). *Developmental psychology in the Soviet Union.* Bloomington: Indiana University Press.

Valsiner, J. (1989). *Human development and culture: The social nature of personality and its study.* Lexington, MA: Lexington Books.

Van der Veer, R., & Valsiner, J. (1991). *Understanding Vygotsky: A quest for synthesis.* Oxford: Blackwell.

Venger, L. A. (1977). The emergence of perceptual actions. In M. Cole (Ed.), *Soviet developmental psychology: An anthology.* White Plains, NY: M. E. Sharpe. (Original work published in 1969)

Venger, L. A. (Ed.). (1986). *Rezvitije poznauatel'nych sposobnostey v protsesse doshkol'nogo vospitanija.* [Development of cognitive abilities through preschool education]. Moscow: Pedagogika.

Venger, L. A. (1988). The origin and development of cognitive abilities in preschool children. *International Journal of Behavioral Development, 11*(2), 147–153.

Venger, L. A. (Ed.). (1994). *Programma "Razvitije": Osnovnye polozhenija* [Curriculum "Develop-ment": Main principles]. Moscow: Novaja Shkola.

Venger, L. A. (Ed.). (1996). *Slovo i obraz v reshenii poznavatel'nykh zadach doshkol'nikami* [World and image in the preschoolers' cognitive problem solving]. Moscow: Intor.

Venger, L. A., & Dyachenko, O. M. (Eds.). (1989). *Igry i uprazhnenija po razvitiju umstvennych sposobnostej u detej doshkol'nogo vozrasta* [Games and exercises promoting the development of cognitive abilities in preschool children]. Moscow: Prosveschenije.

Vocate, D. R. (1987). *The theory of A. R. Luria: Functions of spoken language in the development of higher mental process*. Hillsdale, NJ: Erlbaum.

Vygodskaya, G. (1995). Remembering father. *Educational Psychologist, 30*(1), 57–59.

Vygodskaya, G. (1999). On Vygotsky's research and life. In S. Chaiklin, M. Hedegaard, & U. J. Jensen (Eds.), *Activity theory and social practice: Cultural historical approaches* (pp. 31–38). Oakville, CN: Aarhus University Press.

Vygotsky, L. S. (1962). *Thought and language* (E. Hanfmann & G. Vokar, Trans.) Cambridge MA: MIT Press. (Original work published in 1934)

Vygotsky, L. S. (1967). Play and its role in the mental development of the child. *Soviet Psychology, 5*, 6–18 (Original work published in 1933)

Vygotsky, L. S. (1977). Play and its role in the mental development of the child. In M. Cole (Ed.), *Soviet developmental psychology* (pp. 76–99). White Plains, NY: M. E. Sharpe. (Original work published in 1966)

Vygotsky, L. S. (1978). *Mind and Society: The development of higher mental process*. Cambridge, MA: Harvard University Press. (Original work published in 1930, 1933, 1935)

Vygotsky, L. S. (1981). The instrumental method is psychology. In J. V. Wertsch (Ed.), *The concept of activity in Soviet psychology* (pp. 134–143). Armonk, NY: M. E. Sharpe.

Vygotsky, L. S. (1987). *Thinking and speech* (Vol. 1). New York: Plenum Press.

Vygotsky, L. S. (1993). *The fundamentals of defectology (abnormal psychology and learning disabilities)*. New York: Plenum Press.

Vygotsky, L. S. (1994a). The problem of the environment. In R. Van der Veer & J. Valsiner (Eds.), *The Vigotsky Reader* (pp. 338–354). Oxford: Blackwell. (Original work published in 1935)

Vygotsky, L. S. (1994b). The development of academic concepts in school-aged children. In R. Van der Veer & J. Valsiner (Eds.), *The Vygotsky Reader* (pp. 355–370). Oxford: Blackwell. (Original work published in 1935)

Vygotsky, L. S. (1997). *The history of the development of higher mental functions* (M. J. Hall, Trans., Vol. 4). New York: Plenum Press.

Vygotsky, L. S. (1998). *Child psychology* (Vol. 5). New York: Plenum Press.

Vygotsky, L. S. (1999). Tool and sign in the development of the child. In R. W. Rieber (Ed.), *The collected works of L. S. Vygotsky*. (Vol. 6, pp. 3–68). New York: Plenum Press.

Vygotsky L. S., & Luria, A. (1994). Tool and symbol in child development. In R. Van der Veer & J. Valsiner (Eds.), *The Vygotsky Reader* (pp. 99–174). Oxford: Blackwell. (Original work pub-lished in 1984)

Wadsworth, B.J. (2004). *Piaget's theory of cognitive and affective development* (5th ed.). Boston, MA: Pearson.

Wells, G. (Ed.). (1981) *Learning through interaction: The study of language development* (Vol. 1). Cambridge: Cambridge University Press.

Wells, G. (1999a). *Dialogic inquiry: Towards a sociocultural practice and theory of education*. New York: Cambridge University Press.

Wells, G. (1999b). The zone of proximal development and its implications for learning and teaching. In *Dialogic inquiry: Towards a sociocultural practice and theory of education*. New York: Cambridgc University Press.

Wertsch J. (1979). From social interaction to higher psychological processes. *Human Development, 22,* 1–22.

Wertsch, J. V. (1979). The regulation of human action and the give-new organization of private speech. In G. Zivin (Ed.), *The development of self-regulation through private speech* (pp. 79–98). New York: John Wiley & Sons.

Wertsch, J. V. (1985). *Vygotsky and the social formation of mind*. Cambridge, MA: Harvard University Press.

Wertsch, J. V. (1991). *Voices of the mind: A sociocultural approach to mediated action*. Cambridge, MA: Harvard University Press.

Wertsch, J. V., & Tulviste, P. (1994). Lev Semynovich Vygotsky and contemporary developmental psychology. In R. D. Parke, P. A. Ornstein, J. J. Reiser, & C. Zahn-Waxler (Eds.), *A century of developmental psychology* (pp. 333–356). Washington, DC: American Psychological Association.

Whorf, B. L. (1956). Science and linguistics. In J. B. Carrol (Ed.), *Language, thought and reality: Selected writings of Benjamin Lee Whorf* (pp. 207–219). Cambridge, MA: MIT Press.

Wood, D., Bruner, J. S., & Ross, G. (1976). The role of tutoring in problem solving. *Journal of Child Psychology and Psychiatry, 17*, 89–100.

Zaporozhets, A. (1986). *Izbrannye psickologicheskie trudy* [Selected works]. Moscow: Pedagogika.

Zaporozhets, A. (2002). Thought and activity in children. *Journal of Russian & East European Psy-chology, 40*(4), 18–29.

Zaporozhets, A., & Lisina, M. (Eds.). (1979). *Razvitie obscheniya u doshkolnikov* [The development of communication in preschoolers]. Moscow: Pedagogika.

Zaporozhets, A., & Markova, T. A. (1983). Principles of preschool pedagogy: The psychological foundations of preschool education. *Soviet Education, 25*(3), 71–90.

Zaporozhets, A., & Neverovich, Y. Z. (Eds.). (1986). *Razvitije social'nykh emotsij u detej doshkol'nogo vozrasta: psychologicheskije issledovanija* [Development of social emotions in preschool children: Psychological studies]. Moscow: Pedagogika.

Zaporozhets, A. V. (1977). Some of the psychological problems of sensory training in early child-hood and the preschool period. In M. Cole & I. Maltzman (Eds.), *A handbook of contemporary Soviet psychology*. New York: Basic Books. (Original published in 1959)

Zaporozhets, A. V. (1978). *Printzip razvitiya v psichologii* [Principle of development in psychology]. Moscow: Pedagogika.

Zimmerman, B. J., & Risenberg, R. (1997). Self-regulatory dimensions of academic learning and motivation. In GD Phye (Ed.), *Handbook of academic learning: Construction of knowledge* (pp. 105–125). Mahwah, NJ: Erlbaum.

Zivin, G. (Ed.) (1979). *The development of self-regulation through private speech*. New York: John Wiley & Sons.

Zuckerman, G. (2003). The learning activity in the first years of schooling: The developmental path toward reflection. In A. Kozulin, B. Gindis, V. S. Ageev, & S. M. Miller (Eds.), *Vygotsky's educational theory in cultural context* (pp. 177–199). Cambridge: Cambridge University Press.

后　记

距《心智工具：维果茨基学派幼儿教学法》第1版的出版，已经过去十多年了。这期间，幼儿教育发生了很多变化。维果茨基的观念如今已是发展心理学和教育心理学教科书中司空见惯的内容，很多课程也以维果茨基的观念为基础进行创新。维果茨基学派教学法不断启发着教师，并为他们的教学实践提供解释。它为教师提供了一种新的方式，来审视他们在引领儿童的学习与发展以及鼓励学生主动参与教育性对话中的作用。支架式教学的观念在各个年级的教育工作者间变得非常盛行，这表现在教师愈加重视教学策略的设计，以便能帮助儿童在其最近发展区的最高水平上执行任务。现在美国以及其他国家的幼儿教育课堂上所使用的一些策略，都能直接追溯到它们维果茨基学派理论的根源（如厄尔尼克箱）。其他策略则是以更一般性的观念为基础，而这些观念都是源自维果茨基学派的传统。

维果茨基学派教学法最主要的一个优势始终是它对于家长和教师关心的潜在的认知技能的重视：自我调节、有意记忆和集中注意。很多教师已经注意到，这些技能的变化将会如何彻底改变儿童对学校的整个态度。一旦儿童获得了自我调节，用维果茨基的话来说，就是儿童变成了"自己行为的掌控者"，他们开始表现出在学业任务上的巨大进步、社会技能的提高以及对学校具有更为积极的态度。此外，儿童使用心智工具将提高他们的随意性和意图性水平，而这又会导致大脑执行功能的改变。这一结果是由维果茨基和鲁利亚在他们先驱性的研究中发现的，现在已通过使用神经生理学的现代方法得到证实。

针对幼儿教育，维果茨基学派教学法的另一个特点是，它强调游戏是幼儿园和学前班阶段儿童的主导活动。当很多研究者认为幼儿不再需要游戏，游戏事实上只是在浪费儿童的时间时，维果茨基提供了一个依据，使得游戏得以维持在幼儿教育课程中的中心地位。更为重要的是，他的教学法以及他的学生和同事所做的工作提供了一种清晰的方式，以帮助教师巩固游戏在儿童期的贡献。

维果茨基的工作为教师提供了一种方式，以引导儿童的发展并为之提供支架，与此同时在课堂中维持一种以儿童为中心的教学方法。他的工作明确了教师的作用——教师是教学过程的中心，但同时也使个别化成为可能。平衡教学的各个方面，这很困难。教师应努力去维持这种平衡，但现在他们拥有一系列准则，使平衡成了可能。

自1996年这本书第1版出版后，维果茨基教学法日益受到关注，其间我们也遭遇了一些问题。基于此，我们拓展了本书的范围。我们希望，新的版本能鼓励更多维果茨基观念的使用，激励更多的研究以及对儿童发展领域的创新性探索，而这些曾是维果茨基及其学生终身从事的工作。

译后记

　　维果茨基，一位杰出的心理学家，被誉为心理学界的"莫扎特"。尽管 38 岁因肺结核离开人世，但他所创立的文化—历史理论在发展与教育心理学领域中留下了浓重的一笔。与同时期的其他理论相比，这一理论强调学习与发展的社会情境，认为人类的心智是人类历史和个体历史的共同产物。教师、家长及同伴作为儿童发展的社会情境的一部分，对儿童的发展有着极为重要的作用。

　　需要说明的是，由于维果茨基英年早逝，导致其理论留下了很多尚未解决的问题。然而在其同事、学生以及其他心理学工作者的努力下，其理论得到了进一步地阐释、验证、拓展和应用，最终发展形成了维果茨基学派及其后续的相关理论。

　　尽管维果茨基学派理论在学术研究中日益受到重视，但在国内幼儿教育实践中，相对于流行的蒙特梭利教学法等其他理论，维果茨基学派教学法所受到的关注较少。一部分原因是以往对维果茨基学派的介绍更多侧重于理论方面，而对理论如何应用到教学实践中的具体过程缺乏细致的说明。埃琳娜·波卓娃（Elena Bodrova）和德博拉·J. 梁（Deborah J. Leong）所著的《心智工具：维果茨基学派幼儿教学法（第 2 版）》一书则是一个例外。两位作者在深入浅出地介绍维果茨基学派相关理论的同时，更以丰富、翔实的案例为读者提供了一份维果茨基学派教学法的操作手册。书中共有三编内容，分别对应维果茨基学派教学法的相关理论、维果茨基学派教学法在幼儿教育中的一般策略以及如何依据不同年龄阶段的特征来具体实施维果茨基学派教学法，通过逐层聚焦的方式让读者从理论阐释自然过渡到实践操作，实现了理论与实践的完美结合。

　　作为一名发展与教育心理学工作者，我十分有幸能翻译这本书。整个翻译的过程也是非常令人愉悦的，思想会不断地受到启发，比如为什么精致的、智能化的教学玩具不能替代家长与孩子的互动？针对不同年龄的儿童，教师和家长应该提供什么样的教学道具和玩具？为什么儿童自己不能遵守规则，却热衷于举报其他人不遵守规则？从自我概念、自我调节的角度，该如何看待"叛逆的 2 岁"？如何帮助有特殊需要的儿童，是针对第一性障碍还是第二性障碍？为什么要以对待成人的方式来与儿童互动？语言的出现会给儿童的思维带来什么样的改变？为什么要鼓励儿童进行前书写活动？假装游戏为什么在学龄前阶段如此重要？该鼓励混龄班级教学或异质分组吗？如何帮助儿童避免反复的错误？教师该如何为儿童提供支架？教师和家长在日常教学和生活中该如何利用动态评估？面对一个因排队领午餐而发脾气的孩子，教师该怎么办？面对上课不能集中注意力的学龄前儿童，教师该怎么办？如何为儿童引入新的假装游戏主题"诊所"？如何纠正儿童把数字 6 写颠倒的错误？如何教会儿童写自己的名字？……相信读者在读完相关章节后，也会和我一样找到上述问题的答案。

本书用通俗易懂的方式讲解了心理学相关的专业知识，并附上了大量的实例。因此，它既适合用作心理学、学前教育、初等教育等专业的课程教材，供相关专业的本科生、研究生阅读，也适合从事学前教学和小学低年级教学的一线工作者、家长以及对儿童发展、早期教育感兴趣的普通读者。我衷心地希望这本书的内容能被更多的家长、教师以及相关工作者所了解，最终能以更科学的方式来创建儿童发展与学习的社会情境，协助、陪伴他们成长。

感谢华东师范大学出版社给我这次学习和翻译的机会，感谢责任编辑曾睿老师认真细致的工作！在翻译过程中，本人参考了众多前辈同行的著作和文章，并受到了安徽省哲学社会科学规划青年项目（AHSKQ2015D103）和安徽大学博士科研启动项目（Y040443003）的资助，在此一并致谢！另外，感谢王淋彬老师的辛勤付出，感谢赵震博士和赵憬秋同学的支持！

最后，由于本人的学术能力和语言水平有限，如有错误，敬请读者朋友批评指正。

董琼